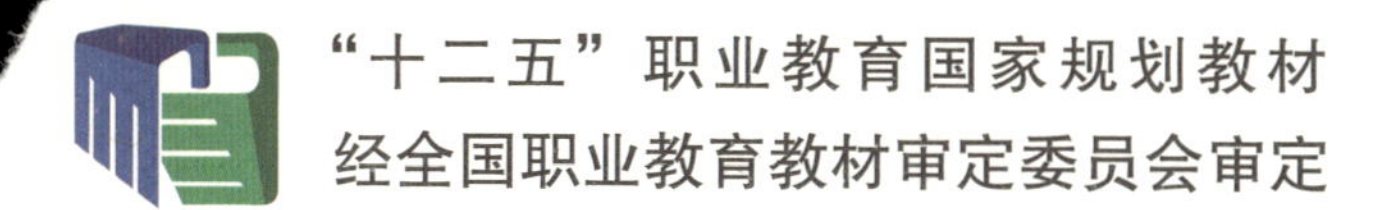

"十二五"职业教育国家规划教材
经全国职业教育教材审定委员会审定

图形图像处理
（CorelDRAW X7）

罗　丹　主　编

電子工業出版社
Publishing House of Electronics Industry
北京 · BEIJING

内 容 简 介

本书以任务引领教学内容，通过精彩丰富的实用案例介绍了使用 CorelDRAW X7 软件进行标志设计、插画设计、贺卡和名片设计、VI 体系应用设计、服装设计和广告设计等内容。本书对平面图形设计知识讲解全面，可操作性强，既能提高读者对相关行业的理论水平，又能提高读者的操作技能。

本书是职业教育计算机美术设计相关专业的基础教材，也可作为各计算机类相关专业培训班的教材，还可以供计算机设计人员参考学习。

图书在版编目（CIP）数据

图形图像处理. CorelDRAW X7 / 罗丹主编. —北京：电子工业出版社，2017.10

ISBN 978-7-121-24891-7

Ⅰ. ①图… Ⅱ. ①罗… Ⅲ. ①图象处理软件—中等专业学校—教材②图形软件—中等专业学校—教材
Ⅳ.①TP391.41

中国版本图书馆 CIP 数据核字（2014）第 274895 号

策划编辑：关雅莉
责任编辑：裴 杰
印　　刷：三河市兴达印务有限公司
装　　订：三河市兴达印务有限公司
出版发行：电子工业出版社
　　　　　北京市海淀区万寿路 173 信箱　邮编　100036
开　　本：787×1 092　1/16　印张：16.25　字数：435.2 千字
版　　次：2017 年 10 月第 1 版
印　　次：2017 年 10 月第 1 次印刷
定　　价：48.00 元

凡所购买电子工业出版社图书有缺损问题，请向购买书店调换。若书店售缺，请与本社发行部联系，联系及邮购电话：（010）88254888，88258888。

质量投诉请发邮件至 zlts@phei.com.cn，盗版侵权举报请发邮件至 dbqq@phei.com.cn。

本书咨询联系方式：（010）88254617，luomn@phei.com.cn。

编审委员会名单

序 | PROLOGUE

当今是一个信息技术主宰的时代，以计算机应用为核心的信息技术已经渗透到人类活动的各个领域，彻底改变着人类传统的生产、工作、学习、交往、生活和思维方式。与语言和数学等能力一样，信息技术应用能力也已成为人们必须掌握的、最为重要的基本能力。可以说，信息技术应用能力和计算机相关专业，始终是职业教育培养多样化人才，传承技术技能，促进就业创业的重要载体和主要内容。

信息技术的发展，特别是数字媒体、互联网、移动通信等技术的普及应用，使信息技术的应用形态和领域都发生了重大的变化。第一，计算机技术的使用扩展至前所未有的程度，桌面电脑和移动终端（智能手机、平板电脑等）的普及，网络和移动通信技术的发展，使信息的获取、呈现与处理无处不在，人类社会生产、生活的诸多领域已无法脱离信息技术的支持而独立进行。第二，信息媒体处理的数字化衍生出新的信息技术应用领域，如数字影像、计算机平面设计、计算机动漫游戏和虚拟现实等。第三，信息技术与其他业务的应用有机结合，如商业、金融、交通、物流、加工制造、工业设计、广告传媒和影视娱乐等，使之各自形成了独有的生态体系，综合信息处理、数据分析、智能控制、媒体创意和网络传播等日益成为当前信息技术的主要应用领域，并诞生了云计算、物联网、大数据和3D打印等指引未来信息技术应用的发展方向。

信息技术的不断推陈出新及应用领域的综合化和普及化，直接影响着技术、技能型人才的信息技术能力的培养定位，并引领着职业教育领域信息技术或计算机相关专业与课程改革、配套教材的建设，使之不断推陈出新、与时俱进。

2009年，教育部颁布了《中等职业学校计算机应用基础大纲》。2014年，教育部在2010年新修订的专业目录基础上，相继颁布了“计算机应用、数字媒体技术应用、计算机平面设计、计算机动漫与游戏制作、计算机网络技术、网站建设与管理、软件与信息服务、客户信息服务、计算机速录”等9个信息技术类相关专业的教学标准，确定了教学实施及核心课程内容的指导意见。本套教材就是以上述大纲和标准为依据，结合当前最新的信息技术发展趋势和企业应用案例组织开发和编写的。

本套丛书的主要特色

● 对计算机专业类相关课程的教学内容进行重新整合

本套教材面向学生的基础应用能力，设定了系统操作、文档编辑、网络使用、数据分析、媒体处理、信息交互、外设与移动设备应用、系统维护维修、综合业务运用等内容；针对专业应用能力，根据专业和职业能力方向的不同，结合企业的具体应用业务规划了教材内容。

● 以岗位工作过程来确定学习任务和目标，综合提升学生的专业能力、过程能力和职位差异能力

本套教材通过以工作过程为导向的教学模式和模块化的知识能力整合结构，力求实现产业需求与专业设置、职业标准与课程内容、生产过程与教学过程、职业资格证书与学历证书、终身学习与职业教育的“五对接”。从学习目标到内容的设计上，本套教材不再仅仅是专业理论内容的复制，而是经由职业岗位实践——工作过程与岗位能力分析——技能知识学习应用内化的学习实训导引和案例。借助知识的重组与技能的强化，达到企业岗位情境和教学内容要求相贯通的课程融合目标。

● 以项目教学和任务案例实训为主线

本套教材通过项目教学，构建了工作业务的完整流程和岗位能力需求体系。项目的确定应遵循三个基本目标：核心能力的熟练程度，技术更新与延伸的再学习能力，不同业务情境应用的适应性。教材借助以校企合作为基础的实训任务，以应用能力为核心、以案例为线索，通过设立情境、任务解析、引导示范、基础练习、难点解析与知识延伸、能力提升训练和总结评价等环节，引领学习者在完成任务的过程中积累技能、学习知识，并迁移到不同业务情境的任务解决过程中，使学习者在未来可以从容面对不同应用场景的工作岗位。

当前，全国职业教育领域都在深入贯彻全国职教工作会议精神，学习领会中央领导对职业教育的重要批示，全力加快推进现代职业教育。国务院出台的《加快发展现代职业教育的决定》明确提出要“形成适应发展需求、产教深度融合、中职高职衔接、职业教育与普通教育相互沟通，体现终身教育理念，具有中国特色、世界水平的现代职业教育体系”。现代职业教育体系的建立将带来人才培养模式、教育教学方式和办学体制机制的巨大变革，这无疑给职业院校信息技术应用人才培养提出了新的目标。计算机类相关专业的教学必须适应改革，始终把握技术发展和技术技能人才培养的最新动向，坚持产教融合、校企合作、工学结合、知行合一，为培养出更多适应产业升级转型和经济发展的高素质职业人才做出更大贡献！

前言 | PREFACE

为建立健全教育质量保障体系，提高职业教育质量，教育部于2014年颁布了中等职业学校专业教学标准（以下简称专业教学标准）。专业教学标准是指导和管理中等职业学校教学工作的主要依据，是保证教育教学质量和人才培养规格的纲领性教学文件。在《教育部办公厅关于公布首批<中等职业学校专业教学标准（试行）>目录的通知》（教职成厅〔2014〕11号）中，强调“专业教学标准是开展专业教学的基本文件，是明确培养目标和规格、组织实施教学、规范教学管理、加强专业建设、开发教材和学习资源的基本依据，是评估教育教学质量的主要标尺，同时也是社会用人单位选用中等职业学校毕业生的重要参考”。

为适应职业院校技能型紧缺人才培养的需要，根据职业教育计算机课程改革的要求，从计算机美术设计技能培训的实际出发，结合当前平面图形设计的流行软件CorelDRAW X7，我们组织编写了本书。本书的编写从满足经济发展对高素质人才和技能型人才的需要出发，在课程结构、教学内容、教学方法等方面进行了新的探索与改革创新，以利于学生更好地掌握本课程的内容，掌握相关理论知识，提高实际操作技能。

本书按照“以服务为宗旨，以就业为导向”的职业教育办学指导思想，采用“行动导向，任务驱动”的方法，以任务引领知识的学习，通过任务的具体操作引出相关的知识点；通过“案例描述”“案例分析”和“操作步骤”，引导学生在“学中做”“做中学”，把基础知识的学习和基本技能的掌握有机地结合在一起，从具体的操作实践中培养自己的应用能力；并通过“知识准备”和“知识拓展”等相关内容的延伸，进一步开拓学生视野；最后通过“课后实训与习题”，促进读者巩固所学知识并能够熟练操作。

本书针对当今日益火爆的计算机美术设计行业，从实用角度出发，通过40多个精美的小实例和20多个实用的大型实例，详细讲解了CorelDRAW X7在计算机美术设计行业中的应用方法和操作技巧。

本书分9章，各章主要内容如下。

第1章CorelDRAW X7概述，主要介绍了CorelDRAW X7的应用领域与修改预制属性等内容。

第2章图形的绘制，主要介绍了运用各种几何形状工具绘制几何图形、利用贝塞尔工具绘制线段及曲线、掌握“钢笔”工具的绘图技巧进行公共标志设计的内容。

第3章编辑图形，主要介绍了利用“添加”和“删除”节点来调整路径、用“闭合”和“断开”曲线去编辑图形、使用文本工具中最基本使用方法为图形添加文字等知识进行商业标志设计的内容。

第4章操作和管理对象，主要介绍了利用选择、复制和变换等命令绘制图形、对象的再制和旋转，学会使用对象的组合和取消组合功能对对象进行管理，运用对象的合并和拆分功能绘制图形等知识进行书签设计的内容。

第5章填充图形，主要介绍了使用填充工具填充标准色、渐变色，掌握图案填充和纹理填充的方法等知识进行插画设计的内容。

第 6 章文本处理，主要介绍了使用文本工具创建美术字、添加段落文本、掌握编辑文本的技巧进行贺卡设计的内容。

第 7 章特殊效果，主要介绍了掌握阴影工具、封套工具、透明度工具以及变形工具的使用等知识进行 VI 应用系统设计的内容。

第 8 章滤镜的应用，主要介绍了掌握位图的编辑和处理，了解和熟悉 VI 应用系统、用“艺术笔触”制作 VI 应用系统中的名片、光盘和水杯，用“模糊工具”制作信签的内容。

第 9 章综合练习实例，主要介绍了“雅依女装”手提袋的设计、女式 T 恤衫的设计、旗袍的设计、夏日流行音乐节海报设计、伊园地产报纸广告设计的内容。

每章都安排有“课后实训”与“课后习题”。

本书对计算机美术设计相关岗位所需的理论知识讲解全面，任务案例可操作性强，这对于提高读者的艺术鉴赏能力和创作能力，以及提高读者的应用操作技能都将大有裨益。

本书由重庆电子工程职业学院罗丹主编，由于编者水平有限，书中难免有错误和不妥之处，恳请广大读者批评指正。本书配有电子教案，请有需求的读者到华信教育资源网（http://www.hxedu.com.cn）下载。

编者

CONTENTS | 目录

第1章 CorelDRAW X7 概述

知识要点

1. CorelDRAW X7 的应用领域。
2. 启动软件，保存、打开文件与导入图片。
3. 新建和关闭文件、设置页面大小、方向与出血线、插入页面、重命名页面、删除页面、调整页面顺序。
4. 修改预制属性，设置页面背景，矢量图与位图的区别及互换。

知识难点、重点分析

在本章中，主要介绍了在 CorelDRAW X7 的工作环境中设置工作页面和修改预置属性的方法。这是运用 CorelDRAW X7 设计绘制图形所必须进行的前期工作。其中，设置工作页面是重点需要掌握的内容，它使得用户可以在不同的页面中进行不同的图形绘制与处理，还可以在同一个文件中创建不同的篇幅面尺寸的页面，以方便编辑系统、连贯、复杂的多页面图形项目。

1.1 CorelDRAW X7 的应用领域

CorelDRAW X7 是一款通用且强大的图形设计软件，强大的功能使其广泛运用于标志设计、图标设计、插画设计、排版、网页及分色输出等诸多领域。为了适应设计领域的不断发展，Corel 公司着力于软件的完善与升级，CorelDRAW X7 功能强大实用，是当今设计、创意不可或缺的有力助手。

1.1.1 标志设计

使用 CorelDRAW 绘制的标志简洁大方、色彩艳丽、时尚感强并且充满了趣味感和视觉冲击力，如图 1-1 所示。

图 1-1　标志设计

1.1.2　插画的绘制

用 CorelDRAW 绘制的矢量插画具有很强的形式美感。插画各个部分处于不同图层，使得用户可以方便快捷地对各层进行编辑与修改而且互不影响。软件自有的各种立体化工具使得插画造型更加逼真而富有层次感，如图 1-2 所示。

图 1-2　“云朵上的家乡”插画的绘制

1.1.3　贺卡设计

贺卡设计的主要造型以卡通形象为主，而 CorelDRAW 正是绘制、编辑卡通图形的优秀软件。CorelDRAW 的钢笔、艺术笔、贝塞尔等线段与图形绘制工具为卡通造型的完成提供了智能化的方便，使得线条更加流畅与灵动。调色板中色彩的更换与调整方便快捷，令贺卡整体呈现丰富多彩，如图 1-3 和图 1-4 所示。

图 1-3　“感恩节”贺卡设计

图 1-4　“中国风”贺卡设计

1.1.4 VI 设计

VI（视觉识别系统）的设计需要简洁大气，具有时尚感与现代美。运用 CorelDRAW 可以实现 VI 设计的这些特点。各种滤镜的应用也可以使得 VI 设计中的位图图片更加具有设计美感与艺术韵味，使整体画面没有实景照搬的生硬，如图 1-5 和图 1-6 所示。

图 1-5 “中国工艺”VI 设计之手提袋

图 1-6 VI 设计模板图片

1.1.5 平面广告设计

平面广告设计形式多样，运用 CorelDRAW 软件绘制的平面广告可以用矢量图与位图的组合来实现画面现实与抽象的更好结合，让设计者的创意空间更加宽广。在 CorelDRAW 中，矢量图可以被方便快捷地绘制与编辑，位图可以被各种智能化滤镜重新处理，使其呈现出新的创意美感。交互式工具的运用又可以使矢量图之间、矢量图与位图之间实现更好的过渡与融合，这一切都令平面广告设计的画面更加流畅，视觉冲击力更强，如图 1-7 所示。

图 1-7 “巴西 Havaianas 鞋”广告设计

1.2 CorelDRAW 软件基本操作

在运用 CorelDRAW X7 进行图形绘制之前，先要学会如何启动软件、新建文件并且保存文件到计算机中合适的位置。CorelDRAW 可以同时打开多个 CDR 格式文件，关闭文件的时候，可以关闭一个 CDR 文件，也可以将多个 CDR 文件全部关闭，还可以关闭整个软件，这需要根据实际情况来操作。导入图片后，运用“位图”菜单中的“滤镜功能”可以使画面更有创意。

1.2.1 启动软件、保存及打开文件、导入图片

1. 启动 CorelDRAW X7 软件

要启动 CorelDRAW X7 软件，可以双击如图 1-8 所示的 CorelDRAW X7 桌面图标。屏幕上即可进入 CorelDRAW X7 的工作界面，并自动创建了一个名为“未命名-1”的文件。该界面如图 1-9 所示，为 A4 纸张大小的纵向页面。其文件格式是.CDR，即 CorelDRAW 文件格式。

图 1-8　CorelDRAW X7 图标

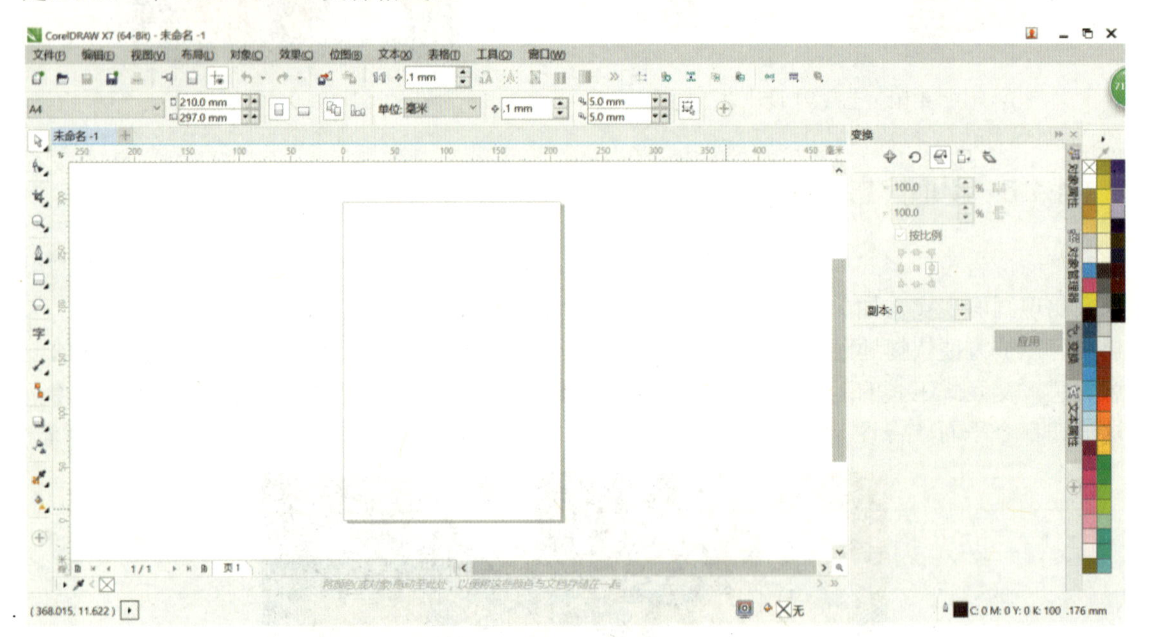

图 1-9　CorelDRAW X7 的工作界面

2. 保存文件

启动 CorelDRAW X7 软件后的文件是一个空白文件。执行“文件”菜单中的“另存为”命令，此时会弹出如图 1-10 所示的“保存绘图”对话框。移动上面的竖向滑条，直至出现合适的地址，再将滑条下方的“文件名”文本框内的“未命名-1”删除，并输入新的文件名。由于 CorelDRAW 软件版本很多，并且存在低版本软件无法打开高版本 CDR 文件的问题（如 CorelDRAW X6 的软件无法打开在 CorelDRAW X7 里制作的 CDR 文件），所以考虑到下一次使用场地软件版本的问题，文件应尽量以低版本存储。具体方法如下：单击“版本”右侧的下拉按钮，选择合适的低版本即可确保下一个场地 CorelDRAW 文件的正常打开与编辑。一切工作做好以后，单击右下方的“保存”按钮即可成功保存。

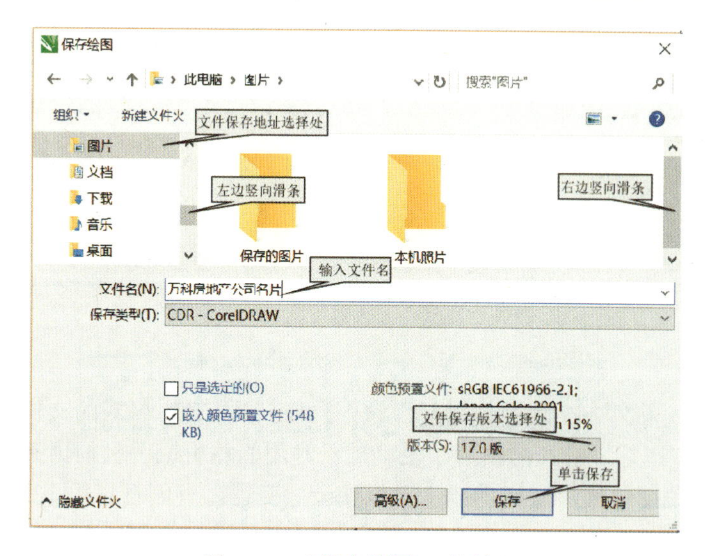

图 1-10 “保存绘图”对话框

初次成功保存以后，为防止在绘图过程中丢失文件信息，应该随时注意保存。直接单击“标准工具栏”上方的“保存”图标即可随时保存绘图信息。

3. 打开文件

只有以 CDR 格式保存的图形文件才能在 CorelDRAW 软件中打开。打开的方法是执行“文件”菜单中的“打开”命令，此时会弹出如图 1-11 所示的“打开绘图”对话框。拖动左边竖向滑条，直至在“文件地址选择处”找到自己文件所在的地址，单击该地址使其以蓝色底显示。拖动右边竖向滑条，直至在右边的选择框中找到自己需要的 CDR 格式文件图标。单击此图标，使其以蓝色底显示。此时会在下面的“文件名”文本框内显示该 CDR 格式的文件名。单击右下方的“打开”按钮即可成功打开该文件。

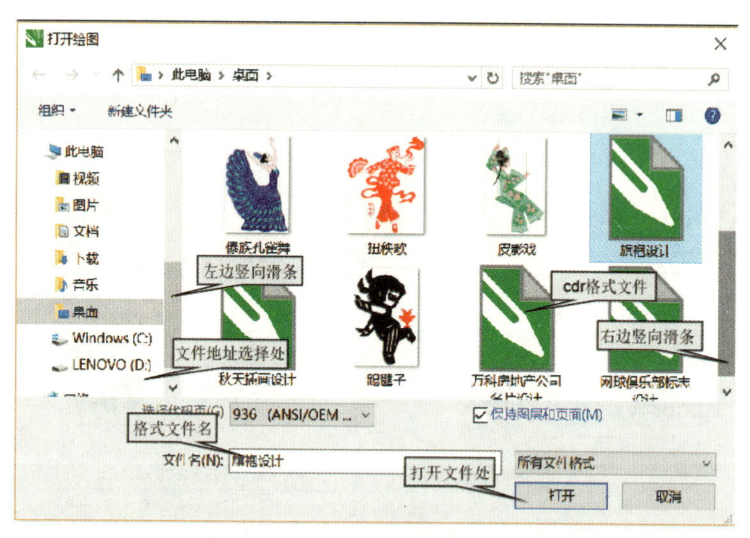

图 1-11 “打开绘图”对话框

也可以直接单击“标准工具栏”中的“打开”图标，后面的操作步骤和上面描述的一样。如果能够准确知道文件所在地址，譬如“桌面”上的 CDR 文件，则可以更加便利地直接双击

该文件图标，计算机屏幕即可进入 CorelDRAW 软件工作状态，并成功打开该文件。

小提示

CDR 格式文件的图标一般显示为右下角的一个缩小的 CorelDRAW 软件界面图标，而左边的大部分显示该文件第一页的图形内容，方便用户准确识别文件。用光标定位在该图标上会自动显示文件的类型（格式）、大小、修改日期等信息。

4．导入图片

在 CorelDRAW 软件中，运用“打开”命令只能打开.CDR 格式的文件。在设计过程中，可以添加“.JPG、.TIF”等格式的图片，也就是平时用照相机或手机拍出来的照片和截图图片等。运用“位图”菜单中的“滤镜功能”可以使画面变得富有创意。而 JPG、TIF 格式的图片只能通过“文件”菜单中的“导入”命令 导入(I)... Ctrl+I 放入到 CorelDRAW 软件工作页面中进行编辑。导入的具体方法如下：执行“文件”菜单中的“导入”命令，此时会弹出“导入”对话框。拖动左边竖向滑条，直至在文件地址选择处找到自己文件所在的地址，单击该地址使其以蓝色底显示。拖动右边竖向滑条，直至在右边的选择框中找到自己需要的图片文件界面图标为止，选中这个界面图标使其以蓝色底显示。此时会在下面的“文件名”文本框内显示该图片的文件名。单击右下方的“导入”按钮即可成功导入该文件。当然，还可以直接在进入的工作界面中按 Ctrl+I 快捷键来导入图片。

小提示

图片文件的界面图标上方显示了图片的实际的图像内容，方便用户准确识别文件，下方是图片的文件名（如图 1-12 所示）。将光标定位在该图标上会自动显示文件的项目类型（格式）、分辨率、大小等信息。

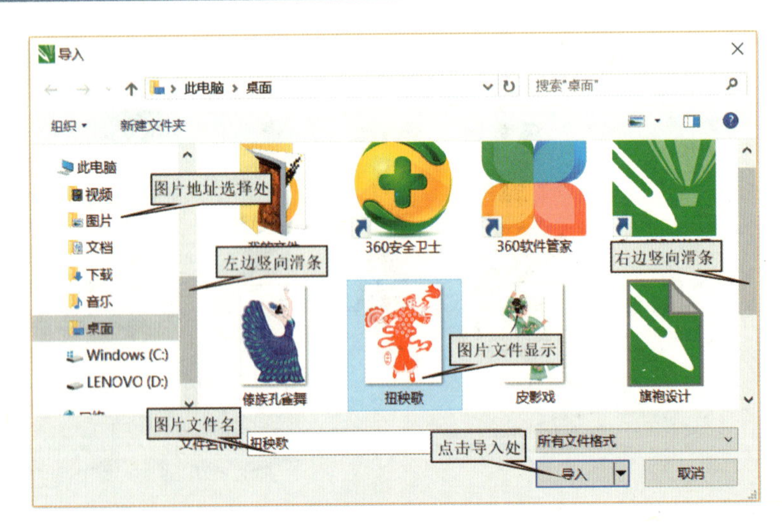

图 1-12　“导入”对话框

1.2.2 新建和关闭文件

1. 新建文件

当需要绘制新的图形时就要“新建”文件。新建文件的方法如下：单击“标准栏”中的“新建”图标，即可新建一个“未命名-1”的新文件。若已经有了“未命名-1”的新文件，则文件为“未命名-2”，以此类推。当然，新建文件还可以执行“文件”菜单中的“新建”命令进行操作；还可以直接按 Ctrl+N 快捷键新建文件。

2. 关闭文件

当打开了多个 CorelDRAW 格式文件时，可以只关闭一个文件，也可以关闭多个文件，还可以关闭整个软件。关闭一个文件需要将光标定位在文件左上方的名称上，该文件名就会以蓝底显示，如 万科房地产公司名片.c... 未命名-1 ，并且右边会出现关闭文件按钮，单击该按钮就能成功关闭该文件。关闭多个文件的操作方法与上述方法相同，只需一一单击关闭文件按钮即可。关闭整个软件时，单击软件右上方的关闭按钮即可。当需要暂时离开 CorelDRAW 软件而去操作其他软件时，可以单击软件右上方的“最小化”按钮。

1.3 设置工作页面

做什么

在使用 CorelDRAW 开始设计、排版之前，首先要练习对工作页面的设置，确定在一个文件中是创建一个页面还是创建多个页面，根据设计作品的特点来选择是否在同一个文件中创建不同篇幅、尺寸的页面，以方便编辑系统、连贯、复杂的多页面图形项目。

知识准备

CorelDRAW 支持在一个文件中创建多个页面，在不同的页面中可以进行不同的图形绘制与处理，CorelDRAW X7 页面的设置包括插入页面、重命名页面、设置页面大小、删除页面、调整页面顺序等。它们是运用 CorelDRAW X7 进行图形绘制不可缺少的前期工作。

下面先来学习本节相关的基础知识。

1.3.1 设置页面大小、方向与出血线

设置页面大小是对页面的方向、大小、分辨率、出血范围等属性进行选择或修改的操作。可以使用以下三种方法来完成。

方法 1：双击页面右边和下方的阴影区域，如图 1-13 所示，即可弹出“选项”对话框，对目前页面的方向、大小、分辨率、出血范围等属性进行选择或修改，如图 1-14 所示；设置好后单击“确定”按钮，即可对目前文件中的所有页面进行调整、更新。

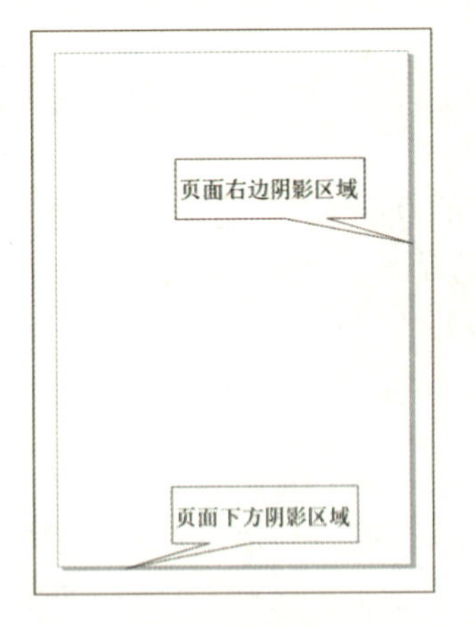

图 1-13　文件大小设置后显示的页面

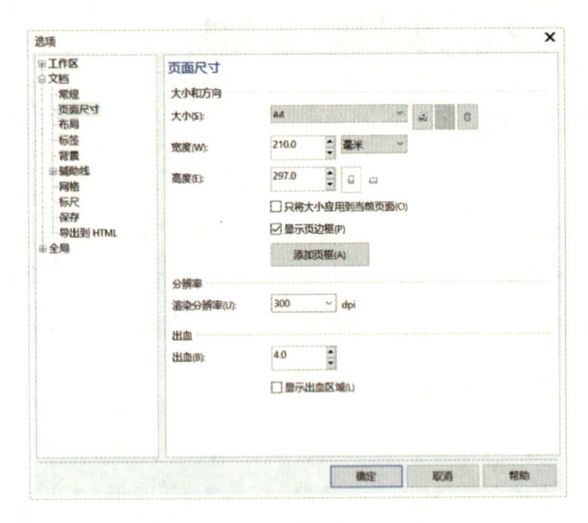

图 1-14　“选项”对话框

小提示

出血线：在印刷的版上印刷不会那么精准，每次印刷都是大量的令数（纸张计算方式）和台数（指计算方式），而在裁的时候如果没有出血线，那么印后裁出来的纸张可能会有画面无法全部印刷出来。所以，出血线主要是让印刷画面超出规定的一条线。一般出血线是留出 3mm，但不是绝对的，有些是 1mm 或者 5mm，这与纸张的厚度、规格和印刷机器的型号有关，具体的要求可以与印刷厂进行详细沟通。留出血线只有一个目的，即使画面更加美观、更加便于印刷。设计图不需要做“出血”，“出血”只应用在印刷稿上。

方法 2：在执行“布局”菜单中的“页面设置”命令，同样可以完成对页面大小、方向与出血线的设置。

方法 3：在保持“选择”工具无任何选择对象的情况下，在默认的属性栏中也可以修改页面的大小与方向，如图 1-15 所示。

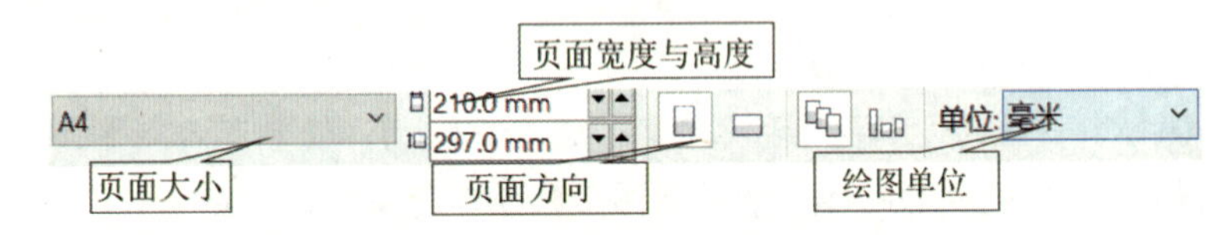

图 1-15　在属性栏中修改页面属性

1.3.2　插入页面

插入页面是指在目前页面的基础上生成一个或多个新的页面的操作。可以使用以下三种方法来完成。

方法 1：单击工作页面上方的“布局”按钮，此时弹出如图 1-16 所示的下拉菜单，执行“插入页面”命令。此时将弹出如图 1-17 所示的“插入页面”对话框。可以在对话框中输入需要插入的页码数、地点、现存页面（目前编辑的页面）以及页面大小等信息。设置好后单击“确定”按钮即可，如图 1-18 所示。

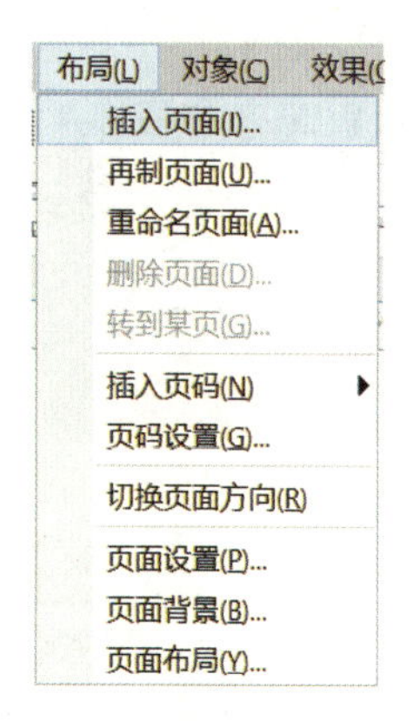

图 1-16 “布局”下拉菜单

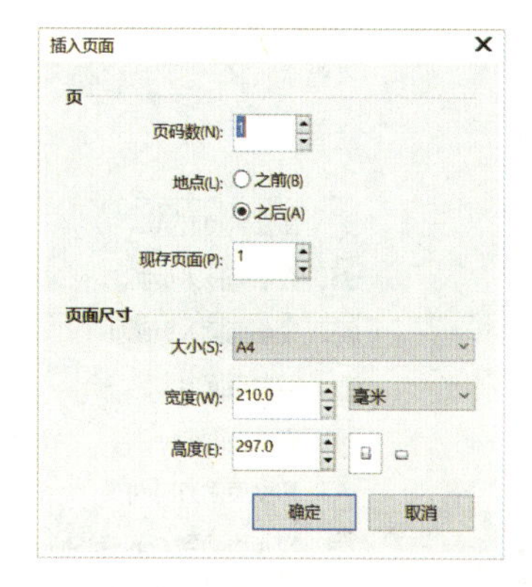

图 1-17 “插入页面”对话框

图 1-18 在当前页之后插入页面

方法 2：在页面左下方的标签栏中，单击页面信息前面的“🗎”按钮，即可在当前页之前插入一个新页面；同样，单击后面的“🗎”按钮，即可在当前页之后插入一个新页面。使用此方法插入的页面，具有和当前页面相同的页面属性设置。

方法 3：在标签栏的页面名称上右击，在弹出的快捷菜单中执行“在后面插入页面”或“在前面插入页面”命令，如图 1-19 所示，同样可以生成新的页面。

1.3.3 重命名页面

图 1-19 插入页面

页面重命名是指对所选页面进行重新命名，以方便在绘图工作中快速、准确地找到需要进行编辑修改的页面。可以使用以下两种操作方法来完成。

方法 1：将视图调整到需要重新命名的页面上，执行“布局”菜单栏中的“重新命名”命令，如图 1-20 所示，弹出“重命名页面”对话框，如图 1-21 所示，在“页名”文本框中输入需要设置的新名称后，单击“确定”按钮，即可得到如图 1-22 所示的页面重命名效果。

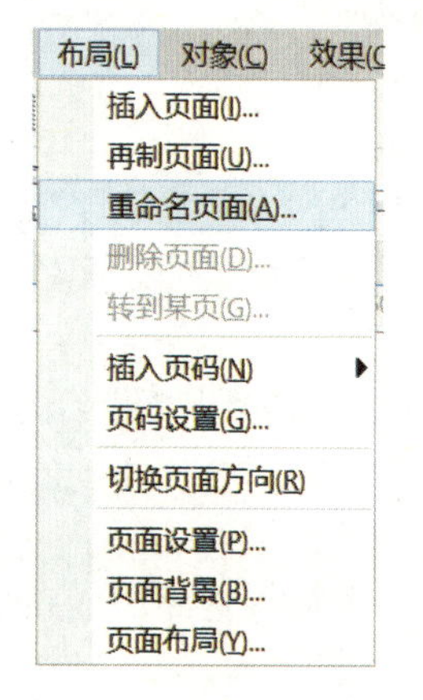

图 1-20 “重命名页面”命令

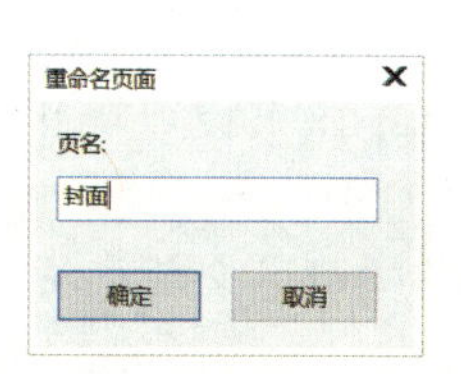

图 1-21 “重命名页面”对话框

1 / 2 1: 封面 页 2

图 1-22 重命名后的页面名称显示

方法 2：将光标放置到标签栏中需要重命名的页面上并右击，在弹出的快捷菜单中执行“重命名页面”命令，如图 1-23 所示。再在弹出的“重命名”对话框中输入新的页面名称，单击“确定”按钮即可。

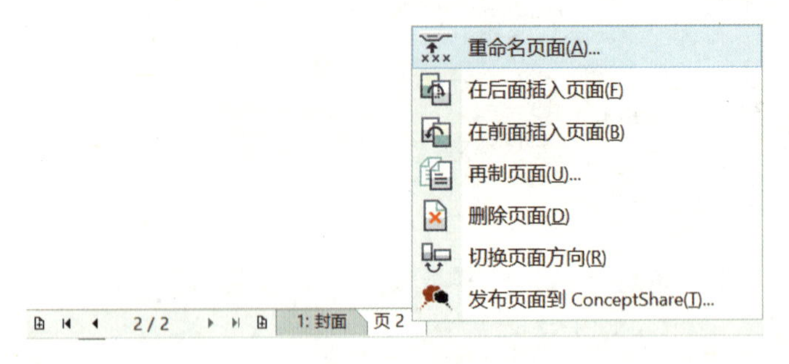

图 1-23　快捷菜单

1.3.4　删除页面

在 CorelDRAW X7 中进行绘图编辑时，如果需要对多余的页面进行删除，可以通过以下两种操作方法来完成。

方法 1：执行“布局”菜单中的“删除页面”命令，弹出如图 1-24 所示的“删除页面”对话框，在“删除页面”文本框中输入所要删除的页面序号，单击“确定”按钮即可删除该页面。

方法 2：在标签栏中需要删除的页面上右击，在弹出的快捷菜单中执行“删除页面”命令，即可将该页面删除，如图 1-25 所示。

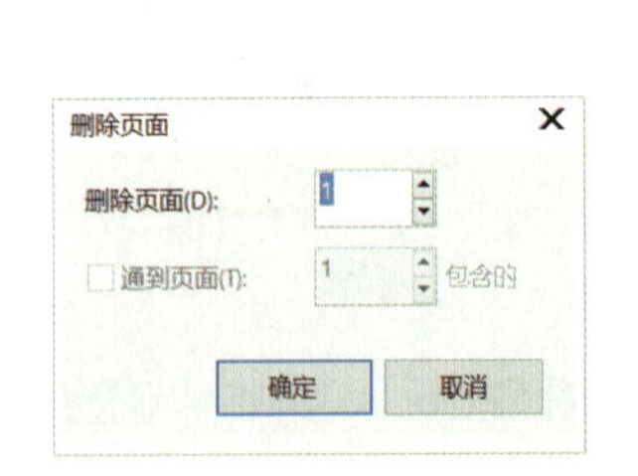

图 1-24　“删除页面”对话框

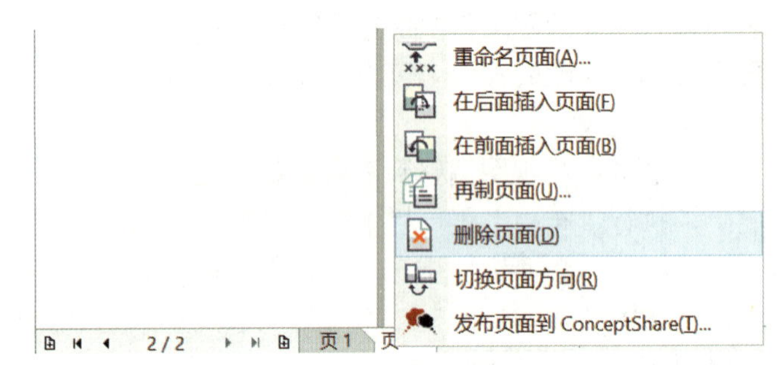

图 1-25　删除页面命令

1.3.5　调整页面顺序

在实际工作过程中，如在进行比较复杂的多页手册设计时，常常需要调整页面之间的前后顺序。此时可以通过以下两种方法来完成操作。

方法 1：将视图切换到需要调整的页面上，执行“布局”菜单栏中的“转到某页”命令后，弹出如图 1-26 所示的“转到某页”对话框。在“转到某页”文本框中输入需要调整到的目标页面序号，再单击“确定”按钮即可。

方法 2：在页面标签栏中，在需要调整的页面名称处按住鼠标左键不放，将光标拖动到调整后的页面名称上，松开鼠标左键即可，如图 1-27 和图 1-28 所示。

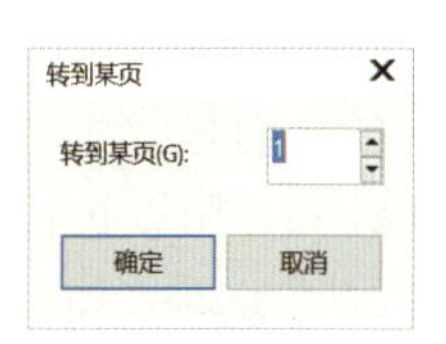

图 1-26 “转到某页”对话框

图 1-27 页面调整前

图 1-28 页面调整后

1.3.6 设置“万科房地产公司名片”页面

跟我来

要完成“万科房地产公司名片”页面的设置，首先，需要创建一个新文档，并保存文档；其次，设置页面大小；再次，运用软件中的“插入页面功能”为文件添加一个页面以方便绘制名片的正面与背面；最后，重命名页面为“名片正面”与“名片背面”。

下面来设置这个“名片”页面。

1. 创建一个新文档并保存文档

（1）启动 CorelDRAW X7，进入新建文件“未命名-1”的操作页面。

（2）单击页面左上方的“文件”按钮，在下拉菜单中执行“另存为”命令。以“万科房地产公司名片”为文件名（图 1-29）将其保存到自己需要的位置。保存文件的文件名要尽量详细，方便以后区分与查找。

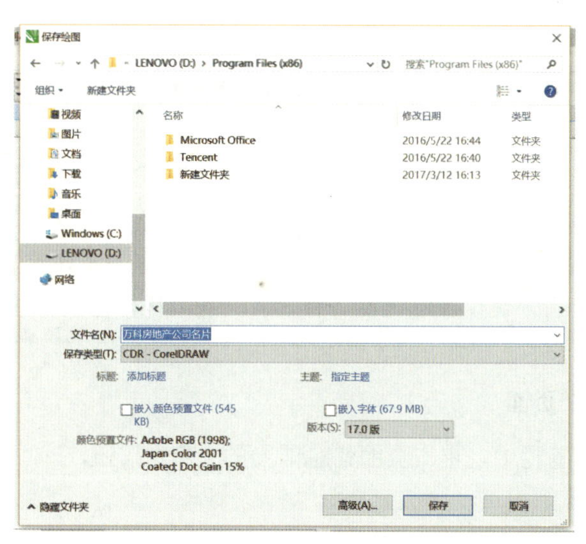

图 1-29 新建并保存文件

小提示

在制作的过程中，为了防止因计算机故障或其他原因导致做好的文件信息丢失，可以边做文件边保存。在第一次文件保存成功后的绘制过程中，单击工作页面上方的“保存”按钮，即可完成文件的存储操作。

2. 设置页面大小

名片的规范尺寸一般为宽 90mm，高 54mm。因此，将名片的正面与背面“纵向”排列放置到页面中，需要页面宽度大于 90mm，高度大于 2×54mm=108mm，所以执行“布局”菜单中的“页面设置”命令，在弹出的“选项”对话框中选择“页面尺寸”选项，用鼠标左键将“宽度”和“高度”框内的数字全部设为以蓝色底显示，单击数字键盘并输入与名片大小相应的数字，宽度处输入 100，高度处输入 120，单位都是毫米，此时对话框如图 1-30 所示，单击“确定”按钮。

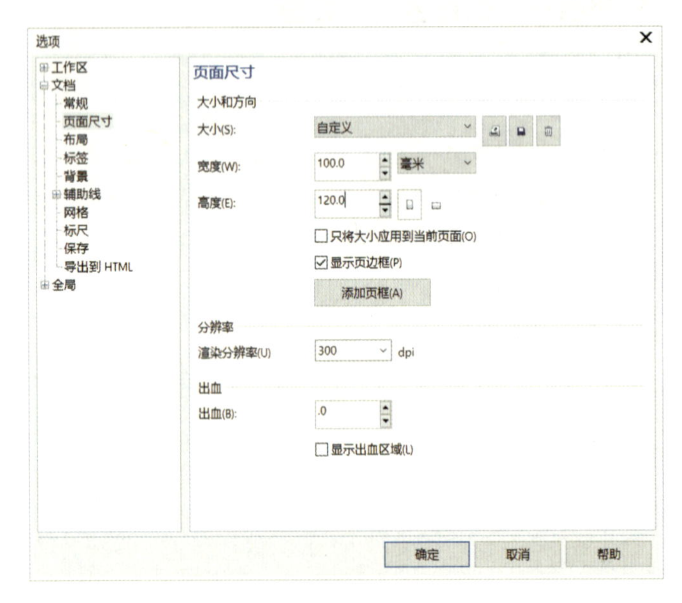

图 1-30　自定义页面大小

小提示

页面尺寸的设置由设计对象本身的尺寸来决定，一般以不超出页面边缘为好。最好是一个设计对象（如名片的正面与背面）设置为一页或者一个印刷页面（如杂志的封面与封底）设置为一页，方便设计时观察与核对，统一风格与色调，达到更佳的设计效果。

3. 为文件添加一个页面

在页面左下方的标签栏中，单击页面信息前面的“ ”按钮，即可在当前页之前插入一个新页面，如图 1-31 所示。

图 1-31　插入新页面

4. 重命名页面为“总经理名片”与“销售经理名片”

（1）将光标放置到标签栏中需要重命名的“页 1”上并右击，在弹出的快捷菜单中执行“重命名页面”命令，如图 1-32 所示。

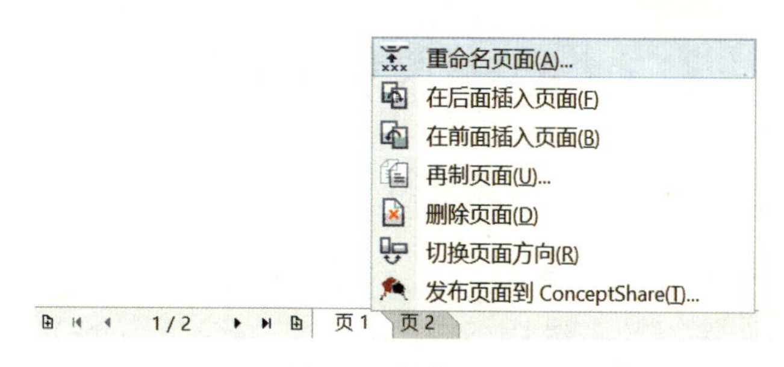

图 1-32　快捷菜单

（2）在如图 1-33 所示的对话框中输入“总经理名片”，单击“确定”按钮即可得到如图 1-34 所示的页面重命名效果。

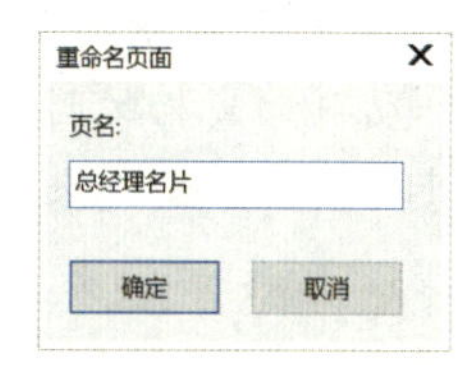

图 1-33　“重命名页面”对话框

图 1-34　重命名效果 1

（3）用同样的操作步骤将页 2 重命名为“销售经理名片”。当然，可以设置更多页面来进行重命名。重命名效果如图 1-35 所示。

图 1-35　重命名效果 2

5. 保存文件

单击“保存”图标，保存所有的设置，得到如图 1-36 所示的页面设置效果。下面就可以正式开始名片的具体绘制了。

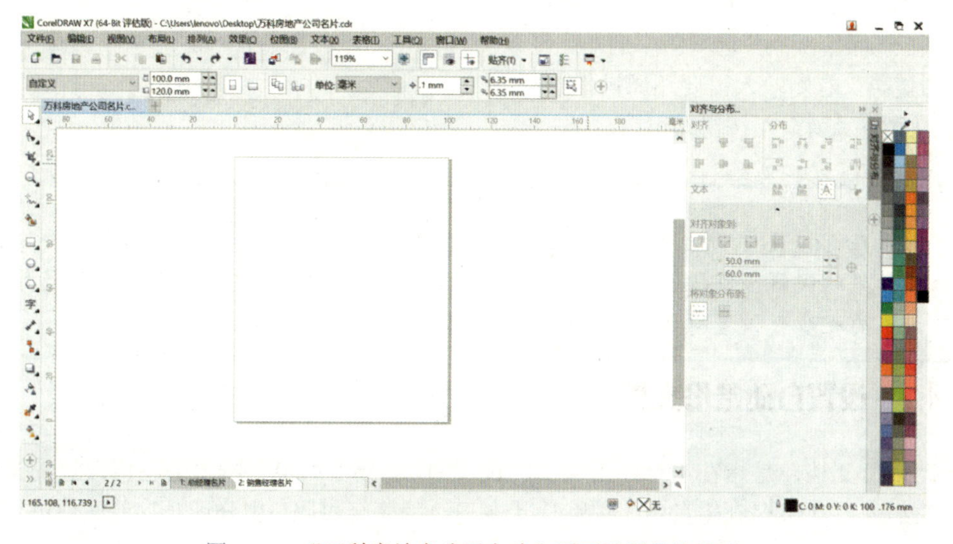

图 1-36　“万科房地产公司名片”页面设置最终效果

1.4　修改预置属性

做什么

通过修改 CorelDRAW X7 的预置属性，按照自己的操作习惯和计算机的配置情况来设置软件中还原操作步骤的次数、自动存储文件的间隔时间等参数，使 CorelDRAW X7 的运行环境更符合设计者个人的风格和喜好。

知识准备

预置属性是指软件中各项功能的默认设置，可以通过执行菜单命令对其进行修改。CorelDRAW X7 的预置属性的修改，如还原操作步骤的次数、自动存储文档的时间、运行软件的内存等，是运用 CorelDRAW X7 进行图形绘制不可缺少的前期工作，下面先来学习这些相关的基础知识。

1.4.1　设置还原操作步骤的次数

还原操作步骤，是指在编辑对象的过程中，将对象恢复到未曾执行操作之前的状态。而还原操作步骤的次数，是指可以恢复操作的步骤数。可以使用以下方法来完成设置。

（1）执行“工具”菜单中的“选项”命令。

（2）在弹出的“选项”对话框中选择“工作区”下的“常规”选项，如图 1-37 所示。

（3）在“撤销级别”选项组中的“普通”与“位图效果”右侧输入需要还原操作步骤的次数，单击“确定”按钮即可。

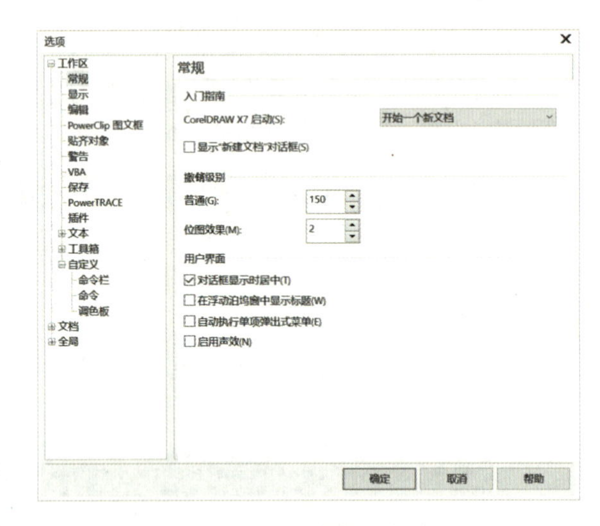

图 1-37　“常规”选项

小提示

对于在 CorelDRAW X7 中进行的矢量图形编辑，默认的撤销步骤次数为 150 次；对于位图效果的编辑，默认的撤销步骤为 2 步。使用者可以根据实际需要对其进行修改。但建议不要把步数设置得太多，否则会占用很多的系统资源。

1.4.2　设置自动备份文档

自动备份文档，是指在进行图形编辑的过程中，CorelDRAW 程序会将修改过的文件以备份文档的形式自动保存到磁盘中。在默认状态下，程序会每隔 20 分钟对目前文件进行一次备份保存，使用者也可以根据自己的使用习惯，对 CorelDRAW 自动备份文档的时间进行修改。可以通过以下方法来完成设置。

（1）执行“工具”菜单中的“选项”命令。

（2）在弹出的“选项”对话框中选择“工作区”下的“保存”选项，如图 1-38 所示。

（3）选中“自动备份间隔”复选框，在其右侧输入自动备份的时间，单击“确定”按钮即可。

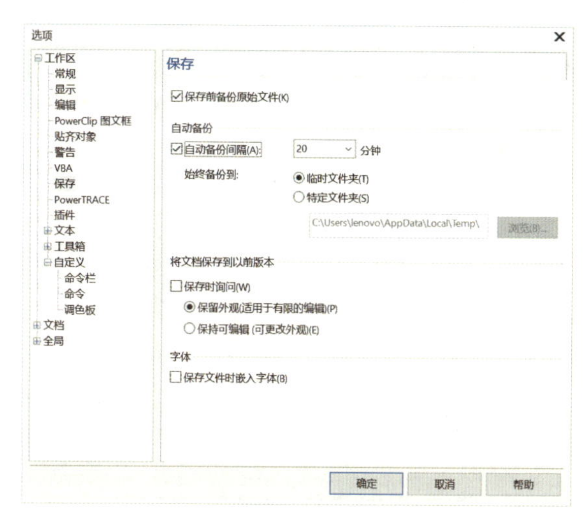

图 1-38 “保存”选项

小提示

在“保存”选项中，取消选中“自动备份间隔”复选框后，程序将不再自动备份文档。在“始终备份到”右侧的两个单选按钮中，选中“用户临时文件夹”后，自动备份的文档将保存到与正式文档相同的路径下；选中“特定文件夹”后，单击“浏览”按钮，可指定一个新的存储路径，自动备份的文档将保存到指定的路径下。建议不要将自动备份文档的时间设置得太短，否则频繁地存储可能会造成计算机运行速度降低。

总结与回顾

本章通过“万科房地产公司的名片”的设置，主要学习了如何熟练设置即将工作的页面，包括页面的设置、预置属性的修改等内容。掌握了这些内容以后，使用者可以轻松进行插入页面、重命名页面、设置页面大小、设置页面背景、删除页面、调整页面顺序、设置还原操作步骤的次数、设置文档自动备份的时间和设置软件运行的内存等操作。做好这些前期工作，将有利于下一步的绘图工作的顺利开展。

知识拓展

1. 设置页面背景

页面背景是指显示在页面中的背景颜色或图像。在 CorelDRAW X7 中，页面背景可以设置为纯色，也可以是位图图像，在添加页面背景后，不会影响图形绘制的操作。在同一个文件中，需要在相同背景上进行多个页面的文件编辑时，可通过设置页面背景来快速编辑好需要的背景内容。可以通过以下方法来完成此操作。

（1）执行“布局”菜单中的“页面背景”命令。此时将弹出如图 1-39 所示的“选项”对话框。

（2）根据设计的实际需要，选中“无背景”“纯色”或者“位图”单选按钮，单击“确定”按钮即可。

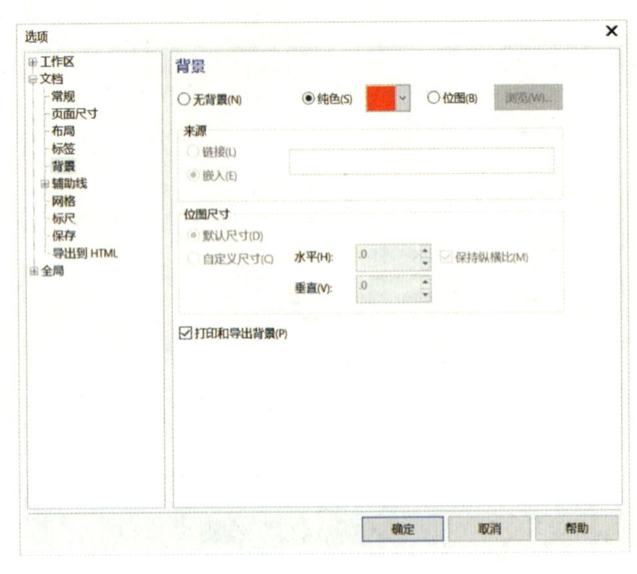

图 1-39　“选项”对话框

小提示

选中“无背景”单选按钮：在图形文件的页面背景上没有任何内容。

选中“纯色”单选按钮：可以在其下拉列表中选择一种颜色来作为页面的背景色，如图 1-40 所示。

选中“位图”单选按钮：单击“浏览”按钮，可从如图 1-41 所示的“导入”对话框中选择一张图片作为页面的背景图。还可以对位图的尺寸，以及是以“链接”的方式还是以“嵌入”的方式导入背景图来进行设置。图 1-42 所示为设置位图背景后的页面效果。

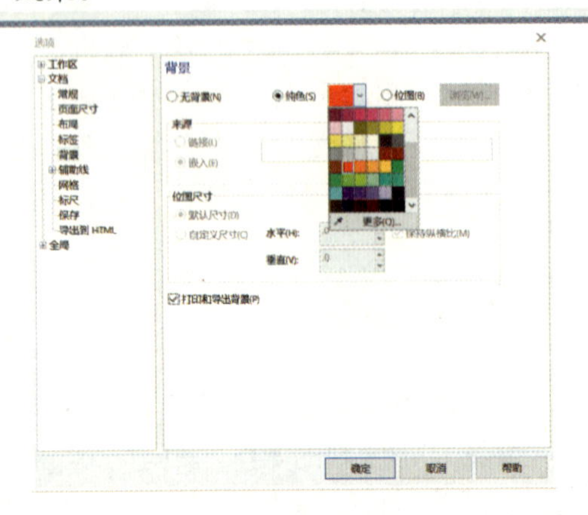

图 1-40　设置背景为“纯色”

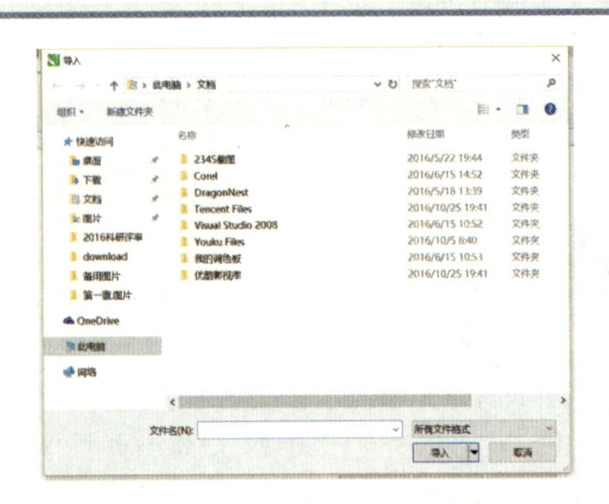

图 1-41　“导入”对话框

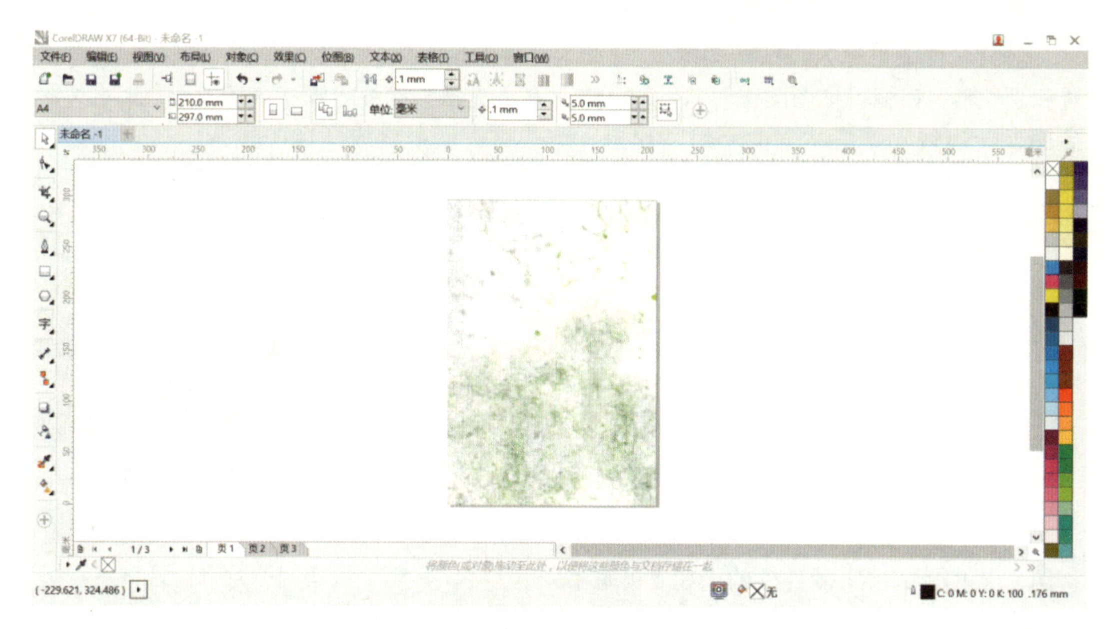

图 1-42　自定义位图背景后的页面效果

2. 矢量图与位图

在 CorelDRAW 中，可以进行编辑的图像包含矢量图和位图两种，在特定情况下二者可以互相转换，但是转换后的对象与原图有一定的偏差。

1）矢量图

用 CorelDraw X7 软件中的诸如“贝塞尔”工具等绘制的图形都属于“矢量图形”。CorelDRAW 软件主要以矢量图形为基础进行创作，矢量图也称为“矢量形状”或“矢量对象”，在数学上定义为一系列由线连成的点。矢量文件中每个对象又是一个自成一体的实体，它具有颜色、形状、轮廓、大小和屏幕位置等属性，可以直接进行轮廓修饰、颜色填充和效果添加等操作。

矢量图与分辨率无关，因此，在进行任意移动或修改时都不会丢失细节或影响其清晰度。当调整矢量图的大小、将矢量图形打印到任何尺寸的介质上、在 PDF 文件中保存矢量图形或将矢量图形导入基于矢量的图形应用程序时，矢量图形都将保持清晰的边缘。打开名为“标志设计”的矢量图形文件，如图 1-43 所示；将其放大到 200%，图像上不会出现马赛克，如图 1-44 所示；继续放大到 400%，图形也没有出现马赛克等现象，如图 1-45 所示。

图 1-43　100%显示

图 1-44　200%显示

图 1-45　400%显示

2）位图

在 CorelDRAW X7 软件中，通过“导入”命令导入的诸如 JPG、GIF 等格式的图片就属于

"位图图像"。位图也称为"栅格图像"。位图由众多像素组成，每个像素都会被分配一个特定位置和颜色值，在编辑位图图像时只针对图像像素而无法直接编辑形状或填充颜色。将位图放大后图像会出现"锯齿状"的不清晰现象，这些锯齿就是构成图像的像素。打开一张名为"位图图像"的图片，如图 1-46 所示；继续放大到 200%，可以发现图像已经开始变得模糊，如图 1-47 所示；继续放大，就会出现非常严重的马赛克现象，如图 1-48 所示。

图 1-46　100%显示

图 1-47　200%显示

图 1-48　400%显示

3）矢量图转换为位图

用 CorelDRAW X7 软件中的诸如"贝塞尔"工具等绘制的"矢量图形"，需要先将它们转换成"位图图像"才能顺利进行滤镜效果的运用。打开名为"矢量图转换为位图"的文件。选中矢量图形，执行"位图"菜单中的"转换为位图"命令，即可得到如图 1-49 所示的转换为位图前后的效果对比图。转换为位图后可以进行许多滤镜效果的运用，这在第 8 章中会详细讲解。

图 1-49　矢量图转换为位图前后效果对比图

4）位图转换为矢量图

在 CorelDRAW X7 软件中，通过"导入"命令导入的诸如 JPG、GIF 等格式的图片就属于"位图图像"。在一定程度上它可以转换为矢量图，方便设计者重新修改颜色等。打开名为"位图转换为矢量图"的文件。选中如图 1-50 所示的 JPG 格式的位图图像，执行"位图"菜单中的"快速描摹"命令即可将位图转换为矢量图，得到如图 1-51 所示的效果。

图 1-50　JPG 格式位图原图

图 1-51　转换为矢量图后的效果

课后实训与习题

课后实训 1

用 CorelDRAW X7 软件设置一个宽为 35mm、长为 125mm 的“青花书签”的页面，参考效果如图 1-52 所示。

操作提示

（1）打开 CorelDRAW X7 软件，创建一个新文件，以“青花书签”为文件名进行保存。

（2）执行“布局”菜单中的“页面设置”命令，在弹出的“选项”对话框中选择“页面尺寸”，使“宽度”和“高度”框内的数字全部以蓝色底显示，在宽度处输入“35”，在高度处输入“125”，单击“确认”按钮。

课后实训 2

用 CorelDRAW X7 软件设置一个互相折叠的六个宽为 75mm、高为 180mm 的竖长方形拼凑而成的“万科房地产公司宣传广告手册”页面。参考效果如图 1-53 所示。

操作提示

（1）打开 CorelDRAW X7 软件，创建一个新文件，以“万科房地产公司宣传广告手册”为文件名进行保存。

（2）执行“布局”菜单中的“页面设置”命令，在弹出的“选项”对话框中选择“页面尺寸”。页面宽为 6 × 75mm=450mm，高为 180mm。使“宽度”和“高度”框内的数字全部以蓝色底显示，在宽度处输入“450”，在高度处输入“180”，单击“确认”按钮。

（3）运用软件中的“插入页面功能”为文件添加一个页面以方便绘制手册的正面与背面。重命名页面为“手册正面”与“手册背面”。

（4）按住鼠标左键不放，到达合适位置后松开鼠标左键，从标尺处拖出几条垂直辅助线来界定每个小页面的宽度。

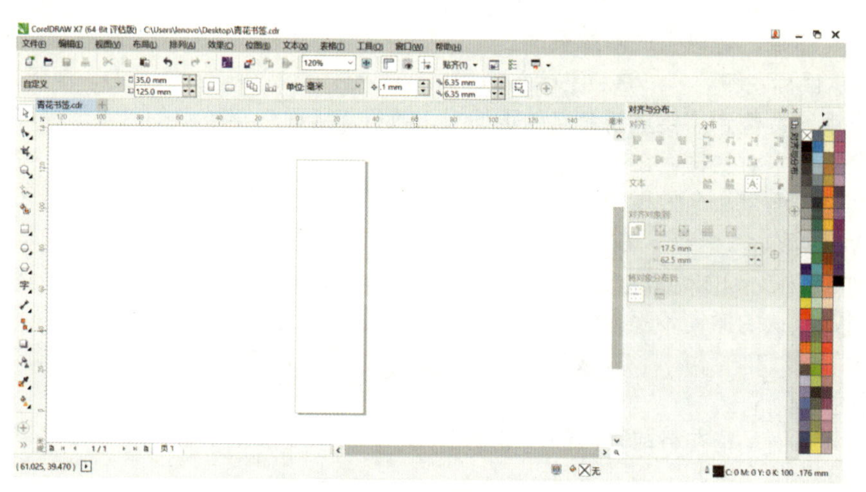

图 1-52 “青花书签”页面设置后的效果

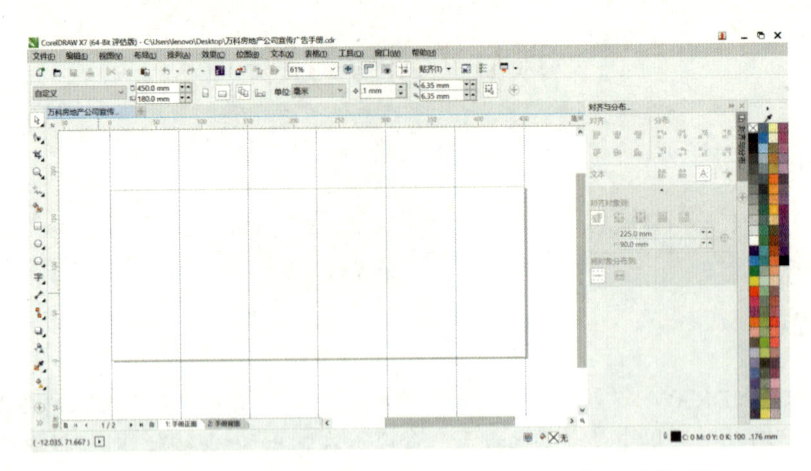

图 1-53 “万科房地产公司宣传广告手册”页面设置后的效果

课后习题 1

一、填空题

（1）进入到 CorelDRAW X7 的工作界面并自动创建一个新的默认页面。默认页面为______纸张大小的______页面。

（2）双击页面______的阴影区域，即可弹出“选项”对话框，可对当前页面的方向、尺寸大小、分辨率、出血范围等属性进行选择或修改。

（3）将视图切换到需要调整的页面上，执行______菜单中的______命令后，弹出“转到某页”对话框。

（4）执行“布局”菜单中的______命令，在弹出的“选项”对话框中选择“页面尺寸”，用______使“宽度”和“高度”框内的数字全部以蓝色底显示，在数字键盘上输入与名片大小相应的数字。

二、选择题

（1）CorelDRAW X7 页面的设置包括插入页面、重命名页面、设置页面大小、删除页面、______等。

A．页面变形　　B．调整页面顺序　　C．重叠页面　　D．页面调整

（2）在标签栏的页面名称上单击______，在弹出的快捷菜单中执行“在后面插入页”或“在前面插入页”命令，可以生成新的页面。

A．鼠标左键　　B．鼠标右键　　C．鼠标中键　　D．鼠标左、右键

（3）将视图调整到需要重新命名的页面上，执行“版面”菜单中的“重新命名”命令，弹出“重命名页面”对话框，在“______”文本框中，输入需要设置的新名称后，单击“确定”按钮即可得到页面重命名效果。

A．页名　　B．重新命名　　C．页面　　D．版面

（4）对于在 CorelDRAW 中进行的矢量图形编辑，默认的撤销步骤为______步；对于位图效果的编辑，默认的撤销步骤为______步。

A．13，2　　B．12，3　　C．13，3　　D．15，2

三、简答题

（1）插入页面是指在目前页面的基础上生成一个或多个新的页面的操作，可以使用哪三种方法来完成？

（2）“重命名页面”可以使用哪两种方法来完成？

第 2 章

图形的绘制

知识要点

1. 运用各种几何形状工具绘制几何图形。
2. 利用贝塞尔工具绘制线段及曲线。
3. 掌握钢笔工具的绘图技巧。

在使用 CorelDRAW X7 进行各种图形编辑的过程中，工具箱发挥着十分重要的作用。它在默认状态下位于绘图窗口的左侧，成为浮动面板后的工具箱如图 2-1 所示，其中包含了常用的绘图工具、编辑工具，是进行图形创作的基础。

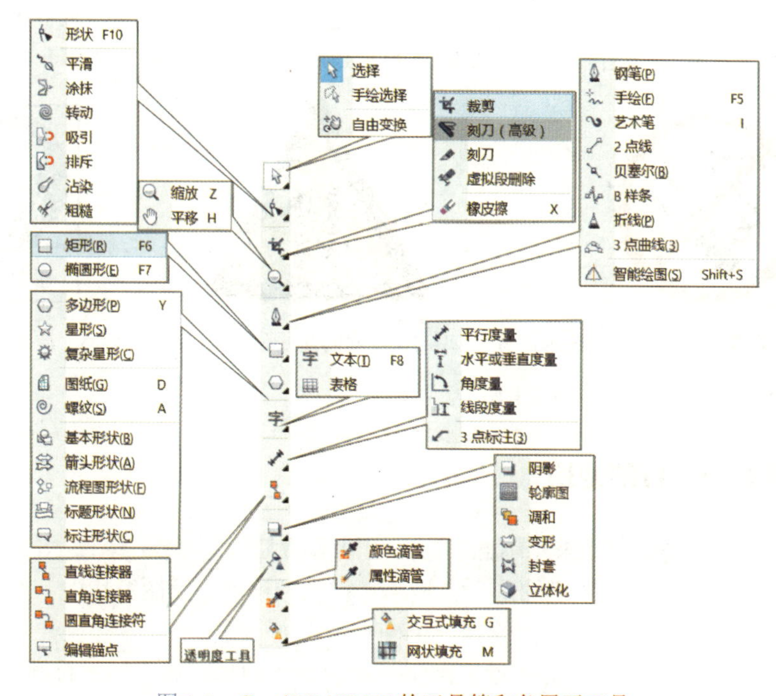

图 2-1 CorelDRAW X7 的工具箱和各展开工具

单击有黑色小三角形标记的工具按钮，即可看到这些工具箱展开后的如图 2-2 所示的工具栏。移动光标指向所需要工具的图标并单击，即可进行相应的图形的查看、绘制和编辑。

图 2-2 “矩形”工具栏

知识难点、重点分析

在这些工具中，贝塞尔是本章学习的难点。在运用 “贝塞尔” 工具进行路径描绘时，一定要有耐性，熟悉工具有一个过程，一开始运用它们都会显得非常“不顺手”，感觉它们不如想象中那样容易控制。但是熟能生巧，只要多多练习，时间久了就能做到得心应手了。

2.1 “禁止吸烟”公共标志图形的绘制

做什么

本节将利用 CorelDRAW X7 软件中的几何形状工具和贝塞尔工具来绘制如图 2-3 所示的“禁止吸烟”公共标志的图形绘制。图片中黑色的香烟说明香烟的有害性，黑色的烟雾代表着香烟的危险后果，红色的禁止符号代表着正义的言辞：“吸烟有害健康，大家请勿吸烟。”

知识准备

公共标志是一种为人们的工作生活带来某种社会利益的符号，能方便人们的出行、交流。公共标志的意义和价值不同于企业标志，它是一种非商业行为的符号语言，存在于生活的各个角落，为人类社会造就了无形价值。

公共标志的种类从用途上大致分为公共系统标志、公共识别标志等，包括交通系统标志、公共场馆系统标志、储运标志、产品质量等级标志以及其他标志，如图 2-4 和图 2-5 所示。

图 2-3 “禁止吸烟”公共标志的图形部分

图 2-4 双向交通公共标志

图 2-5 质量安全公共标志

下面先来学习本节相关的基础知识。

2.1.1 椭圆形工具的使用

“椭圆形”工具是专门用来绘制椭圆形和正圆形的工具。

（1）在工具箱中单击选中“椭圆形”工具。将光标移动到绘图窗口中，按住鼠标左键向另一方向拖动鼠标，就可以在页面上绘制一个椭圆了，如图 2-6 所示。

（2）如果在绘制的同时按住 Ctrl 键，则可以绘制出正圆形。如果同时按住 Ctrl+Shift 组合键则可以以圆心位置放大的方式画出正圆形，如图 2-7 所示。

（3）用鼠标左键拖动刚绘制好的正圆形对角线上的四个黑色正方形控制点中的一个，并按住 Shift 键向圆心处拖动，右击并确认操作，即可绘制如图 2-8 所示的同心圆。

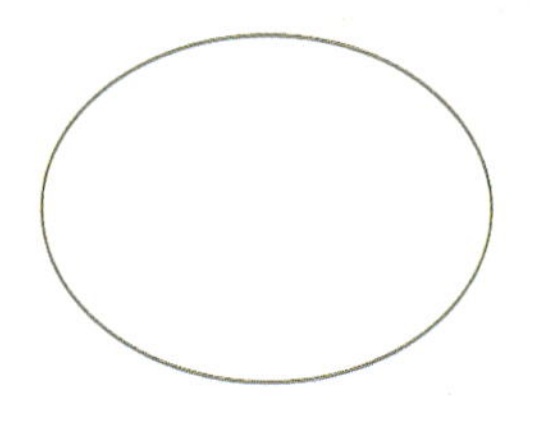

图 2-6　椭圆形的绘制

图 2-7　正圆形的绘制

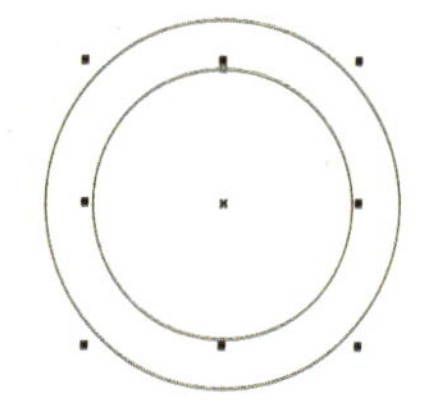

图 2-8　同心圆的绘制

（4）选择“椭圆形”工具后，其属性栏中的选项如图 2-9 所示。

（5）分别选择圆形、饼形和弧形图标后，在绘制窗口中将分别绘制出圆形、饼形和弧形的形状，如图 2-10 所示。

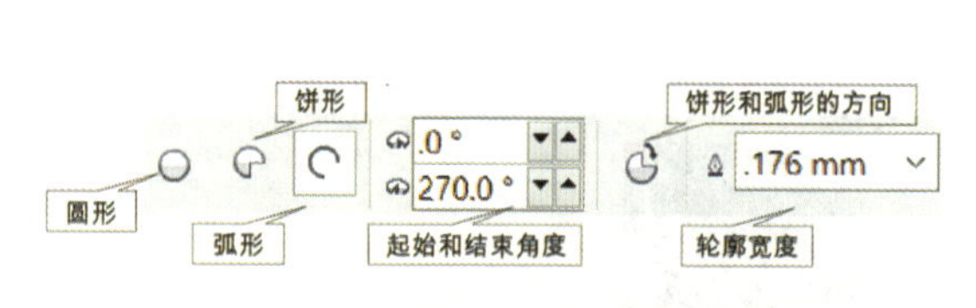

图 2-9　椭圆工具属性栏

图 2-10　椭圆工具属性栏中的三种图形类型

（6）如果要按规定尺寸画出椭圆形，则需要在属性栏上方的“对象大小”处进行设置，如果右边的“锁”是开着的，则不按比例绘制圆形；如果“锁”是关着的，则按比例绘制圆形。具体操作方法是先画出一个圆形，当这个圆处于选中状态时，在“对象大小”处使“宽度”或“高度”中的一栏的所有数字和单位以蓝色显示，再输入新的数值，按 Enter 键予以确定即可。一般情况下，软件中“对象大小”处默认的单位为“mm”。

（7）圆形的轮廓线可以设置。单击属性栏上方的“轮廓宽度”下拉按钮，可以设置轮廓粗细，得到如图 2-11 所示的效果。此时选择“形状”工具，单击圆上的节点，可以得到如图 2-12 所示的图形。如果在绘制好圆形之后，单击属性栏上方的“转换为曲线对象”按钮，则可以将圆形的线条转曲，此时选择“形状”工具，单击圆上的节点并拖动调节控制线的长度，可以得到如图 2-13 所示的图形。

图 2-11　轮廓线设置后

图 2-12　形状工具修改后

图 2-13　绘制的图形

（8）如果在调色板中单击任意颜色，则可以按图 2-14 更改圆形的填充色。如果在调色板中右击任意颜色，则可以按图 2-15 更改圆形的轮廓色。这是 CorelDRAW 软件对工作界面中出现的所有“封闭对象”（绘制的起点与终点相重合的对象）进行“更改轮廓色”与“填充内部色”的基本方法。

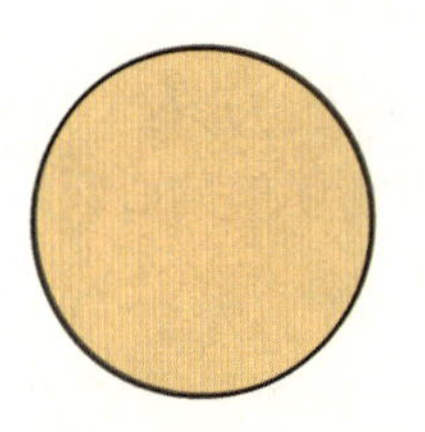

图 2-14　填充颜色后的效果

图 2-15　更改轮廓线后的效果

（9）打开名为“椭圆工具与青花瓷盘”的文件，可以看到其中有一个如图 2-16 所示的青花花环。选择“椭圆形”工具，在按住 Ctrl 键的同时，拖动出一个正圆形。在属性栏中的“对象大小”处，在宽度和高度中输入 93mm，按 Enter 键确定。在属性栏右边的“轮廓宽度”处选择 0.2mm。在调色板中右击（C：100，M：100，Y：0，K：0）的蓝色作为轮廓色，双击界面右下方的颜色填充“色块”，在弹出的如图 2-17 所示的“编辑填充”对话框中的“模型”中选择 CMYK 颜色，在颜色数值框中输入（C：7，M：5，Y：0，K：0），单击“确定”按钮，填充浅蓝色。

图 2-16　青花花环图形

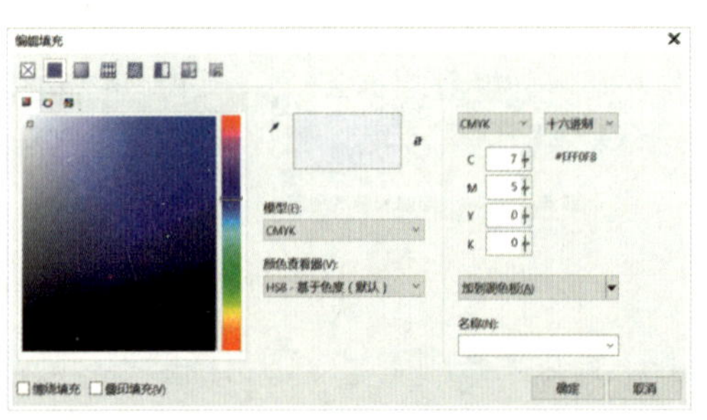

图 2-17　“编辑填充”对话框

（10）当绘制出的这个圆形（图 2-18）处于选中状态时，在按住 Shift 键和 Ctrl 键的同时将对角线上的一个控制点向圆心方向拖动，到达合适的位置时按下鼠标右键，再松开鼠标左键。此时就复制出第二个同心圆。按照上面的方法将这个同心圆的大小改为宽度和高度均为 90mm，“轮廓宽度”处选择 0.5mm。按照上述方法再次复制出第三个同心圆，在属性栏中将对象大小改为宽度和高度均为 88mm，“轮廓宽度”处选择 0.5mm。再复制出第四个同心圆，在属性栏中将对象大小改为宽度和高度均为 57mm，“轮廓宽度”处选择 0.75mm，单击调色板上的白色色块，将第四个同心圆的填充色更改为白色。用拖动出虚框的方式选中这四个同心圆，用 Ctrl+G 组合键将它们“组合”，得到如图 2-19 所示的效果。拖动文件中出现的“青花花环”图形，将其放置到同心圆组合上面，可以看到花环处于图层最下方而无法显示。右击花环图形，执行“顺序”菜单中的“到页面前面”命令，使花环处于最上层。拖动花环图形使它处于四个同心圆的中心位置，得到如图 2-20 所示的最终效果。

图 2-18　第一个同心圆

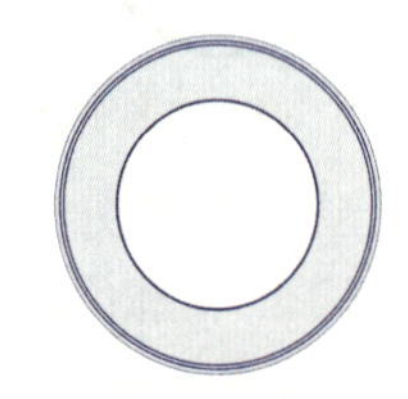

图 2-19　绘制四个同心圆

图 2-20　青花瓷盘最终效果

2.1.2 贝塞尔工具的使用

贝塞尔工具主要应用于绘制非几何类图形，它可以用来绘制直线，也可以用来绘制平滑、精确的曲线。它通过改变节点和控制点的位置来控制曲线的弯曲度，再通过调整控制点来调节直线和曲线的形状。单击工具箱中“手绘”工具右下方的黑色小三角形，在弹出的扩展选项中选择“贝塞尔”工具。此时，使用不同的方式会出现不同的图形效果。

（1）选择“贝塞尔”工具，直接在工作页面上做出单一的单击动作，则可以绘制出如图 2-21 所示的直线线条。选择“贝塞尔”工具，直接在工作页面上做出单击连带拖动再单击的动作，则可以绘制出如图 2-22 所示的曲线线条。

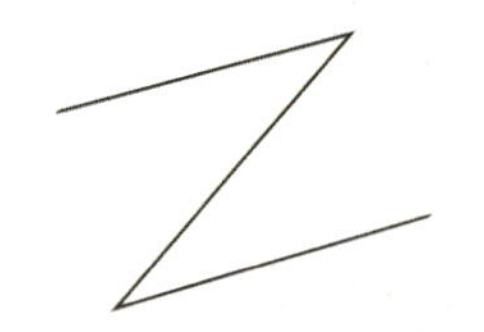

图 2-21　绘制直线线条

图 2-22　绘制曲线线条

（2）如果已经画完了一条线，但想在原来的基础上延长此线，则需要在使该曲线处于“选择”工具选中状态时，用“贝塞尔”工具在线条任意一端的节点上，当出现向左下方指向的小箭头时单击，对节点进行连接操作，这样就可以延长画线，如图 2-23 所示。如果对画出来的线条不满意，则可以选择“形状”工具移动锚点，拖动控制线的控制点按图 2-24 进行修改，得到如图 2-25 所示的效果。

图 2-23　延长绘制曲线

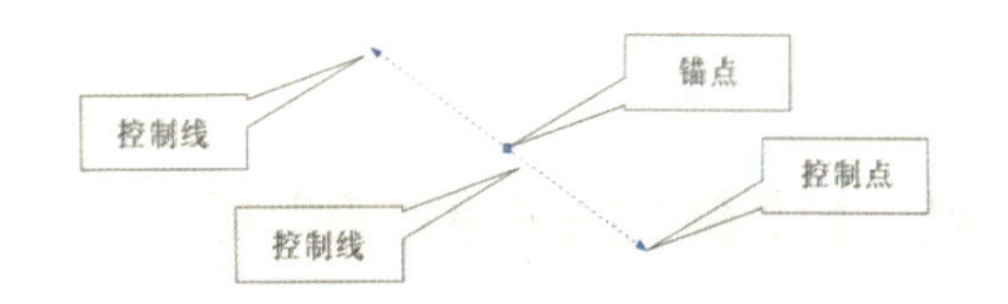

图 2-24　锚点、控制点与控制线的指示图

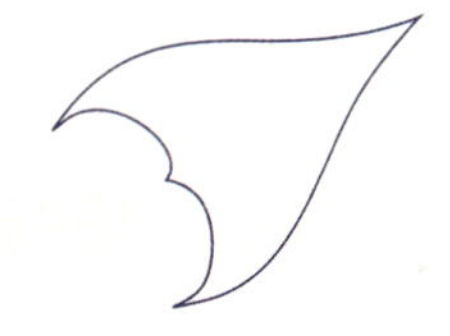

图 2-25　修改后的曲线

小提示

在 CorelDRAW 中，只有那些封闭的区域（闭合的曲线）才能够填充颜色。而要画出封闭区域（闭合的曲线），需要在绘制最后一步时，将绘制线条的终点与起点闭合，而这一点是形状工具的修改无法实现的。具体做法如下：在绘制的最后一步，将光标放置到起点的节点上，光标会出现一个指向左下方向的箭头，此时单击起点的节点，可以将起点和终点闭合而使图像成为封闭图形，这样才可以填充颜色，否则只是线条，如图 2-20 经过形状工具的修改后，无论看起来多么像是封闭的图形，都无法成功填充颜色。

（3）如果要将起点和终点没有闭合的曲线修改成封闭区域，则需要用“选择”工具选中该曲线，单击属性栏上方的“闭合曲线”按钮，使曲线自动闭合，即可得到如图 2-26 所示未填充但是属于封闭区域的闭合曲线，再单击调色板上的任一颜色，即可得到如图 2-27 所示的填充后的效果。

图 2-26　闭合曲线操作

图 2-27　填充颜色后的效果

（4）打开名为“贝塞尔工具与篮球”的 CDR 格式的文件，可以看到如图 2-28 所示的球状图形。只需添加几条曲线就可以把它变成篮球的造型。选择“贝塞尔”工具，在工作页面上做出单击连带拖动再单击的动作，分别绘制出如图 2-29 所示的曲线，曲线应该超出球体的边框一些距离。

（5）在属性栏中将每条曲线的“轮廓宽度”改为 1.0mm，得到如图 2-30 所示的图形效果。在按住 Shift 键的同时，选中三条曲线，执行“对象”菜单中的“将轮廓转换为对象”命令，使三条曲线轮廓转换为填充的对象。用 Ctrl+G 快捷键将它们“组合”起来。在按住 Shift 键的同时，先单击曲线组合，再单击底部球体图形。松开 Shift 键后单击属性栏上方的“相交”图标。准确单击球体旁边多出的那一点儿线段，按 Delete 键将它删除，得到如图 2-31 所示的篮球图形最终效果。

图 2-28　打开的球状图形

图 2-29　绘制曲线效果

图 2-30　更改轮廓宽度

图 2-31　篮球最终效果

2.1.3　“禁止吸烟”公共标志图形部分的绘制

跟我来

完成本次实例的绘制首先需要创建一个新文档，并保存文档；其次，运用“椭圆形”工具以及“矩形”工具绘制出禁止符号；再次，用贝塞尔工具和几何工具以及“对象的重复与旋转”绘制“香烟”及“烟雾”；最后，将各个图形组合于其中并将所有的轮廓线转换成图形对象，生成“禁止吸烟”公共标志的最终效果。

现在来完成“禁止吸烟”公共标志图形部分的具体制作。

1. 创建并保存文档

（1）启动 CorelDRAW X7，则出现一个名称为“未命名-1”、A4 大小的新文件。

（2）单击页面左上方的“文件”按钮，在下拉菜单中执行“另存为”命令，以“禁止吸烟公共标志”为文件名保存到自己需要的地方。

小提示

“公共标志”图形部分的绘制只是一个设计稿，与印刷稿不同，因此不需考虑页面大小和出血线的问题，在默认的 A4 纸上操作即可。

2. 绘制禁止符号

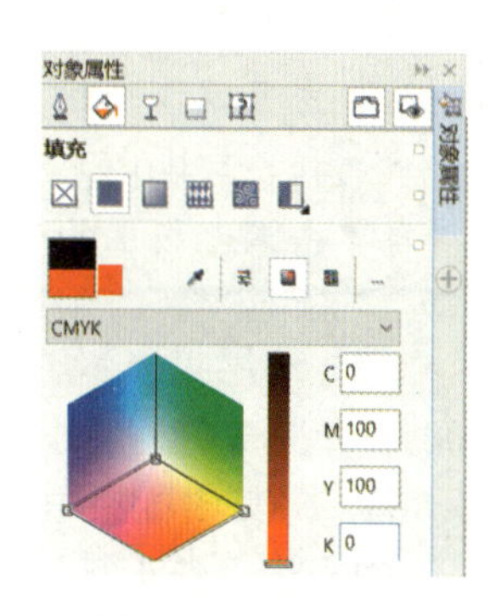

图 2-32 更改色彩

（1）选择工具栏中的“椭圆形”工具，在绘图区域中按住鼠标左键并向另一方向拖动的同时按 Ctrl 键，即可绘制出一个正圆形。当属性栏上方的“缩放比率”的锁显示为锁住时，在属性栏上方的“对象大小”处输入 106 106.0 mm 106.0 mm 248.2 248.2，按 Enter 键予以确认，即将圆的直径设置为 106mm。执行“窗口”菜单中“泊坞窗”子菜单中的“对象属性”命令，打开“对象属性”泊坞窗，选择“填充”选项，单击“均匀填充”图标，设置颜色为（C：0，M：100，Y：100，K：0），如图 2-32 所示。此时对象填充为大红色。

（2）再按照同样的方法绘制一个直径为 88mm 的正圆形，填充颜色为（C：0，M：0，Y：0，K：0），即白色。用鼠标左键将两个圆同时选中，运用属性栏上方的“对齐与分布”按钮对它们进行“水平居中对齐”和“垂直居中对齐”操作，将两个圆形摆放为同心圆，如图 2-33 所示。

（3）运用“矩形”工具绘制一个长 100mm、宽 9mm 的长方形，填充颜色为（C：0，M：100，Y：100，K：0）。在属性栏中的旋转角度 0 中输入 135，按 Enter 键确认旋转角度的设置。用鼠标左键将矩形和其中一个圆形同时选中，运用属性栏上方的“对齐与分布”按钮对它们进行“水平居中对齐”和“垂直居中对齐”操作，并将其放置于同心圆的中央。

（4）同时选中所有图形，右击工作页面右方调色板上方的红色，将轮廓线改成大红色，得到如图 2-34 所示的禁止符号效果。

3. 绘制“香烟”

（1）运用椭圆形工具绘制一个椭圆，执行“窗口”菜单中“泊坞窗”子菜单中的“对象属性”命令，打开“对象属性”泊坞窗，选择“填充”选项，单击“均匀填充”图标，设置颜色为（C：0，M：0，Y：0，K：100），再对其双击，拖动其旋转 320 度。用贝塞尔工具绘制出如图 2-35 所示的图形，填充颜色为（C：0，M：0，Y：0，K：100）的黑色。使用选择工具选中该图形后，将对象拖动到适当位置的同时，在不松开鼠标左键的同时右击，即可将对象复制出来。再运用同样的方法复制该图形，得到如图 2-36 所示的效果。

图 2-33 同心圆绘制

图 2-34 禁止符号效果图

图 2-35 烟头部分图形的绘制

图 2-36 整体烟头的效果

小提示

用贝塞尔工具绘制出的烟头的每一节都必须是一个封闭区域。因为在 CorelDRAW 中，只有那些封闭的区域（闭合的曲线）才能够填充颜色。而要画出封闭区域（闭合的曲线）就需要在绘制的最后一步中，使绘制线条的终点与起点闭合。具体做法如下：在绘制的最后一步，将光标放置到起点的节点上，光标会出现一个指向左下方向的箭头，此时单击起点的节点，可以使起点和终点闭合，以使图像成为封闭图形，这样才可以填充颜色。如果要将起点和终点没有闭合的曲线修改成封闭区域，则需要用“选择”工具选中该曲线，单击属性栏上方的“闭合曲线”按钮，使曲线自动闭合，再单击调色板上的颜色，即可成功填充。

（2）运用贝塞尔工具绘制出香烟的其他部分，填充颜色为（C：0，M：0，Y：0，K：100），如图 2-37 所示。将该图形复制并缩小到合适的大小，填充颜色为（C：0，M：0，Y：0，K：0），将其放置到如图 2-38 所示的位置，使图形多一些层次感。

（3）将“禁止符号”与“香烟”进行如图 2-39 所示的摆放。利用贝塞尔工具描绘出如图 2-40 所示的燃烧着的香烟的烟雾，为其填充上黑色即可完成烟雾效果的制作。

图 2-37 “香烟”绘制 1

图 2-38 “香烟”绘制 2

图 2-39 调整图形间的位置

图 2-40 绘制的烟雾效果图

小提示

在 CorelDRAW 中绘制图案时，只有闭合的曲线才能填充颜色。所以每画一个图形，首先要根据这个图案的特性来判断将它分为几个闭合曲线区域来绘制为好。烟雾的绘制可以分成四个闭合曲线区域来勾勒：前两个区域是烟头附近的两个“C 形”，第三个区域是烟雾上部左方的类似“<”单括号的造型，第四个区域是烟雾上部右侧的弧形。需要注意的是，必须将四个区域都绘制成封闭图形才能分别为它们成功填色。

4．将轮廓线转换成图形对象

标志必须满足可以缩放的条件，而且根据设计的需要，有时甚至要将其缩小到不足 1 厘米的大小。然而，在 CorelDRAW 软件中将绘制的图形对象进行整体缩小时，会出现图形对象缩小，但是轮廓线依然保持原始粗细的情况，这将使绘制的标志图形遭到严重的破坏。因此，需要用“选择”工具拖出虚框的方式来选中整个禁烟标志，再执行“排列”菜单中的“将轮廓转换为对象”命令，使所有的轮廓线转换成相应的图案，此时即便将标志缩小到不足 1 厘米的大小，该禁烟标志的图形也不会受到丝毫影响，如图 2-41 所示。

图 2-41 “禁止吸烟”公共标志图形部分最终效果图

小提示

不管是公共标志还是商业标志都必须遵循“适应性”原则。因为标志需要在不同的载体及环境中进行展示、宣传，所以设计标志时要注意适用于机构或企业所采用的视觉传递媒体，经得起许多技术上的应用考验。面对不同材质、不同技术、不同环境条件的挑战，表现形式要适合黑白与色彩、正形与负形、放大与缩小以及线框空心体等诸多变化。考虑到不同媒体具有不同的特性，也具有各自的局限性，所以标志的设计无论形状、大小、色彩和肌理，都需要周详考虑，从而使作品具有更好的适用性。因此，在绘制标志的时候应该有意识地增加图形的适应性，并将其中绘制的轮廓线转换成图形对象以满足缩放后均无改变的要求。

2.2 “禁止鸣笛”公共标志图形的绘制

做什么

这一节将利用 CorelDRAW X7 软件中的钢笔工具结合几何工具、贝塞尔工具来制作如图 2-42 所示的“禁止鸣笛”公共标志图形部分的绘制。标志图形形象简单明了，一个黑色的喇叭放置在中间，大红色的禁止符号放在下面，整体寓意就是禁止鸣笛。

知识准备

公共标志的设计要具有不可替代的独特形象，要易于识别，特征鲜明，令人一眼即可识别，并过目不忘。设计的色彩要强烈醒目，图形要简洁清晰，图标含义必须准确。要符合人们的认识心理和认识能力，要避免意料之外的多解或误解，在视觉上需要做到与应用范围的完美结合，如图 2-43 和图 2-44 所示。

图 2-42 “禁止鸣笛”公共标志的图形部分

图 2-43 “禁止烟火”公共标志

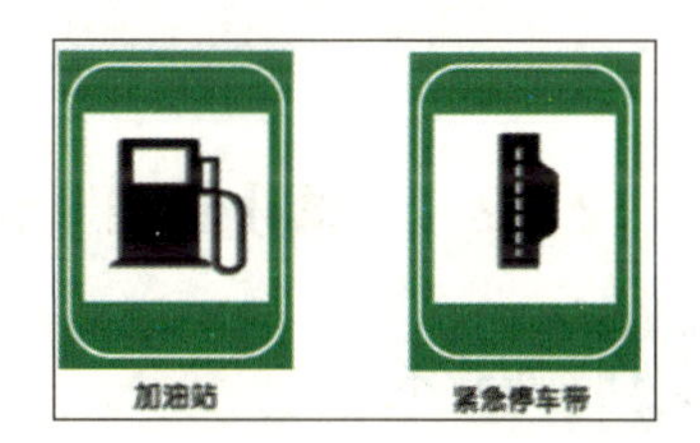

图 2-44 高速公路上的公共标志

下面先来学习本节相关的基础知识。

2.2.1 “钢笔”工具的使用

（1）单击工具箱中“手绘”工具右下方的黑色小三角形，在弹出的扩展选项中选择“钢笔”工具。钢笔工具和贝塞尔工具有很多相似之处。通过单击的形式可以画出直线。当然，也可以多次单击画出如图 2-45 所示的连贯直线，要结束时可以快速双击，也可以按 Esc 键结束绘制。在用钢笔工具单击绘制的同时，按住 Shift 键还可以画出如图 2-46 所示的水平与垂直的直线。

图 2-45 用钢笔工具绘制连贯直线

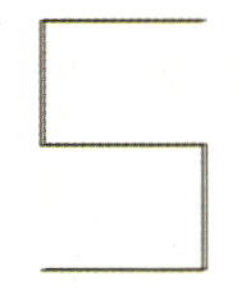

图 2-46 用钢笔工具绘制水平与垂直的直线

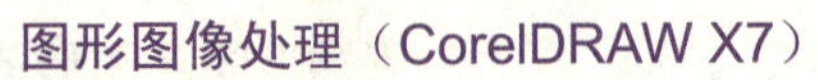

（2）使用“钢笔”工具通过单击加拖动（按住左键拖动）的办法可以画出曲线。多次单击加拖动（按住左键拖动）可以画出如图 2-47 所示的曲线。在曲线绘制完成以后，在钢笔工具绘制的曲线上，单击某个没有节点的地方可以增加节点，而双击有节点的地方可以删除已有的节点。选择“形状”工具可以拖动该节点进行曲线形状的调节，如图 2-48 所示。

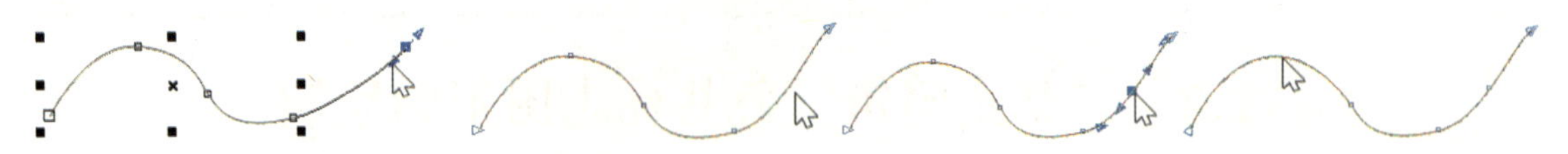

图 2-47　用钢笔工具绘制曲线

图 2-48　曲线节点的增加

（3）要用钢笔工具画出可填充的图形，同样需要使起点与终点相接得到封闭图形才可以。如果无法正常填充，则需要用“选择”工具选中该曲线，如图 2-49 所示，单击属性栏上方的“闭合曲线”按钮使曲线自动闭合，即可得到一条闭合曲线，如图 2-50 所示，再单击调色板上的颜色，即可成功填充，如图 2-51 所示。

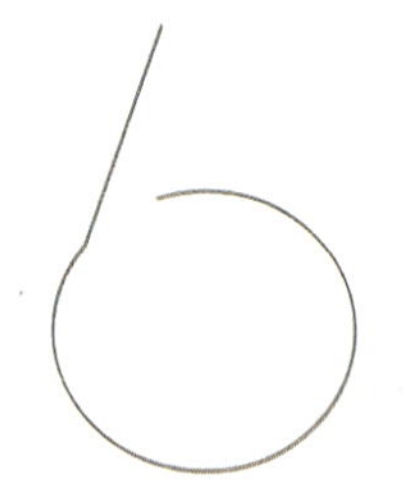

图 2-49　用钢笔工具绘制曲线

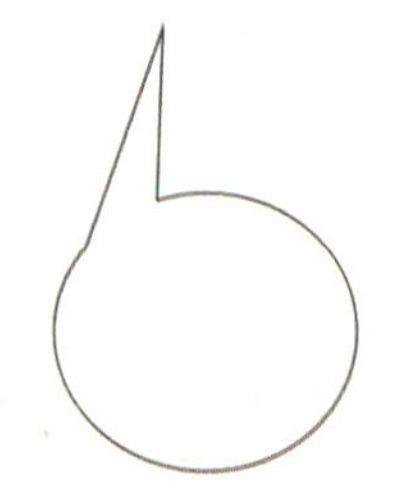

图 2-50　闭合后的曲线

图 2-51　填充颜色后的效果

2.2.2　“禁止鸣笛”公共标志制作

跟我来

完成“禁止鸣笛”公共标志图形部分的绘制时，首先需要运用椭圆形工具绘制一个正圆形，再画出两个同心圆。用矩形工具画出矩形并将其与三个同心圆进行居中和垂直对齐，然后对其进行旋转。最后用钢笔工具画出喇叭形状，填充上黑色。为了使缩放不变形，可使用“将轮廓线转换成图形对象”命令将标志中所有的轮廓线转换成图形，此时就生成了标志图形的最终效果。

现在来进行该公共标志图形的具体制作。

1. 绘制底部同心圆与矩形条

（1）选择“椭圆形”工具，在按住 Ctrl 键的同时拖动出一个正圆形。在属性栏的对象大小处输入宽 78.327mm、高 78.327mm，按 Enter 键予以确认，得到如图 2-52 所示的效果。在按住 Shift 键的同时，用鼠标左键将对角线上的其中一个控制点向圆心内拖动，在属性栏的“对象大小”显示为 74.817 mm 74.817 mm 时右击以确定，即可复制出如图 2-53 所示的第一个同心圆。再按照同样的方法在属性栏的“对象大小”显示为 59.184 mm 59.184 mm 时右击以确定，即可复制出如图 2-54 所示的第二个同心圆。

图 2-52　底部正圆形

图 2-53　第一个同心圆

图 2-54　第二个同心圆

（2）用“选择”工具将最大的底部的正圆形选中，单击调色板中的白色将其填充为白色，右击调色板中的（C：0，M：100，Y：100，K：0）红色，将轮廓线改为红色，在属性栏中的轮廓线宽度处输入 0.6mm，按 Enter 以确定，如图 2-55 所示。用“选择”工具将中间一个同心圆选中，右击调色板上方的☒图标，去掉轮廓线，单击调色板中的（C：0，M：100，Y：100，K：0）红色，进行内部填充，得到如图 2-56 所示的图形。用同样的方法将最中间的一个正圆形的轮廓线去掉，并填充为调色板中的（C：0，M：0，Y：0，K：0），得到如图 2-57 所示的最终效果。

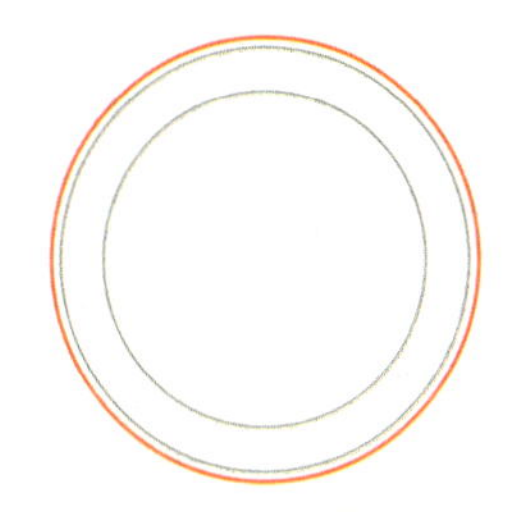
图 2-55　底部正圆形的填充

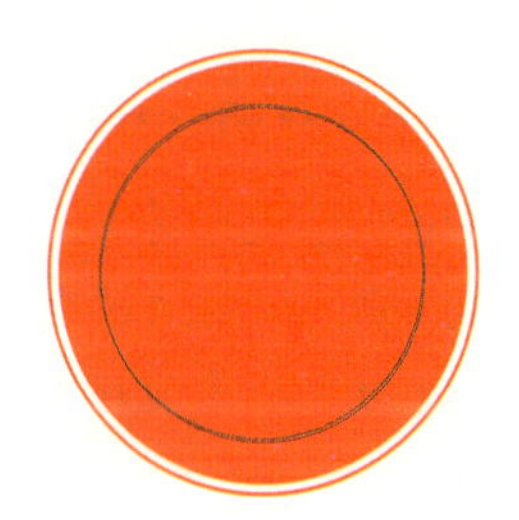
图 2-56　中间圆的填充

图 2-57　最小圆的填充

（3）用“矩形”工具画出一个矩形，在属性栏的“对象大小”处将后面的锁定比率的锁解开，在文本框中分别设置宽为 70mm、高为 5mm 70.0 mm 5.0 mm，按 Enter 键以确定。右击调色板上方的☒图标，去掉轮廓线。单击调色板中的（C：0，M：100，Y：100，K：0）红色，进行内部填充。使用“选择”工具选中矩形，在按住 Shift 键的同时再选中已经绘制好的同心圆中的一个。运用属性栏上方的“对齐与分布”按钮，对它们进行“水平居中对齐”和“垂直居中对齐”操作，得到如图 2-58 所示的效果。再用“选择”工具选中矩形，在属性栏的“旋转角度”中输入 315 度 315.0 °，得到如图 2-59 所示的效果。

2. 绘制喇叭形状

（1）选择钢笔工具，绘制出如图 2-60 所示的喇叭图案主要部分的封闭曲线，再绘制出如图 2-61 所示的喇叭图案剩余部分的封闭曲线。

图 2-58　绘制矩形并对齐

图 2-59　旋转矩形后的效果

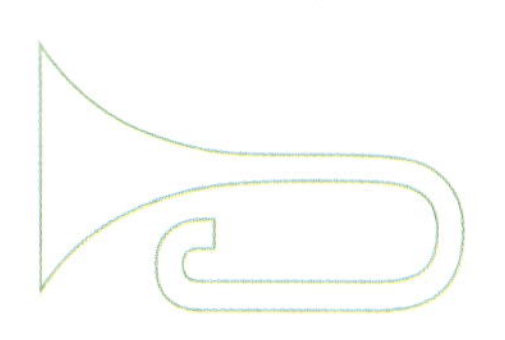
图 2-60　绘制喇叭的主要曲线

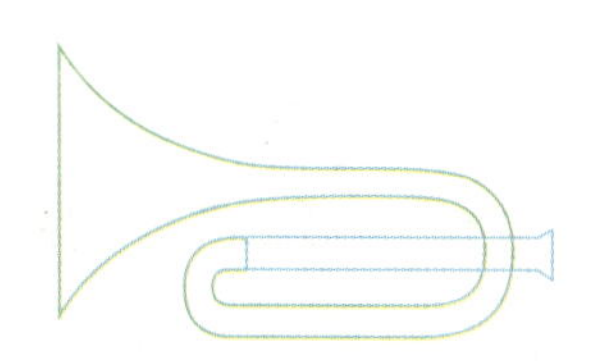
图 2-61　绘制剩余部分的曲线

小提示

只有封闭的区域才能填充颜色，因此每一个区域必须为封闭的曲线。把喇叭分为两条封闭曲线是因为在 CorelDRAW 中直接将喇叭的图形整个画成封闭曲线会导致“喇叭嘴”与“喇叭右边弯颈”相交的部分在填充时变为无法填充的“镂空区域”。

（2）用“选择”工具框出虚框的方式将喇叭的两个区域同时选中，单击属性栏上方的“对象图形的运算”中的“合并”图标，得到如图 2-62 所示的图形效果。执行“窗口”菜单中“泊坞窗”子菜单中的“对象属性”命令，打开“对象属性”泊坞窗，选择“填充”选项，单击“均匀填充”按钮，设置颜色为（C：0，M：0，Y：0，K：100）。也可以直接单击调色板上的黑色色块进行填充。右击调色板上的黑色色块，将轮廓线改为黑色。将喇叭图形放置到绘制好的底图中间一些的位置，得到如图 2-63 所示的图形效果。

3. 将轮廓线转换成图形对象

用“选择”工具拖动出虚框的方式选中整个“禁止鸣笛”公共标志，再执行“排列”菜单中的“将轮廓转换为对象”命令，将所有的轮廓线转换成相应的图案，如图 2-64 所示。

小提示

对任何一个图形对象执行“将轮廓转换为对象”命令时都必须是没有“组合”的对象。如果是“组合”后的对象，则必须先执行“排列”菜单中“组合”子菜单中的“取消组合所有对象”命令，将它们“解组”后才能顺利将轮廓线转换成图形对象。

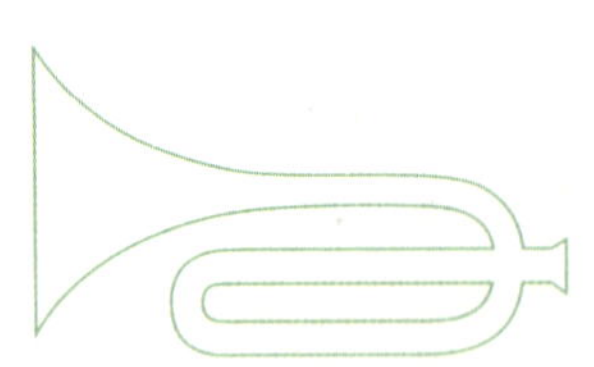

图 2-62　合并后的喇叭图形

图 2-63　填充色彩后的效果

图 2-64　“禁止鸣笛”公共标志图形部分的最终效果

总结与回顾

本章通过绘制“禁止吸烟”和“禁止鸣笛”两个公共标志的图形部分，学习了利用几何工具、贝塞尔工具、钢笔工具以及对象图形的运算等知识绘制图形的方法。这些知识是绘制图形的基本方法，在 CorelDRAW 软件中绘图时使用频率很高，要想得心应手就要多练多画。

知识拓展

1. 矩形工具的运用

“矩形”工具是专门用来绘制长方形和正方形的工具。

（1）在工具箱中选择“矩形”工具。

（2）将光标移动到绘图窗口中，按住鼠标左键向另一方向拖动鼠标，就可以在页面上绘制出一个长方形，如图 2-65 所示。

（3）在绘制过程中按 Ctrl 键，可以绘制出正方形，如图 2-66 所示。

图 2-65　长方形的绘制

图 2-66　正方形的绘制

（4）绘制好矩形之后，属性栏中出现符号，这些符号代表该矩形为“圆角”“扇形角”和“倒菱角”的属性，选择“形状”工具，在所绘制的矩形的四个角的任意一角拖动一定距离后再选中选择工具，则可以得到如图 2-67～图 2-69 所示的不同的图形效果。

（5）下面用“矩形”工具来绘制“扑克牌”。选择矩形工具，在页面中拖动出一个矩形。在属性栏上方设置其宽为 35mm，高为 55mm，按 Enter 键以确定。选择“形状”工具，在所绘制的矩形的四个角的任意一角拖动一定距离后再选中选择工具，得到一个圆角矩形，单击调色板上的白色为它填充颜色，如图 2-70 所示。再次选择“矩形”工具，在按住 Ctrl 键的同时画一个较小的正方形。在属性栏中输入“旋转角度”为 45 度，按 Enter 键以确定。再将轮廓线改为红色，并填充红色，得到如图 2-71 所示的“方块符号”的效果。

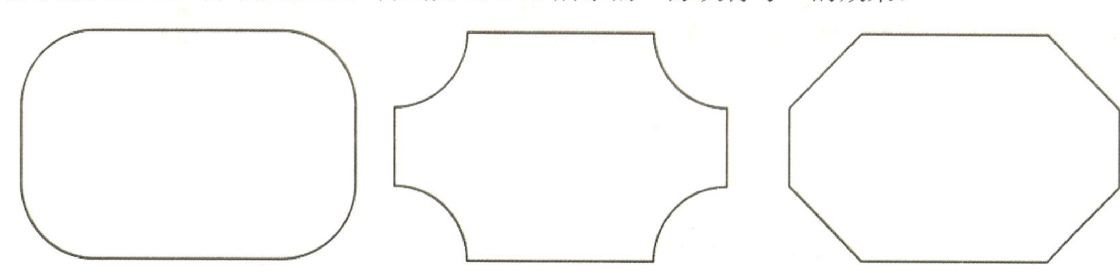

图 2-67　“圆角”运用后的效果　图 2-68　“扇形角”运用后的效果　图 2-69　“倒菱角”符号运用后的效果

图 2-70　圆角矩形的绘制

图 2-71　红色矩形的绘制

（6）选择“形状”工具，在这个红色矩形上右击，在弹出的快捷菜单中执行“转换为曲线”命令。再在每个节点上右击，执行“到曲线”命令，将所有线条转换为曲线。在红色矩形的每条边的中间用按住鼠标左键不放的方式向小矩形的中心拖动，得到如图 2-72 所示的图形效果。按 Ctrl+C 组合键进行复制，再按 7 次 Ctrl+V 组合键实现原位置 7 次粘贴操作。将它们放置到纸牌上的合适位置，将其中两个矩形缩小，分别放置到纸牌的左上和右下位置，如图 2-73

所示。选择工具箱中的“文本”工具，在属性栏中选择 Arial 字体且用 24pt 写出的数字“6”，并填充红色。复制数字“6”，在属性栏中单击“水平镜像”和“垂直镜像”按钮，将其放置到右下方的合适位置，得到如图 2-74 所示的纸牌“方块 6”的最终图形效果。

图 2-72　“方块符号”的绘制

图 2-73　方块符号的放置

图 2-74　“方块 6”的完成效果

（7）运用相似的方法可以绘制出其他的纸牌效果，如图 2-75 所示。将它们旋转后放置在一起可以得到如图 2-76 所示的效果。

图 2-75　其他扑克牌的绘制效果

图 2-76　其他扑克牌旋转后的效果

2. 绘制多边形

“多边形”工具是用来绘制多边图形的工具，运用它可以绘制星形和交叉星形等多边图形。多边形边数的设置最少为 3 边，即三角形。设置的边数越大，其绘制的图形越接近圆形。

（1）选择工具箱中的“多边形”工具。

（2）在属性栏中，在“点数和边数”数值框中单击向上或向下的按钮来增加或减少多边形的边数。

（3）将光标移动到绘图窗口中，按住鼠标左键向另一方向拖动鼠标，即可在页面上绘制出一个多边形，如果在按住 Ctrl 键的同时向另一方拖动，则可以绘制出一个正五边形，单击调色板中的颜色即可为它填充色彩。

（4）选择工具箱中的“形状”工具，用鼠标左键按住任意一个节点，进行不同方向的拖动，可以制作出如图 2-77 所示的不同图形的效果。

图 2-77　多边形的绘制与修改

（5）用“多边形”工具绘制一个足球。选择“多边形”工具，在属性栏中将“点数和边数”改为6，在按住 Ctrl 键的同时拖动出一个等边六边形。在属性栏中将“对象大小”改为宽 8.574mm、高 9.9mm；将“轮廓宽度”改为 0.5mm；单击调色板中的白色为其填色，得到如图 2-78 所示的等边六边形。按 Ctrl+C 和 Ctrl+V 组合键实现原位置的粘贴操作。在按住 Shift 键的同时将复制的六边形拖动到右边与原六边形相接，如图 2-79 所示。再用同样的方法制作出如图 2-80 所示的五个六边形放在一起的效果。

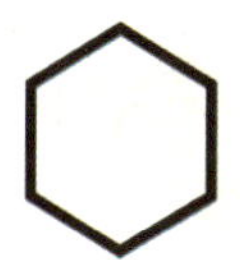

图 2-78　一个六边形

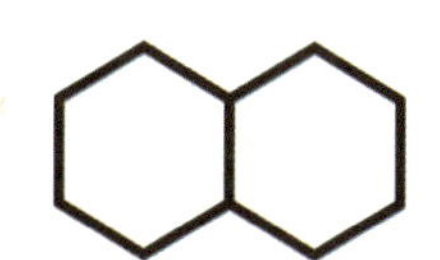

图 2-79　两个六边形

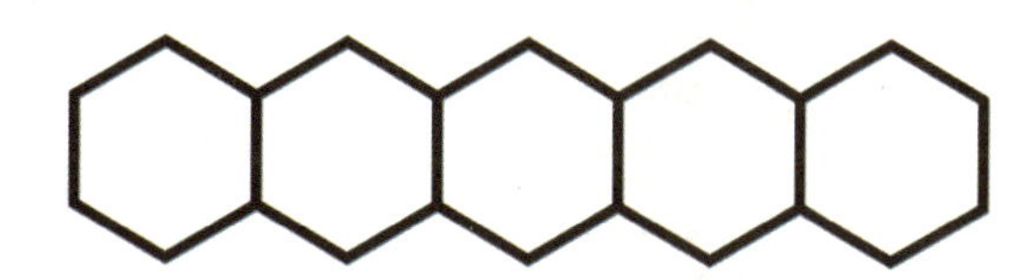

图 2-80　五个六边形

（6）按照同样的方法制作出如图 2-81 所示的图形。选中选择工具，用拖动出虚框的方式选中这些六边形，用“Ctrl+G”组合键将它们“组合”。当这个组合图形处于选中状态时，选择工具箱中的“椭圆形”工具，在按 Ctrl+Shift 组合键的同时将光标放置到组合图形的中心位置，拉动出一个与该组合图形同中心的正圆形。在属性栏上将轮廓线宽度更改为 0.4mm，如图 2-82 所示，正圆形的边缘不能超出下面的六边形组合。

（7）选中这个正圆形，执行“效果”菜单中的“透镜”命令，在弹出的“透镜”面板中选择“鱼眼”选项，选中“冻结”复选框，如图 2-83 所示。单击“应用”按钮，拖动出最上面一层的图形，即可得到如图 2-84 所示的足球绘制最终效果。

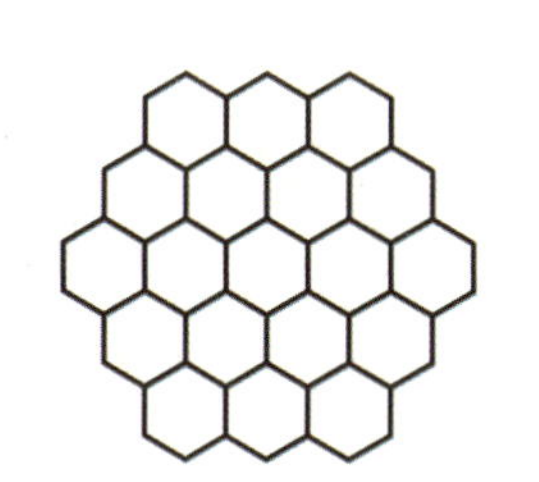

图 2-81　复制多个六边形

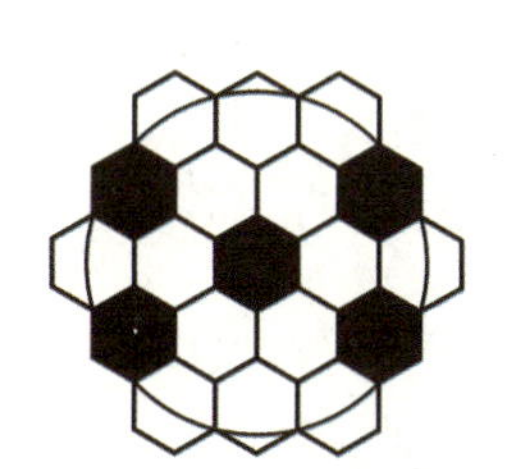

图 2-82　绘制正圆形

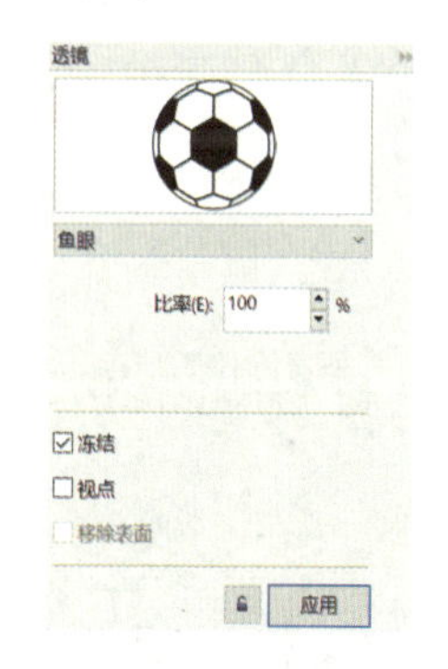

图 2-83　透镜选项框

图 2-84　足球最终效果

3. 绘制星形

使用“多边形”工具展开面板中的“星形”工具可以绘制出不同边数的星形。

（1）选择工具箱中的“多边形”工具，单击其右下方的黑色小三角形，弹出的面板如图 2-85 所示。

（2）选择“星形”工具，在属性栏中，在多边形、星形和复杂星形的点数和边数数值框中单击向上或向下的按钮，以增加或减少多边形的边数，这里设置为 4 边。

（3）将光标移动到绘图窗口中，按住鼠标左键向另一方向拖动鼠标，即可在页面上绘制出一个星形，如图 2-86 所示。要绘制一个如图 2-87 所示的正多边星形，则需要在按住 Ctrl 键的同时进行绘制。

（4）选择“复杂星形”工具，在属性栏中，在多边形、星形和复杂星形的点数和边数数

值框 中单击向上或向下的按钮，以增加或减少多边形的边数，这里设置为9边。

（5）将光标移动到绘图窗口中，在按住Ctrl键的同时，按住鼠标左键向另一方向拖动鼠标即可绘制一个复杂星形。选择工具箱中的“形状”工具，用鼠标左键按住任意一个节点，进行不同方向的拖动，可以制作出如图2-88所示的不同的图形效果。

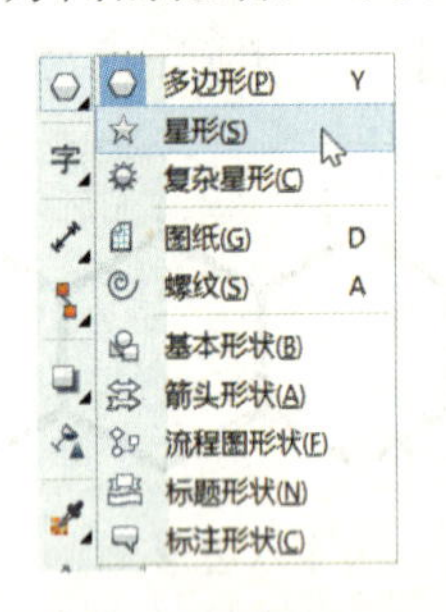

图2-85　展开的面板

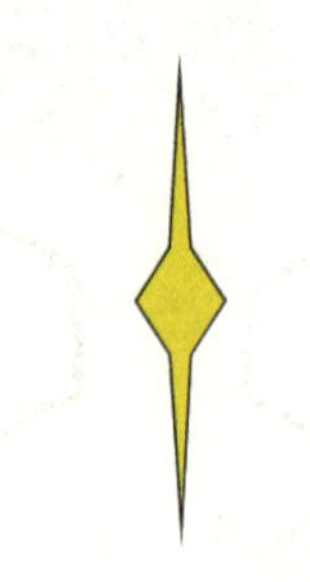

图2-86　星形的绘制

图2-87　正多边星形的绘制

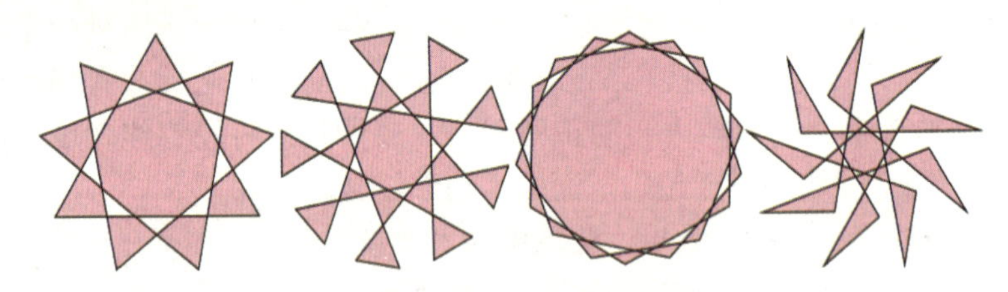

图2-88　复杂星形的绘制与修改

课后实训与习题

课后实训1

用CorelDRAW X7绘制“小心地滑”的公共标志的图形部分，参考效果如图2-89所示。

操作提示

（1）启动CorelDRAW X7后，新建一个文档，并以“小心地滑公共标志”为文件名进行保存。

（2）选择椭圆形工具，按住Ctrl键的同时，画出底部的正圆形，其内部填充白色，在属性栏上将轮廓线宽度改为0.5mm，线的颜色设置为（C：100，M：0，Y：100，K：0）。再画出中间的同心圆，去掉轮廓线并填充（C：100，M：0，Y：100，K：0）。

（3）用椭圆形工具绘制正圆形的头部，用贝塞尔工具绘制人的四肢与躯干的闭合曲线区域，去掉轮廓线并填充为白色。

（4）选择贝塞尔工具绘制标志底部的封闭曲线，去掉轮廓线并填充为白色。复制这个封闭曲线并放置到右下方的位置，以表示“地滑”图形。

（5）选中整个“小心地滑”公共标志，再执行“排列”菜单中的“将轮廓转换为对象”命令，将所有的轮廓线转换成相应的图案，即可得到“小心地滑”公共标志图形部分的最终造型。

课后实训2

绘制“无障碍通道”的公共标志的图形部分，参考效果如图2-90所示。

操作提示

（1）启动 CorelDRAW X7 后，新建一个文档，并以“无障碍通道公共标志”为文件名进行保存。

（2）选择矩形工具绘制出一个正方形，再用“形状”工具修改成圆角正方形。在按住 Shift 键的同时，用鼠标左键将对角线上的其中一个控制点向中心拖动，到达一定位置时右击，确定复制一个同心圆角正方形，去掉轮廓线后填充为白色。

（3）选择“椭圆形”工具绘制出正圆形作为人的头部，去掉轮廓线并填充为（C：100，M：0，Y：100，K：0）。用钢笔工具绘制出人的躯干部分，去掉轮廓线并填充为（C：100，M：0，Y：100，K：0）。

（4）选择“椭圆形”工具绘制出两个同心正圆形，选中两个圆形，使用属性栏上的“修剪”工具，用中间一个小的正圆形剪去大的正圆形。再用矩形工具绘制出一个长方形，选中长方形与刚才修剪后的圆环进行再次修剪，得到“轮椅的抽象图形”。去掉轮廓线并填充为（C：100，M：0，Y：100，K：0）。

（5）选中整个“无障碍通道”公共标志，再执行“排列”菜单中的“将轮廓转换为对象”命令，将所有的轮廓线转换成相应的图案，即可得到“无障碍通道”公共标志图形部分的最终造型。

图 2-89　“小心地滑”公共标志图形部分

图 2-90　“无障碍通道”公共标志图形部分

课后习题

一、填空题

（1）“贝塞尔”工具可以用来绘制平滑、精确的曲线，通过改变______和______的位置可以控制曲线的弯曲度。绘制完曲线后，通过调整______可以调节直线和曲线的形状。

（2）“椭圆形”工具是专门用来绘制______和______的工具。

（3）选择工具栏中的椭圆形工具，在绘图区域中按住鼠标______并向另一方向拖动鼠标的同时按______键，即可绘制出一个正圆形。

（4）CorelDRAW X7 软件中利用工具箱中的“形状”工具，可以对曲线的______进行编辑。

二、选择题

（1）选中的一个图形，右击工作页面右方调色板上方的☒图标可以完成______轮廓线的操作。

A．加粗　　B．删除　　C．增加　　D．减细

（2）将全选的图形向任一方向拖动适当的位置，单击______，可复制出一个与原图形一样的图形。

A．鼠标左键　　B．鼠标右键　　C．鼠标中键　　D．鼠标左、右键

（3）“多边形”工具是用来绘制多边图形的工具。多边形边数的设置最少为______边。设置的边数越大，其绘制的图形越接近______。

A．5 边，菱形　　B．3 边，圆形　　C．4 边，圆形　　D．5 边，椭圆

（4）以下对于 CorelDRAW X7 软件操作方法描述正确的是______。

A．在使用贝塞尔工具时，双击路径中的一个节点可以删除该节点

B．运用“椭圆形”工具，可以绘制出椭圆形、正圆形和弧形

C．在使用贝塞尔工具时，单击曲线上任意一个没有节点的位置，可以在该曲线上增加一个节点

D．在使用钢笔工具时，双击某个没有节点的位置可以增加路径的节点

三、简答题

（1）公共标志的定义与分类是什么？

（2）简述多边形的绘制与修改。

编 辑 图 形

知识要点

1. 利用“添加”和“删除”节点来调整路径。
2. 利用“闭合”和“断开”曲线编辑图形。
3. 使用文本工具为图形添加文字。
4. 学会使用对象的“合并”和“相交”功能对对象进行处理。
5. 运用对象的“修剪”和“简化”功能编辑图形。

知识难点、重点分析

使用命令添加和删除节点，以及合并和修剪是本章学习的难点与重点。怎样恰当地添加和删除节点，以便对图形对象进行合适的修改，使表达目标对象更加精准、外表更加美观，这需要在反复练习的过程中不断进步。对对象的合并和修剪在绘图过程中运用十分广泛，它使得在绘制一个复杂事物的时候可以将其分解开来，降低了对造型能力的要求。初学 CorelDRAW X7 软件时应该掌握这些基本的绘图方法。

3.1 “飞林鼠”动漫培训公司标志的绘制

做什么

本节将利用 CorelDRAW X7 软件中的添加及删除节点、闭合及断开曲线、添加文字等命令来制作如图 3-1 所示的“飞林鼠”动漫培训公司的标志。标志的背景是高楼林立的城市，前面是欢乐活泼的小老鼠，正如身处于城市中的人们一样，在绘制动漫的日子里，生活都是如此丰富多彩。

图 3-1 “飞林鼠”动漫培训公司的标志

知识准备

标志的起源可以追溯到上古时代的“图腾”。那时每个氏族和部落都选用一种认为与自己有特殊关系的动物或自然物作为本氏族或部落的特殊标记，如女娲氏族以蛇为图腾（图 3-2），夏禹的祖先以黄熊为图腾，还有的以太阳、月亮、乌鸦为图腾。最初，人们将图腾刻在居住的洞穴和劳动工具上，后来就作为战争和祭祀的标志，成为族旗、族徽。国家产生以后，图腾又演变成国旗、国徽。

现代，标志也称 Logo，即标识，是生活中人们用来表明某一事物特征的记号。它以单纯、显著、易识别的物象、图形或文字符号为直观语言，除表示什么、代替什么之外，还具有表达意义、情感和指令行动等作用，如图 3-3 和图 3-4 所示。

图 3-2　汉代画像石上的女娲图像

图 3-3　“松鼠教育”标志

图 3-4　“喜羊羊智慧学堂”标志

下面来学习本节相关的基础知识。

3.1.1　添加和删除节点

选择绘制好的曲线或转换为曲线的图形后，使用“形状”工具单击图形上的任一个节点，属性栏上会显示“形状编辑展开式”工具栏，如图 3-5 所示。

1．添加节点

使用“添加节点”命令的操作方法如下。

（1）在工作区中绘制一个几何图形，以五边形为例。

（2）选中五边形后，单击属性栏中的“转换为曲线”按钮将图形转换为曲线。

（3）选择“形状”工具，在图形上需要添加节点的位置处单击。

（4）在属性栏中单击“添加节点”按钮，即可添加新的节点，效果如图 3-6 所示。

图 3-5　“形状编辑展开式”工具栏

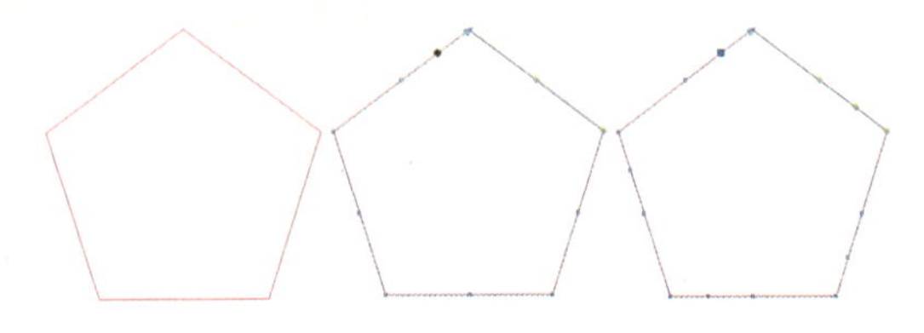

图 3-6　为五边形添加节点

小提示

为对象添加节点还有两种方法：选中一个节点并右击，再执行“添加”命令即可；在曲线上需要添加节点的位置双击即可。

2. 删除节点

使用“删除节点”功能来删除曲线上多余的节点，可以通过以下操作步骤来完成。

（1）选择正方形后，单击属性栏中的“转换为曲线”按钮将图形转换为曲线。

（2）使用“形状”工具单击需要删除的节点。

（3）单击属性栏中的“删除节点”按钮，如图 3-7 所示。

图 3-7　为正方形删除节点

小提示

删除对象节点有两种方法：选中一个节点并右击，再执行“删除”命令即可；在曲线上需要删除节点的位置双击即可。

3.1.2　闭合和断开曲线

1. 闭合曲线

使用“闭合曲线”按钮的操作方法如下。

（1）在工作区中任意绘制一个未闭合的曲线路径。

（2）选中该图形后，选择“形状”工具，在图形上需要添加节点的位置处单击。

（3）在属性栏中单击“自动闭合”按钮，即可闭合该曲线路径，效果如图 3-8 所示。

图 3-8　闭合曲线路径

小提示

闭合曲线有两种方法：选中未闭合路径的任意一个节点并右击，执行“自动闭合”命令即可；拖动未闭合路径的最后一个节点，当与第一个节点相重合时松开鼠标左键即可。

2. 断开曲线

（1）在工作区中绘制一个几何图形，以椭圆形为例。

（2）选择椭圆形后，单击属性栏中的“转换为曲线”按钮，将椭圆形转换为曲线。

（3）选择“形状”工具，单击椭圆形的任意一个节点。

（4）在属性栏中单击“断开曲线”按钮将曲线拆分开。也可以双击该拆分点的任一个节点，达到删除与该节点的连接的曲线效果，效果如图 3-9 所示。

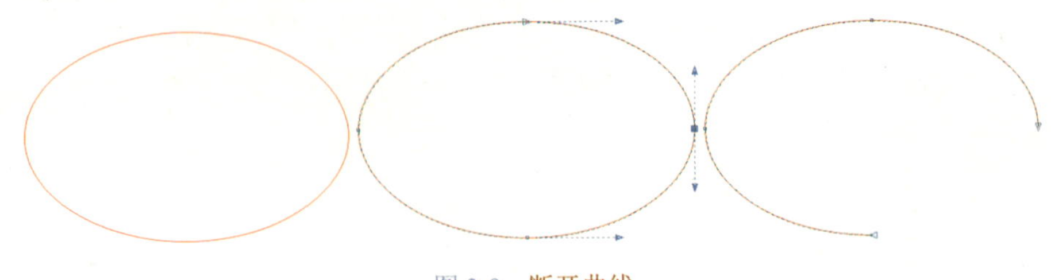

图 3-9 断开曲线

小提示

“断开曲线”可以用最简便的办法：右击该路径上的任一节点，执行“转换为曲线”命令，再右击，执行“拆分”命令即可断开原路径。

3.1.3 文本工具的基本使用方法

在 CorelDRAW X7 中，可以通过文本工具在图形上添加需要的文字。在属性栏上可以调整文字的基本属性。

（1）在工具箱中选择“文本”工具。

（2）将光标移动到绘图窗口中，单击需要书写文字的地方。此时会出现“I”字形的光标闪烁，输入需要的文字就可以得到如图 3-10 所示的效果。软件一般默认的字体为宋体，字号为 24pt，文字呈水平方向排列，颜色为黑色。

（3）单击属性栏上的“字体列表”右侧的下拉按钮可以更改字体，得到如图 3-11 所示的文字效果。

标志设计

图 3-10 输入文字的初始效果

图 3-11 修改文字字体后的效果

（4）单击属性栏上的“字体大小”右侧的下拉按钮可以更改字体大小，也可以直接输入需要的数字后按 Enter 键以确认。单击“将文字更改为垂直方向排列”按钮可以将文字竖向排列，得到如图 3-12 所示效果。

（5）在选择“文本”工具情况下，在已经写好的文字的字与字之间单击，当出现闪烁光标时，选中该字，单击调色板上的任一颜色，可以为文字添加色彩，如图 3-13 所示。当某个字被选中时，如果右击键盘上的任一颜色，则可以为该字添加轮廓线，如图 3-14 所示。拖动左右上下的空间还可以拉宽、压扁、拉长或者压缩文字，如图 3-15 所示。

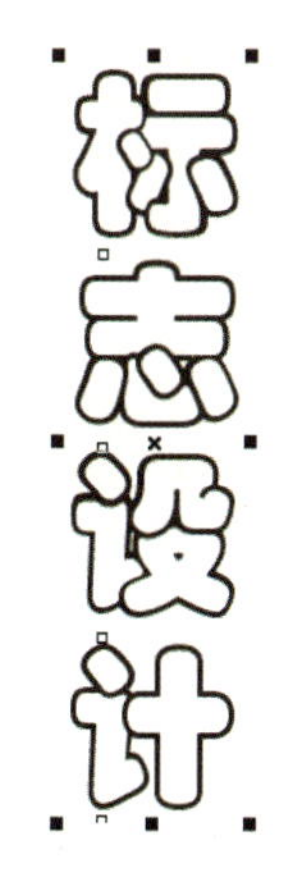

图 3-12 更改方向

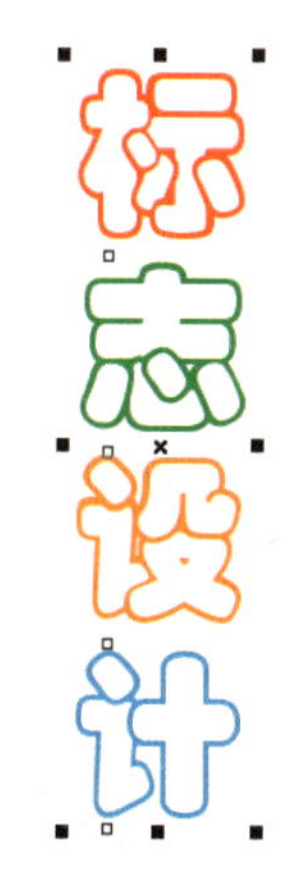

图 3-13 更改颜色

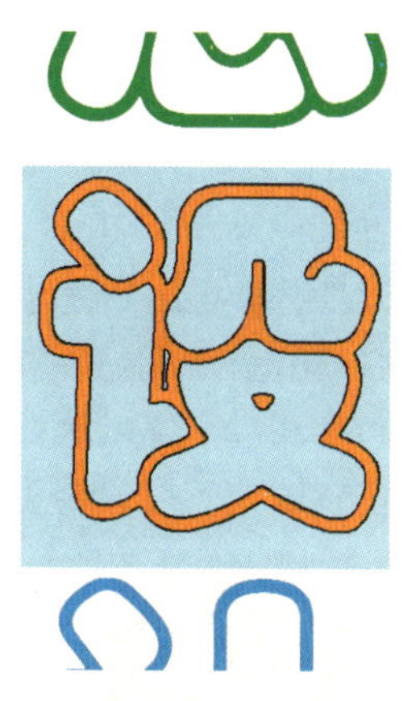

图 3-14 增加轮廓

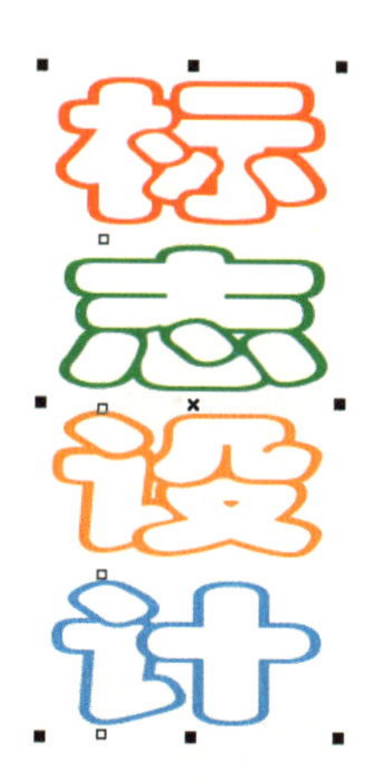

图 3-15 拉宽处理

3.1.4 “飞林鼠”动漫培训公司标志的制作

跟我来

该标志绘制时，首先需要运用“椭圆形”工具以及“钢笔”工具绘制出背景中的房屋与天空；再用贝塞尔工具和几何工具绘制“老鼠的头部”和“老鼠的身躯”；然后用文本工具添加文字；最后将所有的轮廓线转换为对象。该标志设计会运用到添加删除节点、闭合断开曲线、用文本工具添加文字等命令，这些也是用 CorelDRAW X7 软件绘图过程中特别需要掌握的常用命令。

现在来完成“飞林鼠”标志的制作。

1．房屋、天空与地面的绘制

（1）选择工具栏中的“椭圆形”工具，在绘图区域中按住鼠标左键并向另一方向拖动鼠标的同时按 Ctrl 键，绘制出一个大小合适的正圆形。双击工作界面右下方的填充工具◇☒无，弹出“编辑填充”对话框，单击左上角的“均匀填充”图标■，设置“模型”为“CMYK”，输入颜色为（C：0，M：20，Y：100，K：0），单击“确定”按钮。

（2）用钢笔工具绘制出圆弧形的地面，填充颜色为（C：0，M：40，Y：80，K：0）。绘制效果如图 3-16 所示。

（3）用钢笔工具绘制出地面上的房屋，填充颜色为（C：22，M：55，Y：77，K：0）。再用矩形工具绘制一个个小长方形，填充颜色为（C：0，M：20，Y：100，K：0），不规则地放在刚才绘制的房屋上，作为房屋的窗户。背景绘制最终效果如图 3-17 所示。

2．用贝塞尔工具和几何工具绘制“老鼠的头部”

（1）选择工具栏中的“贝塞尔”工具，绘制出老鼠的脸部轮廓，单击工作界面右下方的填充工具◇☒无，弹出“编辑填充”对话框，单击左上角的“均匀填充”图标■，设置“模型”为“CMYK”，设置颜色为（C：60，M：0，Y：20，K：0），单击“确定”按钮。再用贝塞尔工具绘制出老鼠的耳朵的轮廓，并填充颜色为（C：100，M：20，Y：0，K：0）。绘图期间可以选择“形状”工具，在路径上需要添加节点的位置处双击，以添加节点，方便修改图形。

在属性栏上方将每一个路径轮廓的宽度设置为0.5mm，得到如图3-18所示的效果。

（2）选择工具栏中的“椭圆形”工具画出老鼠的鼻子，并填充颜色为（C：0，M：40，Y：20，K：0）。按Ctrl+C组合键将它复制到剪贴板中，按Ctrl+V组合键将其粘贴到文件中。拖动上下左右四个控制点的其中一个将其缩小，填充为（C：0，M：0，Y：0，K：0），放在鼻子尖上合适位置作为高光部分。再用贝塞尔工具描出老鼠鼻子两旁的胡须和下面的嘴巴，分别填充颜色为（C：20，M：80，Y：0，K：20）和（C：0，M：40，Y：20，K：0）。绘图期间可以选择“形状”工具在路径上需要删除节点的位置双击，以删除节点，方便修改图形。在属性栏上方将每一个路径轮廓的宽度设置为0.5mm，得到如图3-19所示的效果。

图3-16　绘制地面与天空

图3-17　背景效果

图3-18　绘制老鼠头部1

图3-19　绘制老鼠头部2

（3）选择工具栏中的“椭圆形”工具画出老鼠的眼睛，并填充颜色为（C：0，M：100，Y：60，K：0）。按Ctrl+C组合键将它复制到剪贴板中，按Ctrl+V组合键将其粘贴到文件中。拖动上下左右四个控制点的其中一个将其缩小，填充为（C：0，M：20，Y：20，K：0），放在眼睛上合适位置作为高光部分。再用贝塞尔工具描出老鼠的眉毛，填充颜色为（C：20，M：80，Y：0，K：20）。右击工作界面右边的“调色板”上方的按钮将这几条路径的轮廓线删除，得到如图3-20所示的效果（若单击☒按钮，则执行“填充色”命令）。

（4）用贝塞尔工具在老鼠的脸颊上画出腮红，填充颜色为（C：0，M：40，Y：20，K：0）。选择工具栏中的“椭圆形”工具画出一个椭圆，并填充颜色为（C：0，M：60，Y：40，K：0），将其放置在腮红上。按Ctrl+C组合键将它复制到剪贴板中，按Ctrl+V组合键将其粘贴到文件中。拖动上下左右四个控制点的其中一个将其缩小，填充为（C：0，M：0，Y：0，K：0）并放在最上面作为高光部分。将先前画的老鼠的耳朵部分缩小两次，分别填充（C：0，M：60，Y：40，K：0）和（C：2，M：36，Y：23，K：0），放置到合适位置。单击调色板中的☒按钮将这几条路径的轮廓线删除，得到如图3-21所示的效果。

3．用贝塞尔工具和几何工具绘制“老鼠的身躯”

（1）选择工具栏中的“贝塞尔”工具，绘制出老鼠的躯干和前肢部分，单击工作界面右下方的填充工具☒无，弹出“编辑填充”对话框，单击左上角的“均匀填充”图标，设置“模型”为“CMYK”，设置颜色为（C：60，M：0，Y：20，K：0），单击“确定”按钮。再用贝塞尔工具画出老鼠的后肢和尾巴的轮廓，分别填充颜色为（C：60，M：0，Y：20，K：0）和（C：100，M：20，Y：0，K：0）。期间可以用鼠标左键拖动未闭合路径的最后一个节点，当与第一个节点相重合时松开鼠标左键，即可完成该路径的闭合。在属性栏上方将每一个路径轮廓的宽度设置为0.5mm，得到如图3-22所示的效果。

（2）选择工具栏中的“椭圆形”工具绘制一个椭圆，并填充颜色为（C：0，M：0，Y：0，K：0）。再在属性栏中的旋转角度处输入数值34.4° 34.4 ，并单击以确认角度设置。将旋转后的椭圆放在前肢上。复制这个白色椭圆并将其粘贴放置到另一只腿上。用贝塞尔工具绘制出躯干后部的亮光部分，填充颜色为（C：40，M：0，Y：0，K：0）。使用椭圆形工具，在按住 Ctrl 键的同时画一个正圆形，填充颜色为白色并放置在上面作为高光部分的效果。单击调色板中的☒按钮将这几条路径的轮廓线删除，得到如图 3-23 所示的效果。

图 3-20　绘制老鼠头部 3　图 3-21　绘制老鼠头部 4　图 3-22　绘制老鼠身躯 1　图 3-23　绘制老鼠身躯 2

4. 背景与图形的组合

分别选择整个老鼠和整个背景图形，按 Ctrl+G 组合键将它们群组。选中两个组群，单击属性栏中的“对齐与分布”按钮。选择“对齐与分布”面板左边的“对齐”选项，然后先后单击“水平居中对齐”和“垂直居中对齐”按钮，单击“应用”按钮确认选择。此时的“对齐与分布”对话框如图 3-24 所示。该图标的最终效果如图 3-25 所示。

图 3-24　“对齐与分布”的设置

图 3-25　背景与图形组合的效果

5. 添加标志的文字

选择工具箱中的“文本”工具，用 华文彩云 32.632 pt 在图标上方合适的位置输入“feilinshu”，并填充为（C：20，M：55，Y：77，K：0）。双击页面右下方的“轮廓线”图标为字母添加“轮廓线”，在弹出的如图 3-26 所示的对话框中，设置“颜色”为（C：20，M：55，Y：77，K：0）、“宽度”为 0.25mm 的轮廓线。再在下方用“华文彩云”字体输入“动漫培训”四个字，填充为（C：100，M：0，Y：100，K：0）。运用“选择”工具，在按住 Shift 键的同时先选中文字，再选中底部的正圆形，运用属性栏上方的“对齐与分布”功能对它们进行“水平居中对齐”操作，得到如图 3-27 所示的“飞林鼠动漫培训公司”标志的最终效果。

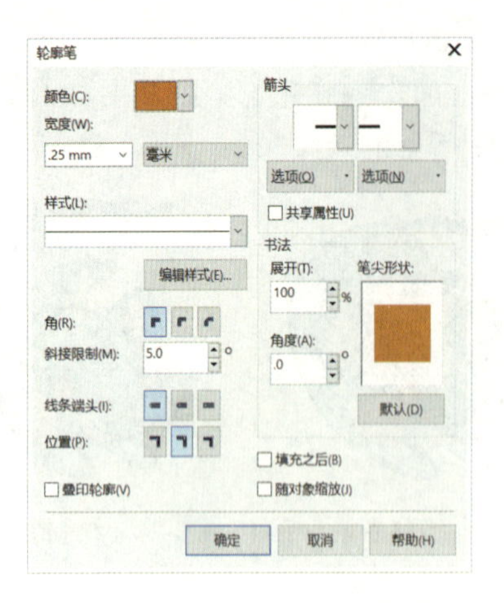

图 3-26“轮廓笔”对话框设置

图 3-27 “飞林鼠”标志最终效果图

6. 将轮廓转换为对象

用“选择”工具拖动出虚框的方式，将所有图形都选中。右击，在弹出的快捷菜单中执行“取消组合所有对象”命令。执行“排列”菜单中的“将轮廓转换为对象”命令，将所有的轮廓线都转换成填充了黑色但是无轮廓的黑色条形。这样做是因为轮廓线在缩小到一定程度后，会呈现出变形的状态。而标志是视觉传达设计中应用最广泛、出现频率最高的一种符号形式，具有适应性原则。面对不同材质、不同技术、不同环境条件的挑战，表现形式要适合黑白与色彩、正形与负形、放大与缩小以及线框空心体等诸多变化。因此，将轮廓线转换为图形可以避免标志缩小后出现变形的情况。

3.2 “网球小子”标志的绘制

做什么

本节将利用 CorelDRAW X7 软件中的合并与修剪图形、相交与简化功能来制作如图 3-28 所示的“Tennis boy 网球培训公司”标志。该标志是商业的形象，其代表的是“网球场所”，面对的最终用户群虽然年龄层次范围不定，但是都属于社会中上层人群。因此，其图标也要显得出众又能被人们所接受，卡通化的人物造型即可达到这个目的。“网球小子”做出奋力打球的姿势，不服输的表情传达出当代青年人的个性，红黄相间的色彩展现出中国人朝气蓬勃的精气神。

图 3-28 “Tennis boy 网球培训公司”标志

知识准备

企业标志指通过造型简单、意义明确的统一标准的视觉符号，将经营理念、企业文化、经营内容、企业规模、产品特性等要素，传递给社会公众，使之识别和认同企业的图案和文字。

企业标志是视觉形象的核心，它构成企业形象的基本特征，体现企业的内在素质。企业标志不仅是调动所有视觉要素的主导力量，也是整合所有视觉要素的中心，更是社会大众认同企业品牌的代表，如图 3-29 和图 3-30 所示。

图 3-29 “吉美快餐厅”标志

图 3-30 “唐格格花草茶”标志

下面来学习本节相关的基础知识。

属性栏上方有多个“对象运算”的图标，当选中多个对象的时候，图标组就会在属性栏中出现。这些图标可以方便用户进行图形对象的“合并”“修剪”“相交”“简化”“移除后面对象”“移除前面对象”“创建边界”等操作。

3.2.1 对象的修剪

在 CorelDRAW X7 软件中，允许用户以不同的方式修剪对象，可以使用框选方式选择需要修剪的图形对象，用前面的对象作为来源对象，修剪其后面的对象；也可以用 Shift 键选中两个或两个以上的图形对象的方式，用先选择的那个对象修剪后选择的对象。在修剪对象前，必须决定要修剪哪一个对象以及用哪一个对象执行修剪功能。

（1）打开名称为“橙子”的.CDR 格式文件。先用椭圆工具画一个正圆形，并放置到橙子附近合适位置。用选择工具选中正圆形，在按住 Shift 键的同时选中橙子图形，单击属性栏中的“修剪”按钮，将正圆形部分拖动到旁边，得到如图 3-31 所示的橙子被修剪后的图形效果。

（2）在执行“修剪”命令的时候，根据选择对象的先后顺序不同，应用修剪命令后图形效果也会不同，如图 3-32 所示。一般来说，先选择的对象将作为修剪源对象，后选择的对象将作为被修建对象。使用“修剪”命令可以从目标对象上剪掉目标对象与其他对象之间重叠的部分，目标对象保留原有的填充和轮廓属性。

图 3-31 修剪对象前后

图 3-32 不同的修剪效果

3.2.2 对象的相交

应用“相交”功能，可以相交两个或者多个对象重叠的交集部分。下面来绘制一个“插花的景泰蓝花瓶”。

（1）导入名为“景泰蓝花瓶”和“白色马蹄莲”的两张图片，并在上面绘制如图 3-33 和图 3-34 所示的矩形框。

（2）分别选中矩形与矩形下面的图片，随后分别单击属性栏中的“相交”按钮，即可在这两张图片对象与所绘矩形的交叠处创建一个新的对象，新对象以最下面图层的图形填充和轮廓属性为准（本次以矩形下面的图片为准），相交效果如图 3-35 所示。

图 3-33　景泰蓝花瓶

图 3-34　白色马蹄莲

图 3-35　分别执行“相交”命令后的两张图片

（3）执行“对象”菜单中“顺序”子菜单中的“到图层前面”命令，把“马蹄莲”图层调整到“花瓶”图层的上方，将两张图片按如图 3-36 放置在一起。由于两张图片在瓶口的重合处存在一定的瑕疵，所以需要用钢笔工具在瓶口处绘制如图 3-37 所示的六个封闭区域。

（4）用选择工具选中“马蹄莲”图层与这几个绘制的区域，单击属性栏上方的“修剪”按钮，得到如图 3-38 所示的最终效果。

图 3-36　图片放置在一起

图 3-37　绘制六个封闭区域

图 3-38　插花的景泰蓝花瓶

小提示

当按 Shift 键选中两个或两个以上的图形对象时，对选择的对象执行相交命令后，新对象会以最后选择的图层的图形填充和轮廓属性为准。

3.2.3　对象的简化

“简化”命令可以减去两个或多个重叠对象的交集部分，从而创建一个新的对象，并保留原始对象，新对象的填充以目标对象为准。

（1）打开如图 3-39 所示的“中国结”文件。拖动上面的黄色图形，如图 3-40 所示，可以看到所有黄色图形是位于红色图形上方的，红色中国结的造型是“实心”的填充状态。

（2）用选择工具拖动出虚框的方式将要简化的“中国结”全部选中，执行“对象”菜单中“造型”子菜单中的“简化”命令，或单击属性栏中的“简化”按钮，简化后的效果如图 3-41 所示。虽然表面看起来图形没什么变化，但移开上面所有的黄色区域之后即可得到如图 3-42 所示的效果，红色中国结是“镂空”状态的图形。

图 3-39 打开的文件　图 3-40 拖动上层黄色图形的效果　图 3-41 简化后的图形　图 3-42 移开上层黄色图形的效果

（3）在 CorelDRAW 中，“简化对象”功能相当于在用前面一层的图形减去后面一层的图形，有些类似于“修剪”功能。但是修剪功能不管选中多少个图形，永远只能执行一次修剪。而“简化”功能可以如图 3-43 所示，同时选中多层图形，进行多层修剪，图层间只要有重叠的部分，前面的图形就能减去后面的图形，如图 3-44 所示。

图 3-43 选中多个图层图形

图 3-44 全选多层对象执行简化功能后的效果

3.2.4 “网球小子”标志的制作

跟我来

完成“Tennis boy 网球培训公司”标志的设计时，首先需要用椭圆形工具绘制人物的脸部；用“组合”功能绘制人物的头发和耳朵；用“合并”功能将人物的身体部分绘出；用“对象的相交运算”功能画出网球拍；用文本工具输入“Tennis boy”和“培训公司”等文字，将所有出现的轮廓图转换为对象，即可生成标志的最终效果。

现在来完成该标志的具体制作。

1. 用椭圆形工具绘制人物的脸部

（1）选择“椭圆形”工具，按住Ctrl键的同时拖动鼠标，绘制出一个宽42mm、高42mm的正圆形。单击工作界面右下方的填充工具，弹出“编辑填充”对话框，单击左上角的“均匀填充”图标，设置“模型”为“CMYK”，设置颜色为（C：0，M：0，Y：20，K：0）。单击属性栏上方的“轮廓宽度”右侧的下拉按钮，将对象的轮廓宽度设置为0.25mm。

（2）选择“钢笔”工具，绘制出卡通人物眼睛的路径，在属性栏中将轮廓线的宽度设为0.5mm，并填充色彩为（C：0，M：0，Y：0，K：100）。再画一条上眼皮的黑色的曲线，将轮廓线的宽度设为1mm。选用椭圆形工具，按住鼠标左键并向另一方向拖动的同时按Ctrl键，绘制出一个直径为4mm的正圆形并放在眼球上方，填充色彩为黑色。用“钢笔”工具，绘制出卡通人物眉毛的路径，并填充色彩为（C：0，M：0，Y：0，K：100）。此时的绘制效果如图3-45所示。

（3）用同样的方法画出卡通人物的另一侧眼睛和眉毛部分，并用钢笔工具画出人物的嘴巴，填充颜色为黑色。此时，人物脸部绘制的效果如图3-46所示。

图3-45 绘制眉毛和眼睛 图3-46 绘制眼睛和嘴唇

2. 画出人物的头发和耳朵

（1）选择“钢笔”工具，绘制出前额部分头发的路径，将黑色轮廓线的宽度设为0.25mm。单击工作界面右下方的“填充”工具，弹出“编辑填充”对话框，单击左上角的“均匀填充”图标，设置“模型”为“CMYK”，填充色彩为（C：0，M：100，Y：100，K：0）和（C：0，M：0，Y：100，K：0），如图3-47所示。

（2）用“钢笔”工具，绘制出头顶部分头发的路径，将黑色轮廓线的宽度设为0.25mm。单击工作界面右下方的“填充”工具，弹出“编辑填充”对话框，单击左上角的“均匀填充”图标，设置“模型”为“CMYK”，填充色彩为（C：0，M：100，Y：100，K：0）和（C：0，M：0，Y：100，K：0），如图3-48所示。

（3）再用“钢笔”工具，绘制出耳朵的路径，在属性栏中将黑色轮廓线的宽度设为0.25mm，并填充色彩为（C：0，M：0，Y：20，K：0）。同时选中卡通人物的“脸部”和“耳朵”后，单击属性栏中的“合并”按钮，进行对象的合并，得到如图3-49所示的效果。

图3-47 头发绘制1

图3-48 头发绘制2

图3-49 合并后的效果

3. 绘制人物身体

（1）用“贝塞尔”工具勾勒出人物上衣的轮廓，在属性栏中将黑色轮廓线的宽度设为

0.25mm，并填充颜色为（C：0，M：0，Y：100，K：0）。再画出一个三角形并填充为（C：0，M：100，Y：100，K：0）作为衣服的褶皱，如图 3-50 所示。

（2）用“椭圆形”工具画出一个直径为 7mm 并填充颜色为（C：0，M：100，Y：100，K：0）的正圆形。再用矩形工具绘制出三个颜色与圆形相同的小长方形。同时选中几个图形，单击属性栏中的“合并”按钮，实现图形的合并，画出人物胸前的徽章，将黑色轮廓线的宽度全部设为 0.25mm，如图 3-51 所示。

图 3-50　衣服皱褶的绘制

图 3-51　徽章的绘制

（3）用“贝塞尔”工具勾勒出人物裤子的轮廓，并填充颜色为（C：0，M：100，Y：100，K：0），如图 3-52 所示。再画出一个颜色为（C：0，M：0，Y：100，K：0）的三角形作为裤子侧面的装饰物，在属性栏中将黑色轮廓线的宽度全部设为 0.25mm，如图 3-53 所示。

（4）用“贝塞尔”工具在人物裤子中间画出如图 3-54 所示的一个三角形，在属性栏中将黑色轮廓线的宽度全部设为 0.25mm。用选择工具先后选中三角形和裤子外形轮廓，单击属性栏上方的“修剪”按钮，得到如图 3-55 所示的效果。

图 3-52　裤子形状的绘制

图 3-53　裤子侧面装饰物的绘制

图 3-54　裤子中间三角形的绘制

图 3-55　修剪后的效果

4．手臂、网球拍、背景和文字

（1）用贝塞尔工具画出如图 3-56 所示的人物的两只手臂，并填充为（C：0，M：0，Y：20，K：0），在属性栏中将轮廓宽度设置为 0.25mm，得到如图 3-57 所示的图形效果。

图 3-56　手臂的绘制

图 3-57　手臂填充颜色后的效果

（2）用椭圆形工具画出一个宽为 37mm、高为 22mm 的椭圆，并填充颜色为（C：0，M：0，Y：0，K：80）。再将这个椭圆复制、缩小并填充颜色（C：20，M：0，Y：20，K：0）放置在大椭圆的上方，将它们用选择工具选中后旋转到合适角度，得到如图 3-58 所示图形。再用矩形工具画出一个宽为 33mm、高为 4mm 的长方形。选择形状工具，单击长方形的任意一个节点向左或向右拖动，长方形的直角就变成了圆角，将其选中后旋转到合适角度，轮廓线设置为 0.25mm，并填充颜色为（C：0，M：0，Y：0，K：80）。选中这个圆角长方形和大椭圆形，单击属性栏上方的合并按钮将二者合并，如图 3-59 所示。

图 3-58　球拍椭圆形的绘制

图 3-59　球拍手柄的绘制与合并

（3）在按住 Shift 键的同时，用钢笔工具画出一条水平直线，按 Esc 键进行断线处理。设置其轮廓宽度为 0.1mm，轮廓颜色为（C：0，M：0，Y：0，K：60）。选中这条直线，并按 Ctrl+C 和 Ctrl+V 键实现原位置粘贴。在按住 Shift 键的同时，将复制的直线向下移动一定位置。按 Ctrl+R 键 14 次，执行“重复再制”命令，得到如图 3-60 所示的数条水平直线。再将它们全部选中，用快捷键（Ctrl+G）将它们组合。右击并“复制”这个群，右击并“粘贴”这个群。将复制的这个群旋转 304.5 度，可以得到如图 3-61 所示效果，用快捷键（Ctrl+G）将两个线条组组合起来。

图 3-60　球拍水平线条的绘制

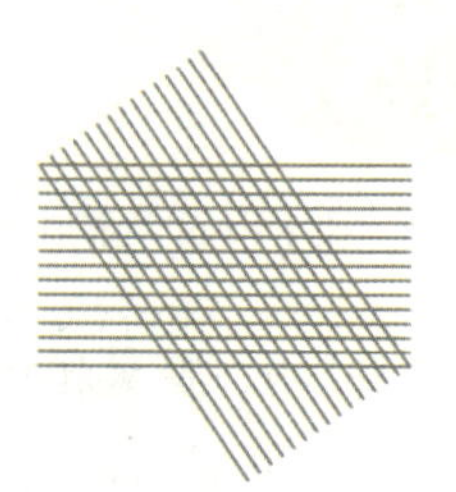

图 3-61　球拍网状线条的绘制

（4）选择全部的网状线条，执行“排列”菜单中“顺序”子菜单中的“到页面背面”命令，将其放置在球拍椭圆形的下方，如图 3-62 所示。使用“选择”工具，在按住 Shift 键的同时先选中小椭圆，再选中网状线条组，单击属性栏上方的“相交”按钮。用“选择”工具选中网状线条组，按 Delete 键将其删除。在按住 Shift 键的同时选中小椭圆和球拍，执行“排列”菜单中“顺序”子菜单中的“到页面背面”命令，即可得到如图 3-63 所示的网球拍最终图形效果。

（5）将球拍放置到标志中合适的位置，调整图层顺序，得到如图 3-64 所示效果。选择椭圆形工具，在按住 Ctrl 键的同时绘制一个直径为 120mm 的正圆形的背景，填充颜色为（C：20，M：0，Y：20，K：0），右击工作页面右方调色板上方的☒图标，去掉其轮廓线，如图 3-65 所示。

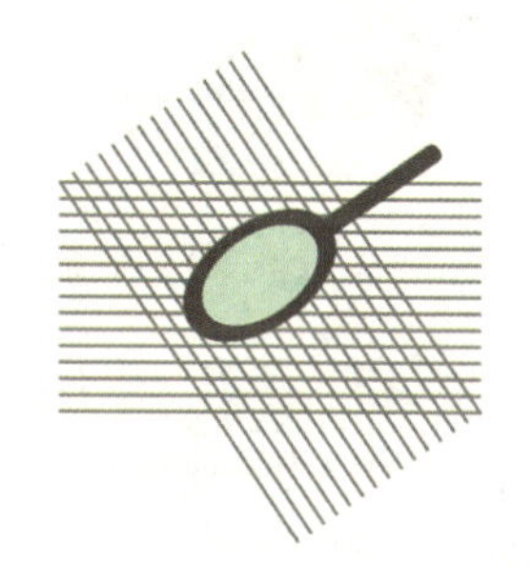

图 3-62 网球拍的图形排列

图 3-63 网球拍最终效果图

图 3-64 网球拍的放置效果

图 3-65 正圆形背景的绘制

（6）选择工具箱中的“矩形”工具，绘制一个如图 3-66 所示的矩形。使用“选择”工具，在按住 Shift 键的同时选中正圆形背景和矩形，单击属性栏上方的“相交”按钮。删除所绘制的矩形，得到如图 3-67 所示的相交后的部分。

图 3-66 绘制矩形

图 3-67 相交后的效果

（7）右击工作页面右方调色板上方的☒图标，去掉轮廓线。为其填充颜色为（C：40，M：0，Y：40，K：0），得到如图 3-68 所示图形效果。选择工具栏中的文本工具，在适当的位置输入英文“Tennis boy”，选择大小为 36pt，使用 Brush Script MT 字体。再用 24pt 的“华文新魏”字体输入“网球培训”四个字，则可得到如图 3-69 所示的“网球小子”标志设计的最终效果。

图 3-68　去轮廓后的填色效果

图 3-69　标志最终效果

（8）用“选择”工具拖动虚框的方式将图标所有的图形选中，右击，执行“取消组合所有对象”命令。如果右击后没有出现这个命令，则先将所有图形用 Ctrl+G 快捷键“组合”后，右击取消组合所有对象。执行“排列”菜单中的“将轮廓转换为对象”命令 将轮廓转换为对象(E) Ctrl+Shift+Q，将所有轮廓线转换成有填充但是无轮廓的图形，如图 3-70 所示。将标志中所有的图形选中，将其缩小到直径为 5mm 大小，再用“缩放”工具组中的“放大”工具查看，此时标志中所有图形和轮廓均无变形，如图 3-71 所示。这是因为其遵循了标志设计缩放后均无损的适应性原则。

图 3-70　将轮廓转换为对象

图 3-71　观察到的效果

总结与回顾

本章通过“飞林鼠”和“网球小子”两个企业标志设计的制作，主要学习了如何运用添加和删除节点、闭合和断开曲线等功能调节所绘图像的路径，使其表达目标对象更加精准、外表更加美观；也学习了如何使用对象的合并、相交以及修剪和简化功能对对象进行加工。

添加和删除节点，以及合并和修剪是本章学习的难点与重点。怎样恰当地添加和删除节点，以便对图形对象进行合适的修改，这需要在反复练习的过程中不断进步。对象的合并和修剪在绘图过程中运用十分广泛，它使设计者在绘制一个复杂事物的时候可以将其分解开来绘制，降低了对造型能力的要求。初学 CorelDRAW X7 软件时应该掌握这些基本的绘图方法。

知识拓展

1. 锁定与解锁对象

在编辑复杂的图形时，有时为了避免对象受到操作的影响，可以对已经编辑好的对象进行锁定。当对象被锁定后，就不能对其进行任何操作了。锁定与解锁操作如下。

（1）用“选择”工具选择需要锁定的对象。

（2）执行“对象”菜单中“锁定”子菜单中的“锁定对象”命令。此时的效果如图 3-72 所示。

（3）当对象的控制节点出现时，对象已处于被锁定状态。如需要解锁，则应执行“对象”菜单中“锁定”子菜单中的“解锁对象”命令；也可以右击，在弹出的快捷菜单中执行“解锁对象”命令，即可将对象解锁，如图 3-73 所示。

图 3-72　锁定对象

图 3-73　解除对象的锁定

小提示

如果锁定了若干个对象，则这些被锁定的对象可以单独解锁，也可以一起解锁。执行“对象”菜单中“锁定”子菜单中的“对所有对象解锁”命令，即可将所有的对象一起解锁。

2. 对齐对象

在 CorelDRAW X7 中，可以准确地排列、分布对象，以及使各个对象互相对齐，还可以使对象与绘图页面的中心、边缘或网格对齐。

选择需要对齐的所有对象以后，执行“对象”菜单中的“对齐与分布”命令。执行“对齐”下相应的菜单命令，即可对选择对象进行相应的对齐操作。选中多个对象后，单击属性栏中的最后一项“对齐与分布”按钮时，系统将弹出如图 3-74 所示的“对齐与分布”面板，并默认显示“对齐”，在其中也可以进行相应的分布设置。

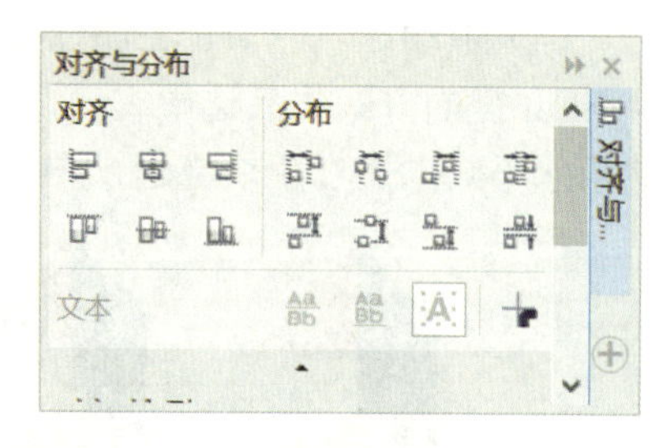

图 3-74　对齐与分布的设置

（1）打开如图 3-75 所示的“七巧板拼图块”文件，可以用“对齐”功能把它做成“鸽子”的拼图。拖动出其中两个色块，在属性栏中将红色色块的旋转角度设置为 135 度，用按住 Shift 键的方式先后选中它们，单击“顶端对齐”按钮，得到如图 3-76 所示图形，再在按住 Shift 键的同时将其中的一个色块沿水平线向另一个色块靠近，得到如图 3-77 所示效果。

图 3-75　七巧板拼图块

图 3-76　顶端对齐后的效果

图 3-77　沿水平线拖动后的效果

（2）拖动出黄色正方形色块并放置到深蓝色块下方，用按住 Shift 键的方式单击选中它们，单击“左对齐”按钮，再在按住 Shift 键的同时将黄色色块沿垂直线向深蓝色块靠近，得到如图 3-78 所示效果。拖动出浅蓝色块，放置到黄色色块下方，用按住 Shift 键的方式先后选中它们，单击“右对齐”按钮，再在按住 Shift 键的同时将浅蓝色块沿垂直线向黄色色块靠近，得到如图 3-79 所示效果。

图 3-78　黄色色块的对齐与移动

图 3-79　浅蓝色块的对齐与移动

（3）拖动橙色色块，在属性栏中将其旋转角度设置为 45 度，放置到浅蓝色块左方，用按住 Shift 键的方式先后选中它们，单击“右对齐”按钮，再在按住 Shift 键的同时将橙色色块沿垂直线向浅蓝色块靠近，得到如图 3-80 所示效果。拖出大红色块，在属性栏中将其旋转角度设置为 45 度，放置到橙色色块左边，用按住 Shift 键的方式先后选中它们，单击“垂直居中对齐”按钮，再在按住 Shift 键的同时将大红色块沿水平线向橙色色块靠近，得到如图 3-81 所示效果。

（4）拖动绿色色块，在属性栏中将其旋转角度设置为 270 度，放置到大红色块左方，用按住 Shift 键的方式先后选中它们，单击“顶端对齐”按钮，再在按住 Shift 键的同时将绿色色块沿水平线向大红色块靠近，得到如图 3-82 所示的“鸽子拼图”的效果。

图 3-80　橙色色块的对齐与移动

图 3-81　大红色块的对齐与移动

图 3-82 绿色色块的对齐与移动

3. 将对象置于图形内部

在 CorelDRAW X7 中进行图形编辑、版式安排等实际操作的时候，“图框精确剪裁”命令是经常用到的很重要的命令。其操作步骤如下。

（1）打开如图 3-83 所示的名为“T 恤衫”的 CDR 文件。选择“矩形”工具，在 T 恤衫中间绘制一个宽 44mm、高 55mm、无填充色、轮廓线颜色为（C：98，M：94，Y：78，K：73）的矩形。在属性栏上方的“轮廓宽度”处将矩形的轮廓线更改为 0.5mm，得到如图 3-84 所示的图形效果。

图 3-83 “T 恤衫”文件

图 3-84 绘制矩形

（2）执行“文件”菜单中的“导入”命令，导入名为“春恋”的蜡染图片，如图 3-85 所示。

（3）执行“对象”菜单中“图框精确剪裁”子菜单中的“置于图文框内部”命令。此时会出现一个指向右的箭头图样，再单击矩形内部，得到如图 3-86 所示效果。

图 3-85 导入的蜡染图片

图 3-86 图形效果

（4）在图形上右击，在弹出的快捷菜单中执行“编辑 PowerClip”命令。执行“编辑 PowerClip”命令后，在图形对象上显示了矩形轮廓，可参照矩形内部范围来调整图形置入后的大小和位置。按住 Shift 键将图片向右拖动到合适位置后，再在图形上右击，在弹出的快捷菜单中执行“结束编辑”命令，得到如图 3-87 所示的最终效果。

图 3-87 “T 恤衫”最终效果

课后实训与习题

课后实训 1

为“奇一”竹制品公司绘制一个图标，参考效果如图 3-88 所示。

操作提示

（1）用“矩形”工具绘制标志的底部。

（2）用椭圆形工具绘制出熊猫的脸蛋、眼睛、鼻子、腮红。

（3）用贝塞尔工具绘制出耳朵、眼睛内部的弯月形状、嘴唇线、鼻子周围的黑色、竹子造型的区域。

（4）用文本工具输入“奇一竹品”的拼音与汉字。

课后实训 2

为“稻草人”皮具公司制作一个图标，参考效果如图 3-89 所示。

操作提示

（1）用椭圆形工具绘制出标志的底部、稻草人的脸蛋和花朵的花瓣部分。

（2）用贝塞尔工具绘制出帽子、衣服和裙子。

（3）在绘图时要注意不同的封闭的路径才能填充不同的色彩。

（4）可以运用软件中的“自动闭合”功能实现路径的封闭，再填充相应的色彩。

（5）用文本工具输入“稻草人”的拼音与汉字。

图 3-88 “奇一”竹制品公司标志

图 3-89 “稻草人”皮具公司标志

课后习题

一、填空题

（1）选择绘制好的曲线或转换为曲线的图形后，使用“形状”工具单击图形上的任一个______，属性栏中会显示______栏。

（2）删除对象节点有两种方法：选中一个节点并______，再执行“______”命令即可；或者直接在曲线上需要删除节点的位置______。

（3）选择需要进行修剪操作的对象。一般来说，______选择的对象将作为修剪源对象，______选择的对象将作为被修建对象。

（4）“简化”命令可以减去两个或多个重叠对象的交集部分，从而创建一个新的对象，并保留原始对象，新对象的填充以______为准。

二、选择题

（1）“闭合曲线”有多种方法：选中未闭合路径的任意一个节点，然后单击______，再执行“自动闭合”命令即可；或者拖动未闭合路径的最后一个节点，当与第一个节点相重合时松开鼠标左键，即可完成该路径的闭合。

A．鼠标左键　　B．鼠标左、右键　　C．鼠标右键　　D．鼠标中键

（2）在执行“修剪”命令的时候，根据选择对象的______不同，应用修剪命令后图形效果也会不同。

A．轮廓宽度　　B．先后顺序　　C．填充颜色　　D．图形内容

（3）当框选图形对象进行合并的时候，合并后的对象属性会与原来______的图形保持一致。

A．最右面　　B．最下方　　C．最左面　　D．最上方

（4）单击属性栏中的“相交”按钮，即可在这两个图形对象的交叠处创建一个新的对象，新对象以______的填充和轮廓属性为准。

A．目标对象　　B．原始对象　　C．新的对象　　D．共有对象

三、简答题

（1）为转曲后对象添加节点有哪三种方法？请分别描述这几种方法。

（2）在 CorelDRAW X7 软件中，要实现转曲后对象的“断开曲线”有几种方法？请分别描述这几种方法。

操作和管理对象

知识要点

1. 利用选择、复制和变换等命令绘制图形。
2. 对象的再制和旋转。
3. 学会使用对象的组合和取消组合功能对对象进行管理。
4. 运用对象的合并和拆分功能绘制图形。
5. 比例与镜像、位置与再制图形。

知识难点、重点分析

在这些命令中，组合和取消组合命令，合并和拆分命令是本章学习的难点与重点。对象的“合并”命令与“组合”命令在功能上是完全不一样的，使用“合并”功能是指把多个不同对象结合成一个新的对象，其对象属性也随之发生改变；而“组合”功能只是单纯地将多个不同对象组合在一起，各个对象属性不会发生改变。在 CorelDRAW X7 软件中可以组合多个已经组合的对象以创建嵌套组合；也可以将对象添加到组合中，从组合中重组对象及删除群组中的单个对象，这些要在实践中摸索。

4.1 “圣诞节书签”的绘制

做什么

本节主要运用 CorelDRAW X7 软件中的几何形状工具、贝塞尔工具，选择、复制、变换、对象的再制和旋转等命令制作如图 4-1 所示的“圣诞节书签”。该书签的创意说明如下：太阳照耀着大地，圣诞树上挂满了惊喜，树下坐着自己喜爱的玩具小熊，希望每年的圣诞节每个人都能收到自己喜爱的礼物。

知识准备

书签源于春秋战国时期，当时称为牙黎，即象牙制成的书签，如图 4-2 所示为清代象牙书签。书签是人们阅读的一种辅助用具，在中国古代还有铜制的书签，如图 4-3 所示。以前，书签是用做题写书名的，一般贴在古籍封皮左上角，现在则是指记录阅读进度而夹在书里的小薄片。

图 4-1 “圣诞节书签”最终效果

图 4-2 清代象牙书签

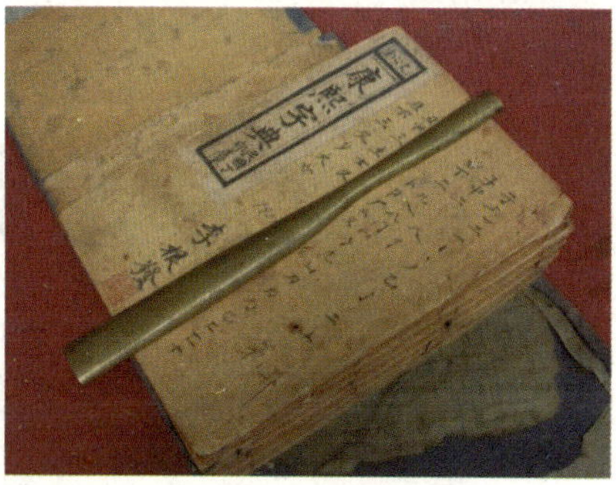

图 4-3 清代铜制书签

下面先来学习本节相关的基础知识。

4.1.1 选择、复制对象

1. 选择对象

在 CorelDRAW X7 中，对图形对象进行选择是编辑图形时最基本的操作。对象的选择可以分为选择单个对象、选择多个对象和全部选择三种类型。只有选中了对象才可以对对象进行诸如旋转、镜像、复制等一系列绘图操作。

1）选择单个对象

选择单个对象包括：选择单个“单一”对象和选择单个“群组”对象。选择单个对象的操作方法如下：在工具箱中选择“选择”工具后，单击要选择的对象；对象四周出现控制节点，则表明对象已经被选中。打开名为“选择对象与皮影戏”的文件，如图 4-4 所示，该图片是由多个群组对象构成的整体。用选择工具选中其中一只手臂，其四周将出现如图 4-5 所示的控制节点。

图 4-4 未选择的对象

图 4-5 选中的单个群组对象

再次选中此手臂，四周会出现如图 4-6 所示的旋转箭头，中间会有一个中心点，拖动这个中心点到达手臂靠近肩膀处的一个小圆圈中，将该中心点与小圆圈的中心点重合，逆时针拖动旋转其中的一个方向箭头，使它沿着逆时针方向旋转。用同样的方法选中一条腿，使腿部中心点与腿的上部的圆圈中心点重合，再沿着顺时针旋转，形成如图 4-7 所示的效果。

选择对象时，也可以在工作区中对象以外的地方按住鼠标左键不放，拖动出一个虚线框，框选完所要选择的对象，松开鼠标左键后，即可看到对象处于被选中状态，按照前面讲的方法可以制作出如图 4-8 所示的图形效果。但是框选的时候不能“完全框选”其他部分的图形，否则其他部分也会被选中。

图 4-6　拖动中心点的效果

图 4-7　逆时针旋转后的效果

图 4-8　不同的选择后旋转的效果

小提示

利用空格键可以快速从其他工具切换到“选择”工具，再按空格键，则切换回原来的工具。在实际工作中，大家可以亲自体会到这种切换方式带来的方便和快捷。

2）选择多个对象

在实际操作中，经常要选择多个对象进行编辑，选择多个对象的操作方法如下：在工具箱中选择“选择”工具后，单击其中一个对象，然后按住 Shift 键不放，逐个选中其余对象。以“皮影戏”文件为例，该女子图形的手臂是一个群组，可以右击该手臂群组，执行“取消组合对象”取消组合对象(U)　Ctrl+U 命令，将整个手臂分为手、前手臂和后手臂三个群组部分，在按住 Shift 键的同时，先后选择手和前手臂，使它们处于共同选中状态，用 Ctrl+G 组合键将它们“组合”起来，如图 4-9 所示。再次单击它们直到出现旋转箭头和中心点，使中心点与手肘部圆圈图形的中心点重合，顺时针拖动旋转其中的一个方向箭头。在按住 Shift 键的同时，将前臂组合和后臂部分同时选中，用 Ctrl+G 组合键将它们“组合”起来。再次单击它们直到出现旋转箭头和中心点，使中心点与肩膀部圆圈图形的中心点重合，顺时针拖动旋转其中的一个方向箭头。按照同样的方法对其他部分进行选中后旋转，形成如图 4-10 所示的效果。

也可和选择单个对象一样，在工作区中对象以外的地方按住鼠标左键不放，拖动出一个虚线框，框选出所要选择的所有对象，松开鼠标左键，即可看到对象处于被选中状态。按照前面讲的方法可以制作出如图 4-11 所示的图形效果。画面中添加了其他图形作为陪衬，并且有些动作的绘制还需要对上半身或下半身进行整体选中后再平行移动。

图 4-9 组合前臂与手

图 4-10 旋转后的效果

图 4-11 其他的多选后旋转的效果

小提示

在框选多个对象时，如选择了多余的对象，可以按住 Shift 键单击多选的对象，即可取消对该对象的选择。

3）全选对象

全选对象是指选择绘图窗口中所有的指定对象，包括图形对象、文本、辅助线和节点，执行菜单命令，即可完成全选的操作。其步骤是首先执行“编辑”菜单中的“全选”命令，弹出如图 4-12 所示的菜单命令，其中有“对象”“文本”“辅助线”和“节点”四个全选命令，执行不同的全选命令将达到不同的全选结果。

全选对象：打开如图 4-13 所示的“紫砂壶结构图”，执行“编辑”菜单中“全选”子菜单中的“对象”命令，将所有图中的对象选中。

图 4-12 “全选”命令菜单

全选文本：将“紫砂壶结构图”中的所有文本对象选中，然后统一修改成绿色，如图 4-14 所示。

全选辅助线：选中“紫砂壶结构图”中所有的辅助线，被选择的辅助线呈红色被选中状态，按 Delete 键进行删除辅助线的操作，如图 4-15 所示。

全选节点：选中“紫砂壶结构图”中某一个对象的所有节点，如图 4-16 所示。

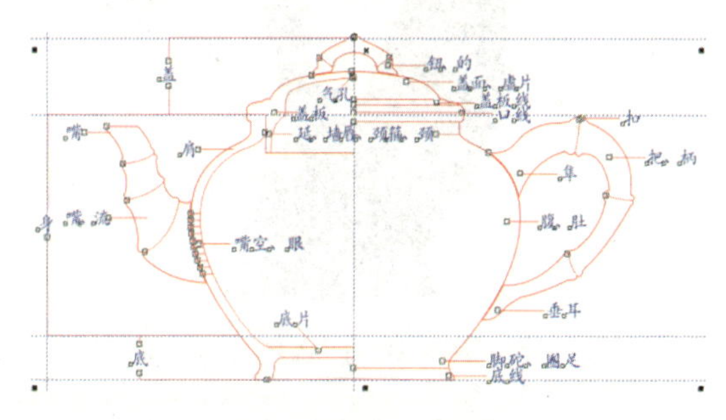

图 4-13 全选对象

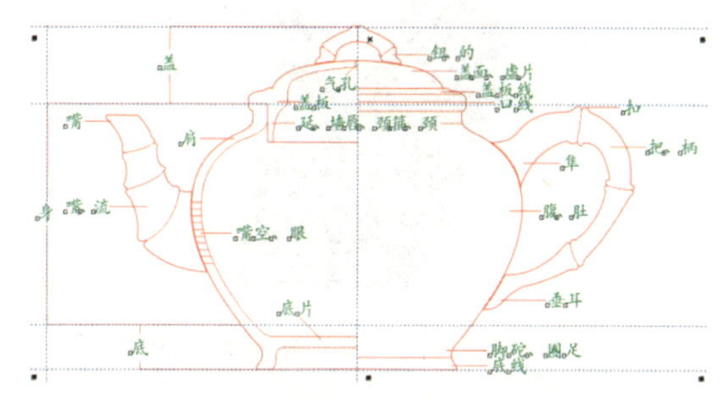

图 4-14 全选文本后修改文本颜色

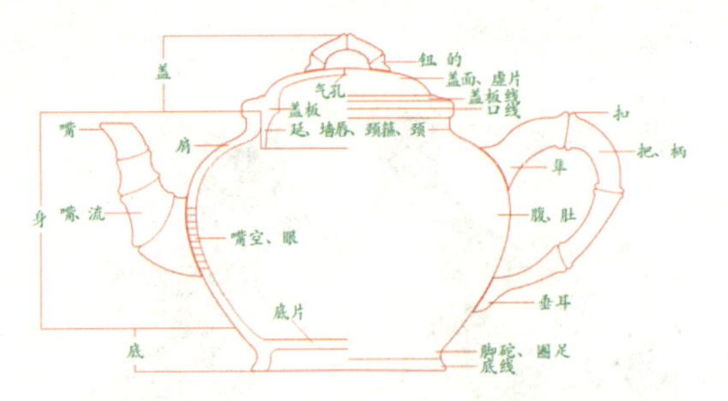

图 4-15 全选辅助线后删除辅助线

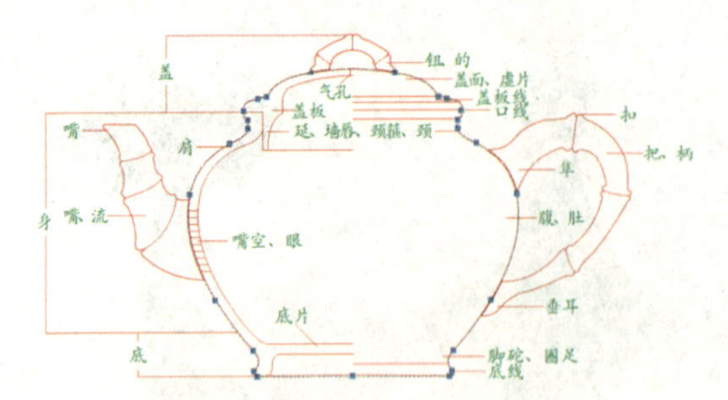

图 4-16 全选“壶体大形状”的所有节点

小提示

使用“选择”工具框选完所有的图形对象，也可以将所有的对象选择。双击工具箱中的“选择”工具 则可以快速地直接选择工作区中的所有对象。

2. 对象的基本复制

选择对象以后，对对象进行复制的操作方法主要有以下四种。

方法 1：执行“编辑”菜单中的“复制”命令后，执行“编辑”菜单中的“粘贴”命令。

方法 2：右击对象，在弹出的快捷菜单中执行“复制”命令，再右击任一空白处，在弹出的快捷菜单中执行“粘贴”命令。

方法 3：按 Ctrl+C 组合键将对象复制到剪贴板中，再按 Ctrl+V 组合键将其粘贴到文件中。

方法 4：使用“选择”工具选中对象后，按住鼠标左键将对象拖动到适当位置的同时，在不松开鼠标左键的同时按下鼠标右键，即可将对象复制到该位置。

（1）打开名为“傣族孔雀舞”的图片，会看到如图 4-17 所示的女子跳孔雀舞的图片。使用“选择”工具单击女子其中一只手上的“孔雀羽毛”图样的群组对象。按住鼠标左键将对象拖动到裙子右下方适当位置，并将它旋转至合适角度完成羽毛的放置，得到如图 4-18 所示的图形效果。

图 4-17 打开的“傣族孔雀舞”图片

图 4-18 执行移动、旋转后的效果

（2）再次使用“选择”工具选择该羽毛对象后，按住鼠标左键将对象拖动到适当位置的同时，在不松开鼠标左键的同时按下鼠标右键，即可将对象复制到该位置，将它旋转至合适角度完成其他羽毛的放置，如图 4-19 所示。按照同样的操作方法复制和旋转该羽毛图片，结合属性栏中的“左右镜像”按钮，可以得到如图 4-20 所示的绘制效果。

图 4-19 执行复制、旋转后的效果

图 4-20 绘制效果

4.1.2 再制、旋转对象

1. 对象的再制

“对象的再制”是指快捷地对对象进行复制，可以通过以下步骤来完成。使用“选择”工具选择一个对象。执行“编辑”菜单中的“再制”命令，即可复制出与原对象有一定偏移的新对象；按 Ctrl+D 组合键可以快捷地再制对象，效果如图 4-21 所示。

图 4-21 再制对象

在绘图窗口中无选择对象的状态下，可以通过属性栏设置调节默认的再制偏移距离。在属性栏的“再制距离”文本框中输入 X、Y 方向上的偏移数值，如图 4-22 所示。

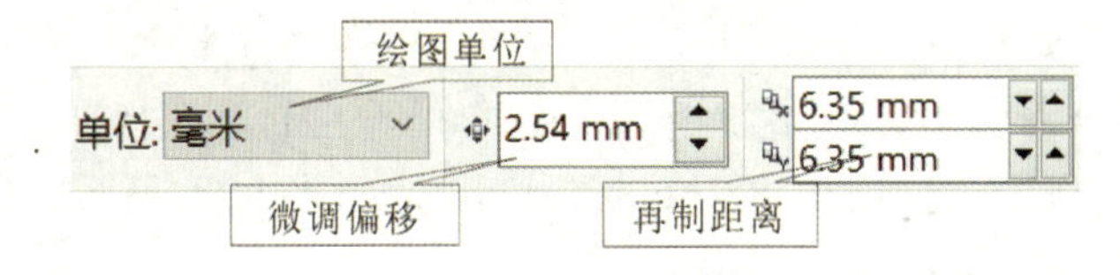

图 4-22 再制偏移设置

（1）打开名为“俄罗斯方块游戏”的 CDR 文件，可以看到如图 4-23 所示的俄罗斯方块游戏界面与“红、橙、黄、绿、蓝”颜色的方块。用“选择”工具单击工作界面空白处，使界面处于不选择任何对象的状态。在属性栏上方的“微调偏移”处输入 0.1，按 Enter 键予以确定；再在“再制距离”的 X 方向（也就是横向方向）中输入“8”，按 Enter 键予以确定。用“选择”工具选中红色方块，按 Ctrl+D 组合键两次，得到三个红色方块排列的效果。用“选择”工具单击工作界面空白处，使界面处于不选择任何对象的状态。在属性栏上方“再制距离”的 Y 方向（也就是竖向方向）中输入“-8”，按 Enter 键予以确定。用“选择”工具选中“最中间”的红色方块，按 Ctrl+D 组合键一次，得到如图 4-24 所示的四个红色方块排列的效果。

（2）在“再制距离”中输入数值的规律如下：横向为右正左负，竖向为上正下负。按照同样的方法可以分别制作出如图 4-25 所示的红、橙、黄、绿、蓝五种颜色的方块排列效果，用 Ctrl+G 组合键分别对它们进行“组合”。用选择工具框选的方式将左右群组后的各色方块组选中，并“四次”按 Ctrl+C 和 Ctrl+V 组合键实现原位置粘贴功能。现在各色方块组都有五个群组对象，请将这些方块放置到游戏界面中。游戏规则如下：可以旋转，可以镜像，可以对齐，但是必须按照红、橙、黄、绿、蓝的顺序由下到上地将它们放置到游戏界面中，尽量地将每一排都放满方块。放置的时候可以运用键盘上的上、下、左、右方向键进行“微调偏移”，最终效果如图 4-26 所示。

图 4-23　打开的“俄罗斯方块游戏”图片

图 4-24　红色方块再制过程图

图 4-25　各色方块排列图

图 4-26　最终效果

2. 对象的旋转

“对象的旋转”可以通过以下步骤来完成。使用“选择”工具选择一个对象，此时选择对象的周围出现了八个箭头，如图 4-27 所示。选择处于四个直角上的任意一个箭头，按住鼠标不放沿顺时针或逆时针方向拖动，松开鼠标后则出现如图 4-28 所示的效果。也可以在属性栏中输入旋转的角度，按 Enter 键予以确定。

图 4-27　预旋转对象

图 4-28　旋转后的效果图

（1）新建一个文件，并保存为“旋转对象与米字格”。选择“矩形”工具，在按住 Ctrl 键的同时，画出一个正方形，边长为 75mm，设置填充颜色为“白色”，轮廓色为（C：64，M：0，Y：100，K：0）。用钢笔工具从左下至右上绘制一条虚线，轮廓颜色为（C：64，M：0，Y：100，K：0）。虚线样式可以在属性栏中的“线条样式”下拉列表中选择，得到如图 4-29 所示效果。用选择工具单击这条虚线，按 Ctrl+C 组合键进行复制，再按三次 Ctrl+V 组合键实现原位置粘贴三次功能。再次单击最上面一条虚线直至出现旋转箭头，在属性栏中输入旋转的角度为 45 度，按 Enter 键予以确定。按照同样的方法依次单击原位置粘贴处的虚线，分别输入旋转数值为 90、135 度，得到如图 4-30 所示的图形效果。

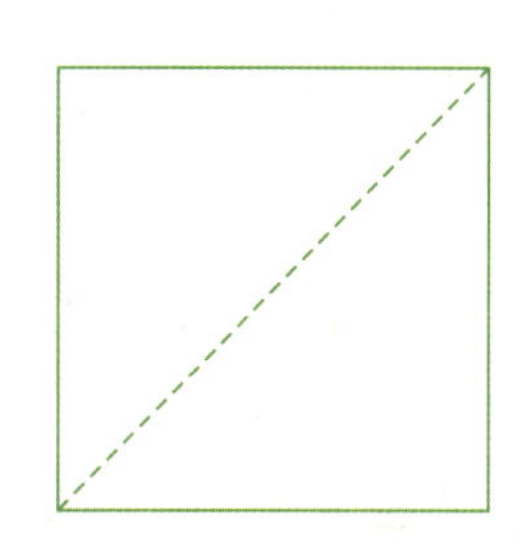

图 4-29　绘制正方形与虚线

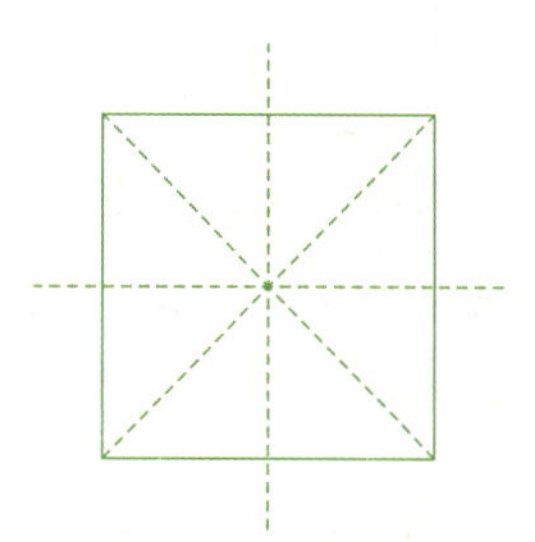

图 4-30　旋转后的效果图

（2）在按住 Shift 键的同时选中所有虚线，用 Ctrl+G 组合键将它们“组合”起来。在按住 Shift 键的同时，用选择工具先单击正方形框，再单击虚线组合。在属性栏中单击“相交”按钮，得到如图 4-31 所示的效果。选择文本工具为米字格添加“国”字，得到如图 4-32 所示的效果。

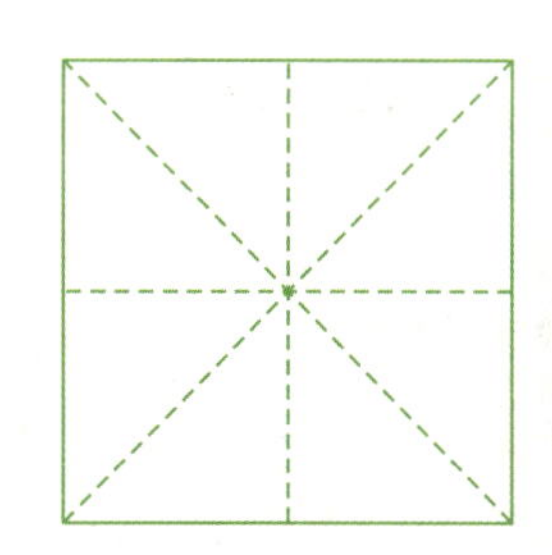

图 4-31　“相交”后的效果

图 4-32　输入文字后的效果

4.1.3　“圣诞节书签”的制作

跟我来

完成该圣诞节书签的绘制首先需要创建一个新文档，并保存文档，运用几何形状工具绘制出“太阳”，再用贝塞尔工具和几何工具、文本工具绘制“圣诞树”，接着运用贝塞尔工具和几何工具绘制“小熊”，最后用几何形状工具绘制出书签的大轮廓并将各个图形组合于其中，生成书签的最终效果。在此过程中会运用到选择、复制和变换等功能来绘制图形，用再制、旋转等功能进行对象的处理。

现在来进行“圣诞节书签”的具体制作。

1. 创建并保存文档

（1）启动 CorelDRAW X7，出现名为“未命名 1”的新建文档。

（2）执行“文件”菜单中的“另存为”命令，以“圣诞节书签”为文件名保存到自己需要的位置。

小提示

在制作的过程中，为了防止因计算机故障或其他原因导致做好的文件丢失，可以边做文件边保存。单击工作页面上方的“保存”按钮或者按 Ctrl+S 组合键均可完成文件的存储操作。

2. 运用几何形状工具绘制出“太阳”

（1）选择椭圆形工具，在绘图区域中按住鼠标左键并向另一方向拖动的同时按 Ctrl 键，即可绘制出一个正圆形。在属性栏上方的“对象大小”处（图 4-33）设置圆的直径为 20mm，按 Enter 键确认。在工作页面右下方的“填充图标”后的“无填充”图标无处双击，在弹出的如图 4-34 所示的“编辑填充”对话框中单击“均匀填充”图标。单击“颜色模型”下拉按钮，选择 CMYK 模型。选中原本各个颜色组件的数值，再从键盘上输入数字。每次输完一个数值后必须单击一次其他颜色组件数值输入框，以确认成功输入。此时，位于中间的“参考颜色和新颜色”显示框也会显示新旧色彩的对比效果，被填充对象也会自动更改为新的数值颜色。本次输入数值为（C：0，M：0，Y：20，K：0）的淡黄色眼球。

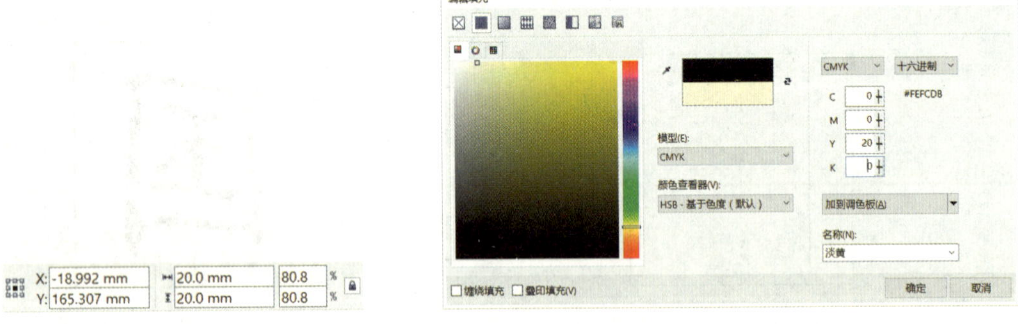

图 4-33　“对象大小”文本框　　　　图 4-34　“编辑填充”对话框

（2）选择椭圆形工具，按住鼠标左键并向另一方向拖动鼠标绘制出一个椭圆形，填充颜色为黑色。将其置于正圆形上方中央的位置，再复制一个同样的图形放于右边，即可得到如图 4-35 所示的“太阳”的眼睛。

（3）在这 2 个正圆的下方，按住鼠标左键并向另一方向拖动鼠标的同时按 Ctrl 键，绘制出直径为 19mm 的 3 个正圆形。在工作页面右下方的“填充图标”后的“无填充”图标无处双击，在弹出的“编辑填充”对话框中单击“均匀填充”图标。单击“颜色模型”下拉按钮，选择 CMYK 模型。选中原本各个颜色组件的数值，再输入数字。每次输完一个数值后必须单击一次其他颜色组件数值输入框，以确认成功输入。此时位于中间的“参考颜色和新颜色”显示框也会显示新旧色彩的对比效果，同时被填充对象会自动更改为新的数值颜色。其颜色值分别为（C：1，M：41，Y：17，K：0）和（C：0，M：60，Y：100，K：0）。再在中间一个圆的右下方添加一个颜色为（C：1，M：33，Y：67，K：0）的圆形。同时选中下方的几个圆，右击工作页面右方调色板上方的☒图标，删除轮廓线。此时，图形绘制如图 4-36 所示。

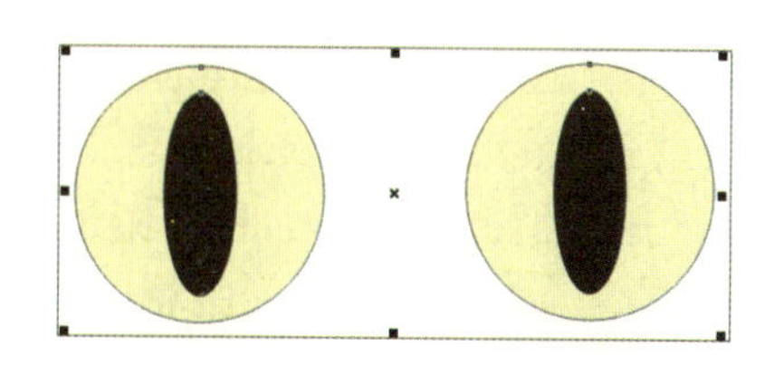

图 4-35 绘制太阳的眼睛

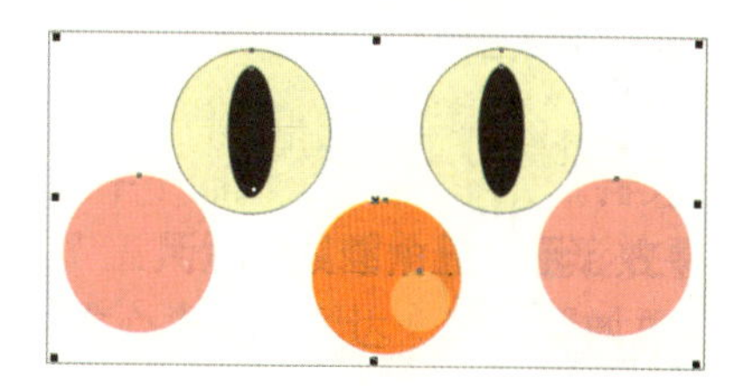

图 4-36 太阳的脸庞

（4）按住鼠标左键并向另一方向拖动鼠标的同时按 Ctrl 键，绘制出直径分别为 88mm、107mm 的 2 个正圆形。其颜色分别为（C：2，M：9，Y：65，K：0）和（C：0，M：0，Y：100，K：0）。同时选中两个圆，右击工作页面右方调色板上方的☒图标，删除轮廓线。

（5）选择“钢笔”工具组中的“贝塞尔”工具，绘制出嘴唇的路径，并填充为（C：0，M：100，Y：100，K：0）。右击工作页面右方调色板上方的☒图标，删除轮廓线。此时，“太阳”图形绘制最终效果如图 4-37 所示。

图 4-37 太阳的“脸庞”与“太阳”最终效果

3. 绘制“圣诞树”

（1）选择钢笔工具组中的贝塞尔工具，绘制出圣诞树的大轮廓，并填充为（C：67，M：0，Y：99，K：0）。右击工作页面右方调色板上方的☒图标，删除轮廓线。

小提示

利用贝塞尔工具绘制直线与折线更加简便。选择贝塞尔工具以后，将鼠标指针移动到另一个位置，单击即可获得一条直线。若要绘制折线，则在下一个适当的位置单击即可。

（2）运用椭圆形工具绘制几个正圆形，如图 4-38 所示。

图 4-38 “圣诞树”的绘制过程

图 4-39 “圣诞树”最终效果

（3）选择“文本”工具，输入“Merry Christmas”字样，在字体列表中选择合适的字体。单击调色板中的白色，为文字内部填充白色，再右击调色板上方的删除图标☒将文字的外轮廓去除，在属性栏中的“旋转角度”中输入 45.2，按 Enter 键确认文字的旋转角度的设置，将写好的文字放置到适当的位置，得到如图 4-39 所示的“圣诞树”最终效果。

4．绘制“小熊”

（1）选择钢笔工具组中的贝塞尔工具，绘制出小熊的大致轮廓，并将颜色填充为（C：0，M：20，Y：100，K：0）。再在耳朵上方和脚掌中间绘制出小熊的耳廓和椭圆形掌心，颜色设置为（C：2，M：9，Y：65，K：0），右击调色板上方的删除图标☒，删除轮廓线，得到如图 4-40 所示的小熊的外轮廓造型。

小提示

利用工具箱中的“形状”工具，可以对曲线的节点进行编辑。单击某一节点，则该节点即可处于选中状态。此时拖动鼠标即可移动节点，完成曲线形状的编辑。

（2）运用椭圆形工具分别在嘴和胸膛处绘制正圆形和椭圆形，然后用圆形表示小熊的眼睛，颜色填充为（C：0，M：0，Y：20，K：0）与（C：0，M：0，Y：0，K：100）。除了外眼圈保留黑色轮廓以外，其他圆形均将轮廓删除，得到如图 4-41 所示的造型。

（3）使用贝塞尔工具，绘制出小熊的鼻子、嘴唇、胸膛的桃心等造型，并将颜色分别填充为（C：0，M：0，Y：0，K：40），（C：0，M：100，Y：100，K：0），然后删除轮廓线，得到如图 4-42 所示的小熊的最终效果。

图 4-40　“小熊”造型 1

图 4-41　“小熊”造型 2

图 4-42　最终效果

小提示

利用“形状”工具双击曲线中的任意一节点，即可删除该节点。而双击曲线上任意一个没有节点的地方，即可在该曲线上增加一个节点。

5．绘制书签的大轮廓

（1）选择“矩形”工具，在工作页面中绘制一个竖形的长方形，将对象大小设置为宽 45mm、长 116mm，并将颜色填充为（C：34，M：4，Y：33，K：0）。在属性栏中调整矩形的边角圆滑度，左、右、上、下边均输入数值 5mm，并去除轮廓线。此时，属性栏中矩形的边角圆滑度如图 4-43 所示。

（2）将先前绘制的所有图形经过缩放之后，按照如图 4-44 所示的位置放好即可得到“圣诞节书签”的最终效果。（注意：按原比例进行“圣诞树”的伸缩时，可以通过拖动选中“圣诞树”后出现的四个角上的黑色小方块进行放大或缩小的操作。）

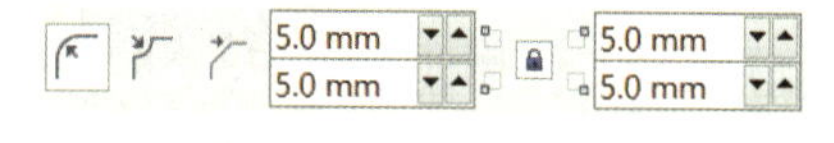

图 4-43 矩形边角圆滑度

图 4-44 “圣诞节书签”最终效果

4.2 “青花书签”的绘制

做什么

本节将利用 CorelDRAW X7 软件中对象的组合和取消组合等功能对对象进行管理，制作如图 4-45 所示的“青花书签”。该书签的设计灵感源于对中华陶瓷烧制工艺的珍品“青花瓷”的印象，青花瓷又称白地青花瓷，常简称青花。书签中素蓝的花叶和青花的瓷器表达了青花瓷的丰富多彩与清秀雅致。色彩的搭配以蓝色为主，这种简洁的色彩是为了切合青花瓷素净优雅的气质。书签中的文字来源于清代龚鉽先生在《陶歌》中赞美青花瓷的诗句。

图 4-45 青花书签

知识准备

现代的书签的规格一般长 8～10cm，宽 3～5cm。但也可以按照实际需要和个人喜好来设计书签的大小及形状，如图 4-46 所示。书签的种类有纸质书签、电子书签、金属书签、Word 书签以及植物叶片书签等，如图 4-47 所示。好的书签既具有形式的美感又带有积极向上的寓意，在愉悦视觉的同时还能给人带来正能量。

图 4-46 “武生”造型纸质书签

图 4-47 “脸谱”造型叶脉书签

下面先来学习本节相关的基础知识。

4.2.1 对象的组合和取消组合

1. 对象的组合

在设计过程中对象过多时，为了方便操作，可以对一些对象进行组合。组合的操作方法可以通过以下步骤来完成。

（1）打开如图 4-48 所示的 CDR 文件，橙子图形是由多个封闭图形组成的。单击其中一个橙子图形，会发现其如图 4-49 所示，各个图形可以移开，说明“橙子”对象还没有组合。

图 4-48 “两个橙子”图形

图 4-49 各图形移开后的效果

（2）没有“组合”的对象在进行复制、旋转时容易出错。因此，可以使用“选择”工具拖动出虚框的方式将另一个完好的橙子对象选中。执行“对象”菜单中“组合”子菜单中的“组合对象”命令，或按 Ctrl+G 组合键后对对象进行组合。单击属性栏中的“组合”按钮，也可组合所选对象。将其拖动到合适位置后右击，快速复制三个橙子，得到如图 4-50 所示图形效果。可以看到，橙子的图层会按照复制的先后顺序排列，后复制的排在前面。

（3）为了绘制出自然的效果，可以拖动各个橙子对角线上的方向控件，将各个橙子等比例地放大或缩小，得到如图 4-51 所示图形效果。对它们进行旋转、镜像等操作，可以得到如图 4-52 所示的图形效果。如果橙子没有被“组合”，则这些操作过程会很麻烦，甚至会出错。用选择工具选中这四个橙子，用 Ctrl+G 组合键将它们“组合”起来，防止下一步绘制或操作时破坏任何一个橙子的位置。

图 4-50 组合后快速复制图形的效果

图 4-51 等比放大和缩小后的效果

图 4-52 旋转和镜像后的效果

2. 对象的取消组合

（1）如果组合后的对象需要进行修改，则只能进行整体修改。如图 4-53 所示为将刚才群组后的四个橙子执行“效果”菜单中“调整”子菜单中的“色度/饱和度/亮度”命令后的效果。对于群组对象，有些命令无法运用，这就需要取消组合。取消组合有两种情况：一种是取消大的组合，但是各个小的组合区域仍然是组合的对象；另一种是取消全部组合，即所有组合小区域都被解组。

（2）选中这四个橙子，执行“对象”菜单中“组合”子菜单中的“取消组合”命令，或按 Ctrl+U 组合键取消其组合；也可以单击属性栏中的“取消组合”按钮。此时的解组只是“取消大的组合”，而每一个橙子的小组合依然存在。解组后的对象状态如图 4-54 所示。移开一个橙子可以看到每个橙子的组合依然存在，如图 4-55 所示。

（3）按 Ctrl+Z 组合键，返回到上一步没有移动前的状态。依次选中这四个橙子，执行“效果”菜单中“调整”子菜单中的“色度/饱和度/亮度”命令，弹出如图 4-56 所示的对话框。依次将各个橙子的“色度”数值更改为 39、4、13、-5，得到如图 4-57 所示的不同成熟度的橙子放置在一起的图形效果。

图 4-53　整体调整色度/饱和度/亮度后的效果

图 4-54　取消组合后的效果

图 4-55　移开一个橙子后的效果

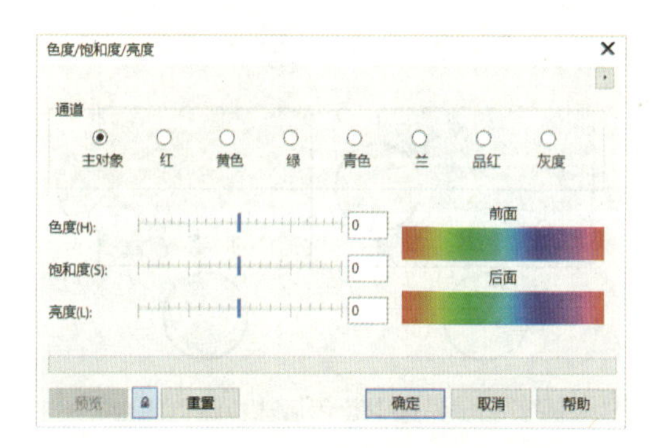

图 4-56　“色度/饱和度/亮度”对话框

图 4-57　不同成熟度的橙子

4.2.2 对象的合并与拆分

1. 对象的合并

对象的“合并”命令与“组合”命令在功能上是完全不一样的：“组合”功能只是单纯地将多个不同对象组合在一起，各个对象属性不会发生改变；而“合并”功能是指把多个不同对象合并成一个新的对象，其对象属性也随之发生改变。使用“合并”功能有两种情况，其具体操作步骤如下。

（1）第 1 种合并：（将对象合并为有相同属性的单一对象）。选择“选择”工具，在按住 Shift 键的同时选中所要合并的两个以上的对象。执行“排列”菜单中的“合并”命令，即可将所选对象合并成一个对象，效果如图 4-58 所示。也可以单击属性栏中的“合并”按钮进行操作。选中对象的顺序不同，得到的合并结果也不同，合并后的新对象均以最后选中的图像的填充色为填充色，如图 4-59 所示。

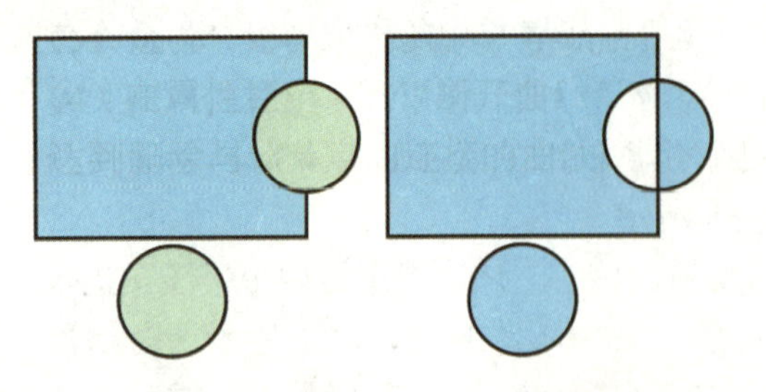

图 4-58　先选中绿色后选中蓝色的合并

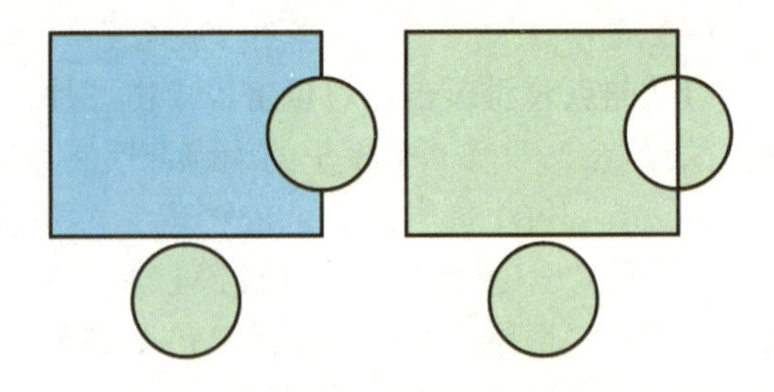

图 4-59　先选中蓝色后选中绿色的合并

小提示

第 1 种合并只能对单一对象进行合并，群组的对象不能使用此合并。如果是用选择工具“框选”全部对象后而执行的合并，合并结果的填充与轮廓线会以该框选对象的最后一层对象属性为准；如果是用选择工具“单击选中”全部对象后执行的合并，合并结果的填充与轮廓线会以最后选中的对象的属性为准。合并后图形相交的部分都为“镂空”，有些类似于“修剪”命令。

（2）第 2 种合并：（将对象合并至带有单一填充和轮廓的单一曲线对象中）。单击属性栏中的“合并”按钮即可。同样，选中对象的顺序不同，得到的合并结果也不同，合并后的新对象均以最后选中的图像的填充色为填充色，如图 4-60 和图图 4-61 所示。

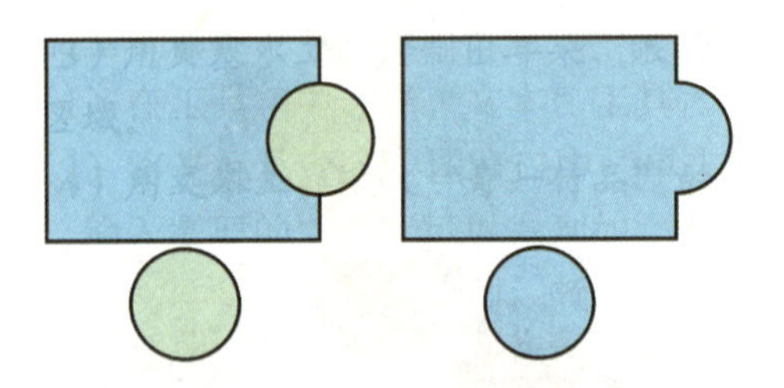

图 4-60　先选中绿色后选中蓝色的合并

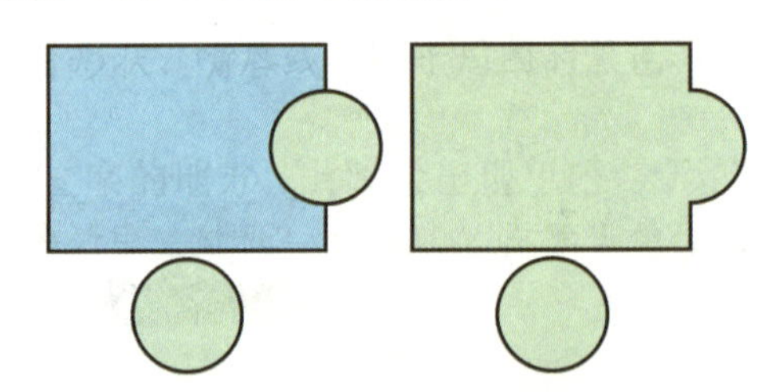

图 4-61　先选中蓝色后选中绿色的合并

小提示

第二种合并可以在“群组的对象”之间进行合并，合并结果的填充与轮廓线以最后选中的对象的“最后面一层”对象的属性为准。合并后图形相交的部分都为“实形”。

（3）打开名为“对象合并与风筝拼图”的 CDR 格式文件。在如图 4-62 所示的图形中，在按住 Shift 键的同时，选中右边和下边的圆形，再选中与它们共同重叠的长方形。松开 Shift 键，单击属性栏中的“合并”按钮，得到如图 4-63 所示图形。从表面上看，合并后的图形是长方形，但是移开一些距离后可以看到如图 4-64 所示的图形是两个圆形和一个长方形合并后的图形。

（4）同时按 Ctrl+Z 组合键返回上一步未拖移前的状态。按照同样的方法继续将剩下的相邻的两个圆和一个长方形进行合并。最下面一行只是右边的圆和左边与之相重叠的长方形合并。最右边一列只是上面一个长方形和其下面一个与之相重叠的圆形的合并，得到如图 4-65 所示的图形效果。

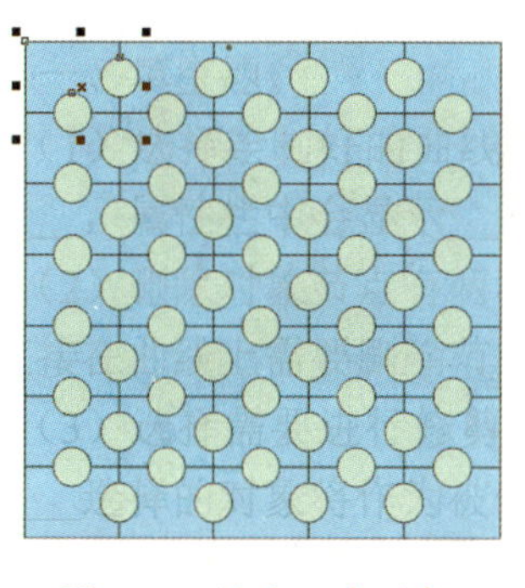

图 4-62　选中三个对象

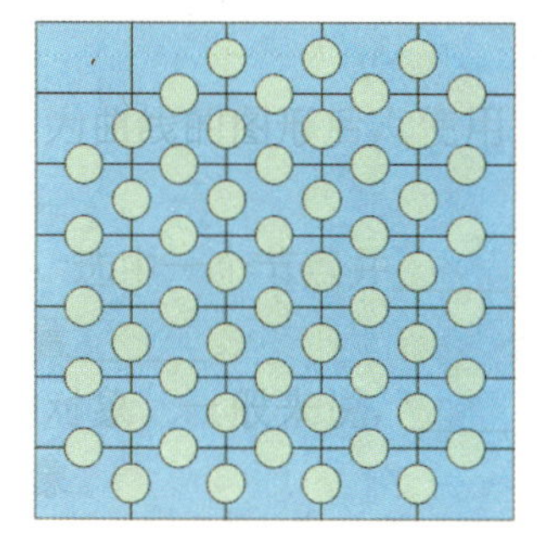

图 4-63　执行合并操作

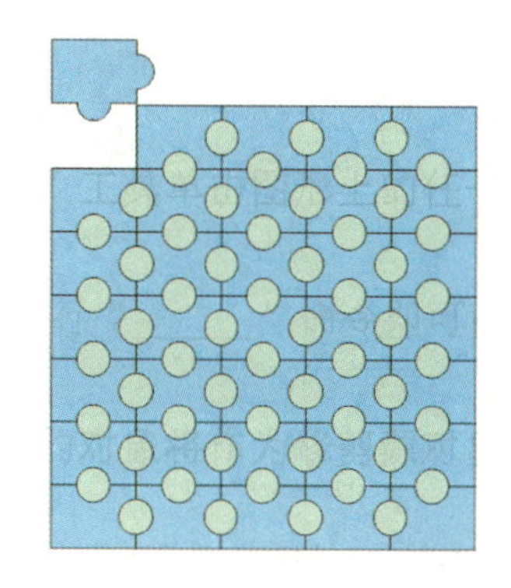

图 4-64　合并后拖动对象的效果

（5）在按住 Shift 键的同时，先后单击相邻的左右两个对象，如图 4-66 所示。松开 Shift 键，单击属性栏中的“修剪”按钮，得到如图 4-67 所示图形。将所有左右相邻的两个对象都执行“修剪”命令，得到如图 4-68 所示的最终效果。

图 4-65　合并后的效果

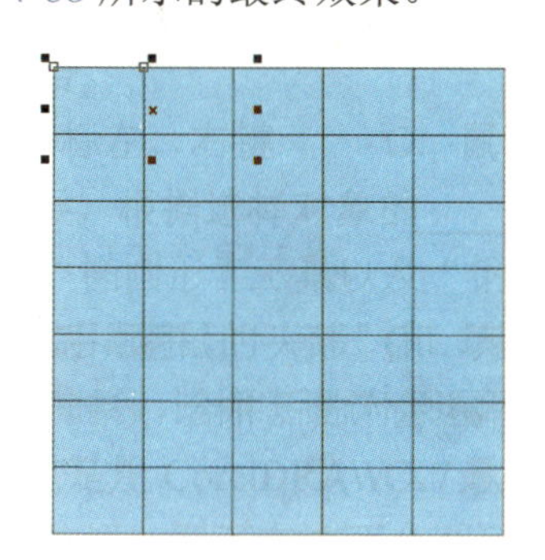

图 4-66　选中左右相邻两个对象

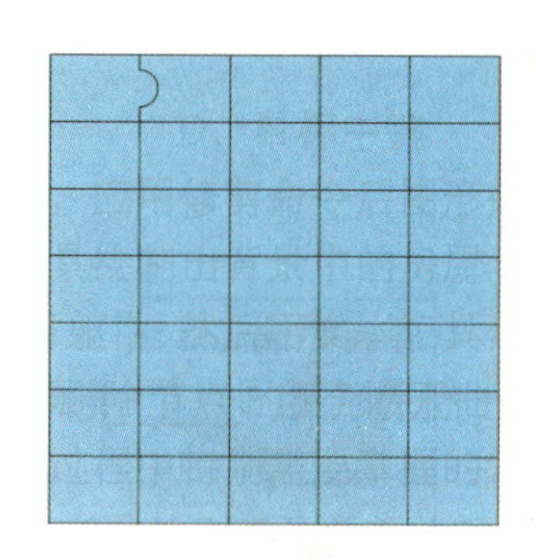

图 4-67　执行“修剪”命令

（6）在按住 Shift 键的同时，先后选中相邻的上下两个对象，如图 4-69 所示。松开 Shift 键，单击属性栏中的“修剪”按钮，得到如图 4-70 所示图形。将所有上下相邻的两个对象都执行“修剪”命令，得到如图 4-71 所示的最终效果。

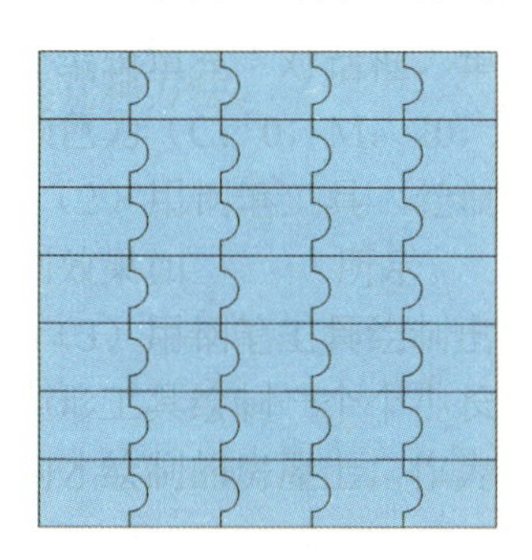

图 4-68　全部执行“修剪”命令后的效果

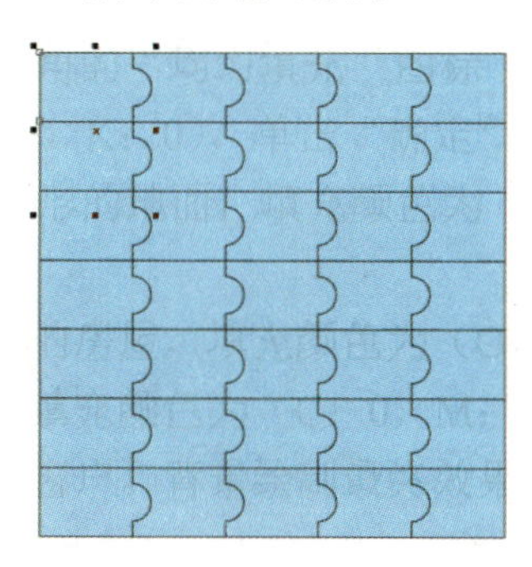

图 4-69　选中上下相邻两个对象

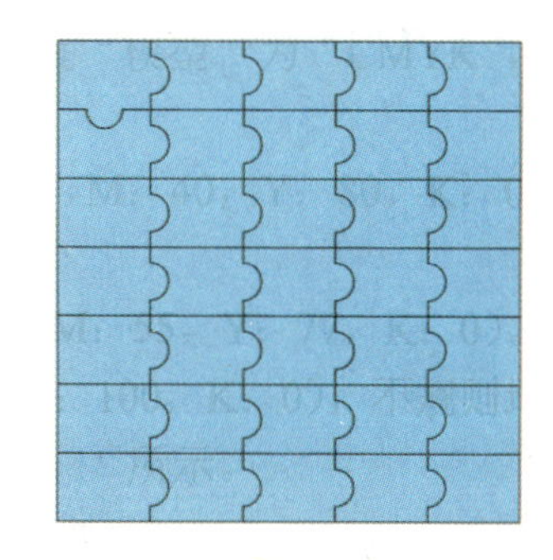

图 4-70　执行“修剪”命令

（7）用框选的方式选中全部图形，单击属性栏中的“合并”按钮，得到如图 4-72 所示图形。在“风筝”图片上右击，在弹出的快捷菜单中执行 PowerClip 内部(P)... 命令，将图片放置到合并的图形中，得到如图 4-73 所示图形效果。

图 4-71　全部执行“修剪”命令后的效果

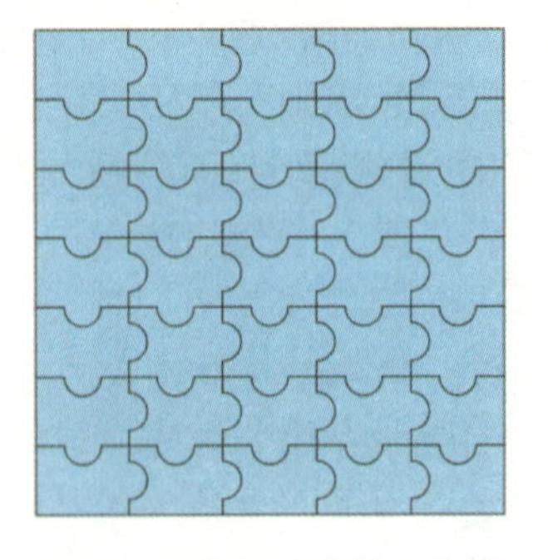

图 4-72　执行“合并”命令

图 4-73　执行“PowerClip 内部”命令后的效果

（8）选中执行“PowerClip 内部”命令后的对象，单击属性栏中的“拆分”按钮。选中全部散开的小块图案，运用属性栏中的“对齐与分布”按钮将它们进行“水平居中对齐”和“垂直居中对齐”操作，得到如图 4-74 所示的效果。如图 4-75 所示，开始玩拼图游戏。拼图的最终效果如图 4-76 所示。

图 4-74　对齐操作后的效果

图 4-75　开始拼图游戏

图 4-76　拼图最终效果

2. 对象的拆分

（1）当选中的对象全部都是彼此重叠的图形时，执行第 1 种合并后可以进行拆分。选中执行第 1 种合并后的图形，执行“排列”菜单中的“拆分曲线”命令即可将对象拆分成合并前的各个单独对象；也可以单击属性栏中的“拆分”按钮，其快捷键是 Ctrl+K。第 1 种合并的图形执行拆分操作后，虽然看似整体，但是层层拖移后能看见合并命令前的所有图形，但是此时的颜色已有所改变，如图 4-77 所示。

（2）当选中的对象全部都是彼此重叠的图形时，执行第 2 种合并的图形“无法”进行拆分。当选中的对象只要有一个对象没有重叠的时候，执行第 2 种合并的图形才可以进行拆分，执行拆分操作后整体造型无变化，拖移后能看见合并前重叠的图形已经“焊接”成整体而无法分开，只有合并前没有重叠的对象才可以移动，如图 4-78 所示。

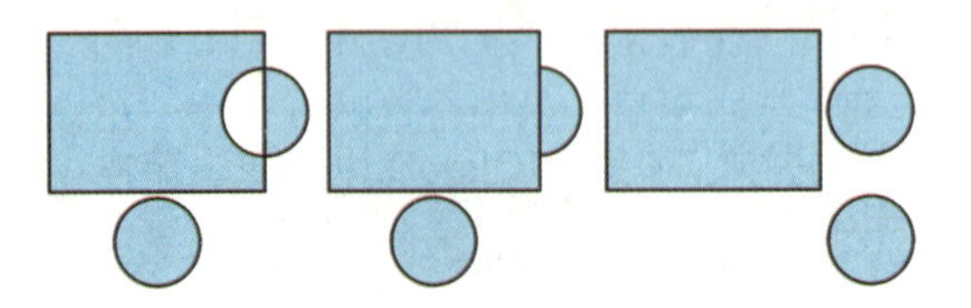

图 4-77　第 1 种合并图形执行拆分后的效果

图 4-78　第 2 种合并图形执行拆分后的效果

小提示

对象的“合并”和“拆分”，还可以通过选中图形右击，在弹出的快捷菜单中执行“合并”或者“拆分”曲线命令完成。

4.2.3 “青花书签”的制作

跟我来

“青花书签”的背景是用“矩形”工具和“形状”工具来绘制的；青花叶用“钢笔”工具来绘制；青花叶下面的青花瓷器用“钢笔”工具结合“椭圆形”工具来绘制；图中的诗词用“文本”工具结合“造型的运算”来绘制。其中要运用对象的组合和取消组合功能来对对象进行管理。

现在来完成该书签的具体制作。

1. 创建并保存文档

启动 CorelDRAW X7，执行“文件”菜单中的“另存为”命令，以“青花书签”为文件名保存到自己需要的位置。

2. 绘制书签背景

（1）选择工具箱中的“矩形”工具，画出一个如图 4-79 所示的宽 40mm、高 115mm 的矩形 40.0 mm 115 mm，右击工作页面右方调色板上方的☒图标，删除轮廓线。选择工具箱中的“交互式填充”工具，单击属性栏中的“均匀填充”图标。在属性栏的“填充色”中单击其下拉按钮，此时会弹出如图 4-80 所示的“填充色选择框”，单击“颜色模型”下拉按钮，选择 CMYK 模型。选中原本各个颜色组件的数值，再输入需要的数字。每次输入一个数值后必须单击一次其他颜色组件数值输入框，以确认成功输入。此时，位于“填充色选择框”左上方的“参考颜色和新颜色”显示框也会显示新旧色彩的对比效果，被填充对象也会自动更改为新的数值颜色。本次输入数值为（C：24，M：20，Y：0，K：0），得到如图 4-81 所示的颜色填充效果。

图 4-79 画出矩形

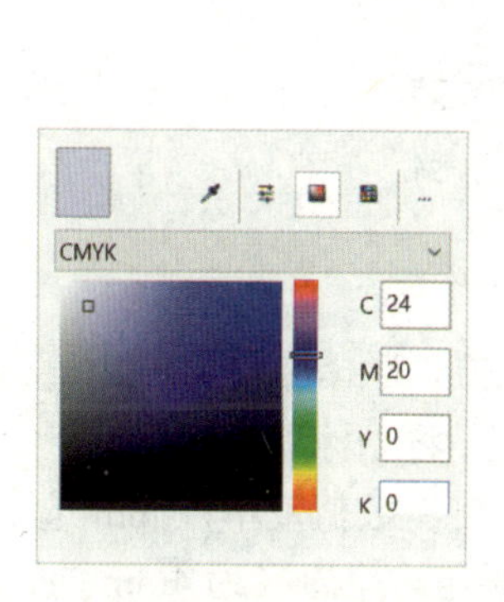

图 4-80 填充色选择框

图 4-81 颜色填充效果

（2）使用“形状”工具，按住大矩形四个角的任一节点进行拖动，使属性栏中的“转角半径”显示为 2.6 mm 2.6 mm 2.6 mm 2.6 mm，即可得到如图 4-82 所示的图形效果。再用同样的方法在大矩形的中间，绘制一个大小为 33.0 mm 112.0 mm、颜色值为（C：5，M：5，Y：0，K：0）的小矩形，得到如图 4-83 所示效果。右击工作页面右方调色板中的☒图标，删除轮廓线。使用“形状”工具，按住小矩形四个角的任一节点进行拖动，使属性栏中的“转角半径”显示为 16.5 mm 16.5 mm 16.5 mm 16.5 mm，即可得到如图 4-84 所示的图形效果。

图 4-82　大矩形修改转角半径后的效果

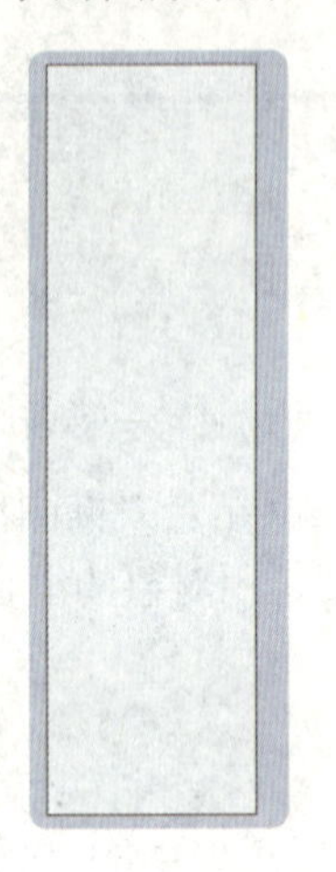
图 4-83　绘制小矩形

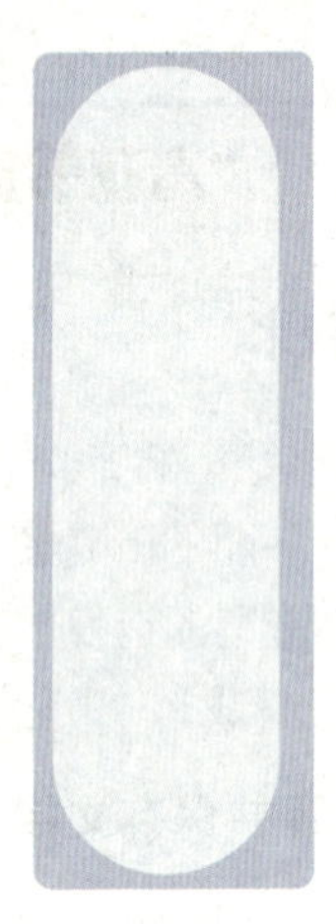
图 4-84　小矩形修改转角半径后的效果

（3）修改后的大矩形和小矩形此时未处于中间对齐状态。此时，需要用“选择”工具框选两个图形。单击属性栏中的“对齐与分布”按钮，在弹出的如图 4-85 所示的面板中单击“对齐”组中的“水平居中对齐”和“垂直居中对齐”图标。至此，两个图形会“精准”地处于中心对齐状态，如图 4-86 所示。

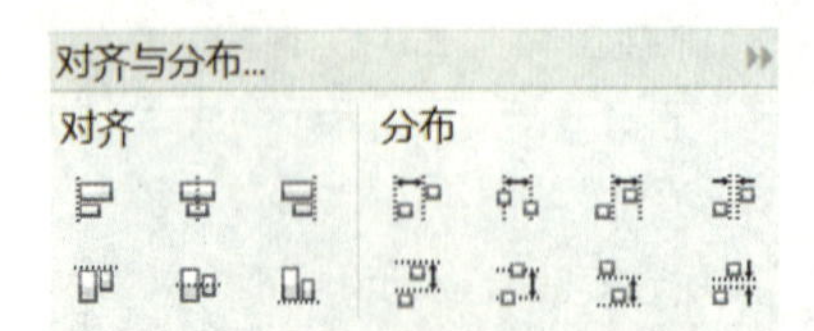

图 4-85　“对齐与分布”面板

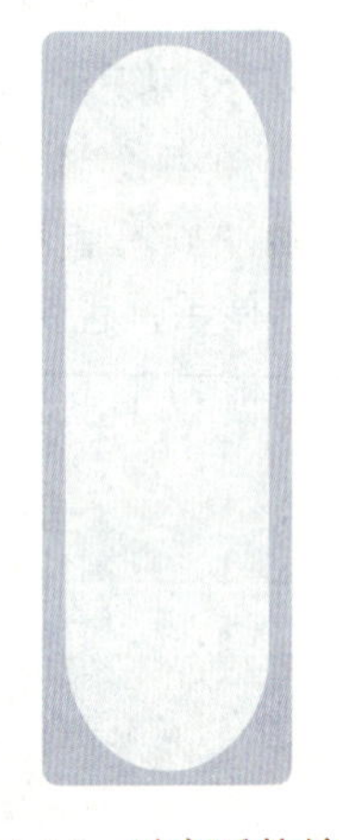
图 4-86　对齐后的效果

（4）定位在浅色的圆角矩形上方，选择椭圆形工具，在按住 Ctrl 键的同时，画出一个如图 4-87 所示的填充为白色的正圆形。将光标移动到属性栏上方的“对象大小”处 58.374 mm 58.374 mm 100.0 % 100.0 %，从左到右将“对象大小”处的“宽度”数值及单位 mm 选中 58.374 mm 100.0 %，再输入数字 7，按 Enter 键予以确定，即可画出一个直径为 4mm 的正圆形。单击属性栏上方的“对齐与分布”按钮，在弹出的面板中单击“对齐”组中的“水平居中对齐”按钮，得到如图 4-88 所示图形效果。按 Ctrl+G 组合键将它们“组合”起来。

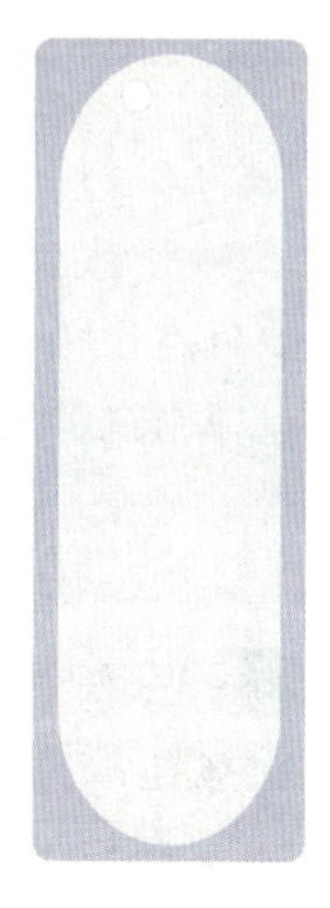

图 4-87　画出白色正圆形

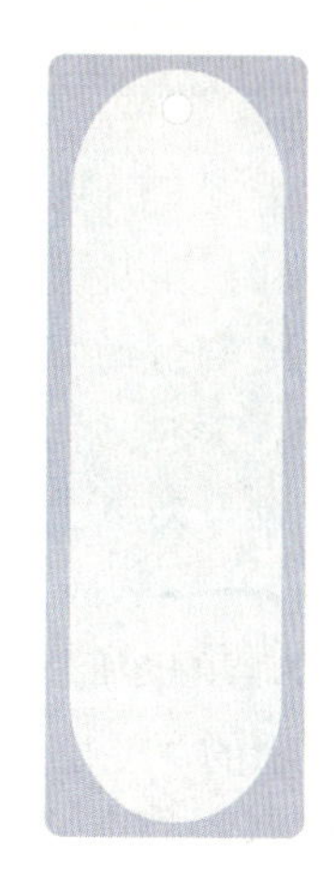

图 4-88　对齐后的效果

小提示

当需要修改“图形对象”的大小时，将光标移动到属性栏上方的“对象大小”处 58.374 mm 100.0 % 58.374 mm 100.0 %，此时右侧有“锁”的符号。当这把锁呈“锁住”状态时，从左到右将“对象大小”外的任一数值（宽度或高度数值）及单位 mm 选中，再输入数字，此时按 Enter 键后，“宽度”数值和“高度”数值会同时发生改变。当这把锁呈“打开”状态时，从左到右将“对象大小”处的任一数值及单位 mm 选中，再输入数字，此时按 Enter 键后，编辑的对象会只改变宽度或者只改变高度。这把锁用于锁定“对象缩放比率”，“打开”与“锁住”可以通过单击图标来实现。

3. 绘制青花叶与青花瓷器

（1）用钢笔工具绘制出如图 4-89 所示的“青花叶茎”封闭区域。选择椭圆形工具在其下方画一个如图 4-90 所示的椭圆形作为泥土的形状。用“选择”工具框选这两个图形，单击属性栏上方的“合并”按钮，得到如图 4-91 所示效果。

图 4-89　绘制“青花叶茎”封闭区域

图 4-90　绘制泥土形状

图 4-91　合并后的效果

小提示

为了方便看到设计的最终效果，可以直接在书签的背景图层上绘制下一步的图形。但是由于书签背景图层的可移动性会直接导致已经绘制好的背景被移动或破坏，因此可以选择将已经绘制好的书签背景对象“锁定”，这样就可以放心地在上面绘制和拖动新的图形对象了。“锁定对象”的方法是右击需要锁定的图层，在弹出的快捷菜单中执行“锁定对象”命令即可。

（2）选中合并后的图形，双击工作页面右下方的“轮廓笔” C: 100 M: 100 Y: 0 K: 0图标，即可弹出如图 4-92 所示的“轮廓笔”对话框。单击“颜色”右侧的下拉按钮，打开如图 4-93 所示的窗口。单击“更多”按钮，弹出如图 4-94 所示的“选择颜色”对话框，在模型中选择“CMYK”模型，在各种颜色组件数值框中分别输入（C：100，M：100，Y：0，K：0），单击两次“确定”按钮即可得到如图 4-95 所示的更换轮廓后的“青花叶茎”效果。

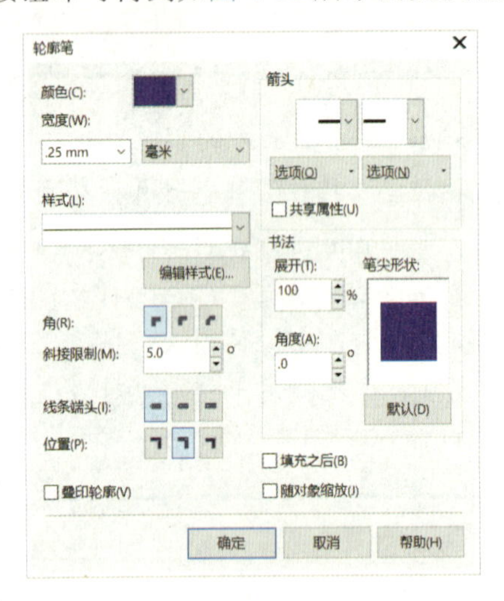

图 4-92 “轮廓笔”对话框

图 4-93 色块窗口

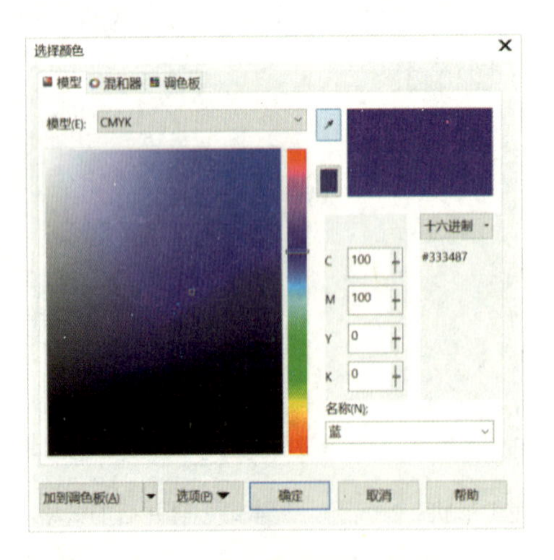

图 4-94 “选择颜色”对话框

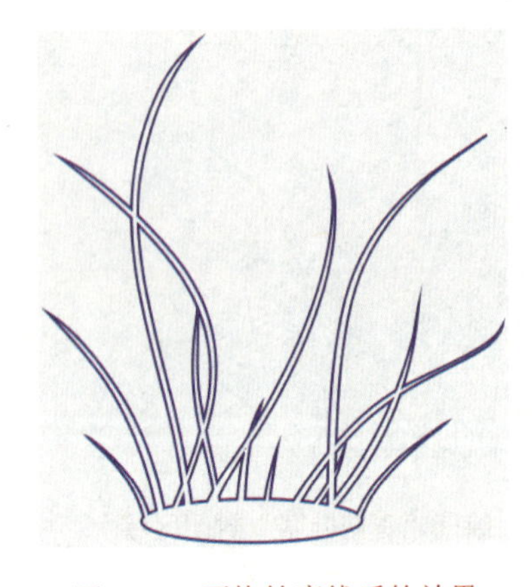

图 4-95 更换轮廓线后的效果

（3）选择工具箱中的“交互式填充”工具，单击属性栏上方的“均匀填充”图标。在属性栏的“填充色”右侧单击其下拉按钮，此时会弹出如图 4-96 所示的填充色选择框，单击“颜色模型”下拉按钮，选择 CMYK 模型。从右到左将原本各个颜色组件的数值选中，再输入数字。每次输入完一个数值后必须单击一次其他颜色组件数值输入框，以确认成功输入。此时，位于“填充色选择框”左上方的“参考颜色和新颜色”显示框也会显示新旧色彩的对比效果，被填充对象也会自动更改为新的数值颜色。本次输入数值为（C：100，M：100，Y：0，K：0），得到如图 4-97 所示的效果。

（4）用“钢笔”工具绘制如图 4-98 所示的“青花叶”轮廓，将轮廓线换成颜色（C：100，M：100，Y：0，K：0）。为其填充颜色（C：100，M：100，Y：0，K：0），得到如图 4-99 所示的图形效果。

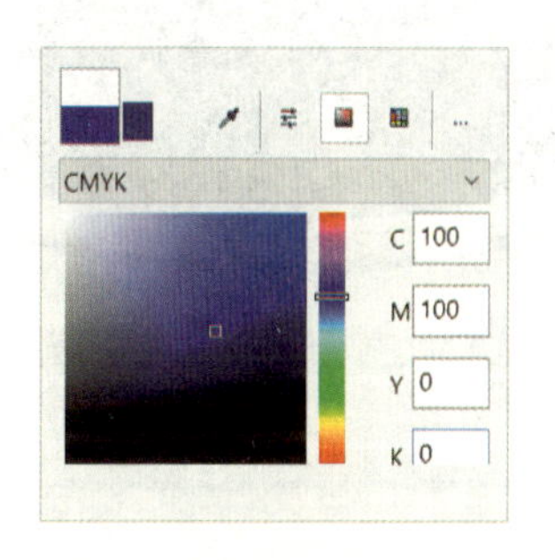

图 4-96　填充色选择框

图 4-97　填充颜色后的效果

图 4-98　绘制“青花叶”轮廓

图 4-99　填充颜色

（5）用“钢笔”工具绘制如图 4-100 所示的“青花叶叶脉”轮廓，每一根叶脉都是一个封闭的区域。右击工作页面右方调色板上方的⊠图标，删除轮廓线。单击调色板上的白色为它们填充颜色，得到如图 4-101 所示的最终图形效果。

（6）选中“椭圆形”工具，绘制一个 12.471 mm × 4.127 mm 大小的椭圆形。将轮廓宽度设置为 0.2mm，轮廓颜色为（C：100，M：100，Y：0，K：0），椭圆内部填充颜色为（C：5，M：5，Y：0，K：0），得到如图 4-102 所示图形。选中椭圆形工具，在此椭圆的上面再绘制一个 11.378 mm × 3.712 mm 大小的椭圆形。将轮廓宽度设置为 0.1mm，轮廓颜色为（C：100，M：100，Y：0，K：0），椭圆内部填充上颜色为 C：100，M：100，Y：0，K：0）。用“选择”工具拖动出虚框的方式同时选中两个椭圆形，单击属性栏上方的“对齐与分布”按钮对两个椭圆进行“水平居中对齐”操作，得到如图 4-103 所示图形。

图 4-100　绘制“青花叶叶脉”轮廓

图 4-101　去轮廓后填充白色的效果

图 4-102　绘制底部椭圆

图 4-103　绘制第二个椭圆

小提示

青花瓷器的绘制，需要经常用到属性栏上方的“对齐与分布”按钮，将绘制的形状进行“水平居中对齐”操作才能最终绘制出“规范外形”的瓷器外形。

（7）用“钢笔”工具绘制如图 4-104 所示图形，轮廓宽度设置为 0.2mm，轮廓颜色为（C：100，M：100，Y：0，K：0），椭圆内部填充颜色为（C：5，M：5，Y：0，K：0）。选中椭圆形工具，绘制一个 18.272 mm / 4.287 mm 大小的椭圆形。将轮廓宽度设置为 0.2mm，轮廓颜色为（C：100，M：100，Y：0，K：0），椭圆的内部填充颜色为（C：5，M：5，Y：0，K：0），得到如图 4-105 所示图形。

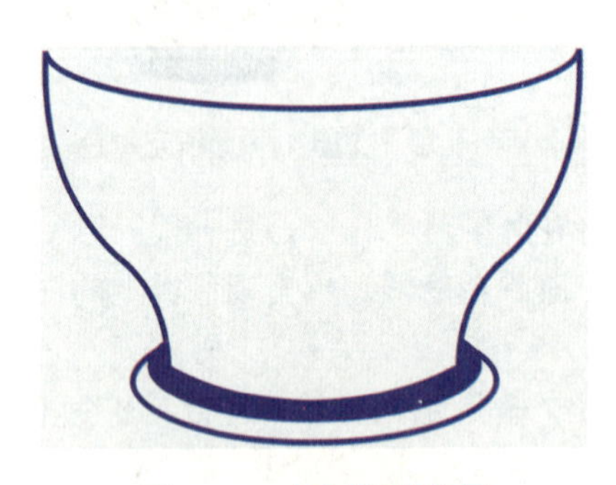

图 4-104　绘制瓷器上部

图 4-105　绘制瓷器颈部

（8）用“钢笔”工具绘制如图 4-106 所示的线条，轮廓宽度设置为 0.25mm，轮廓颜色为（C：100，M：100，Y：0，K：0）。选择贝塞尔工具绘制如图 4-107 所示图形，轮廓宽度设置为 0.2mm，轮廓颜色为（C：100，M：100，Y：0，K：0），椭圆内部填充颜色为（C：5，M：5，Y：0，K：0）。

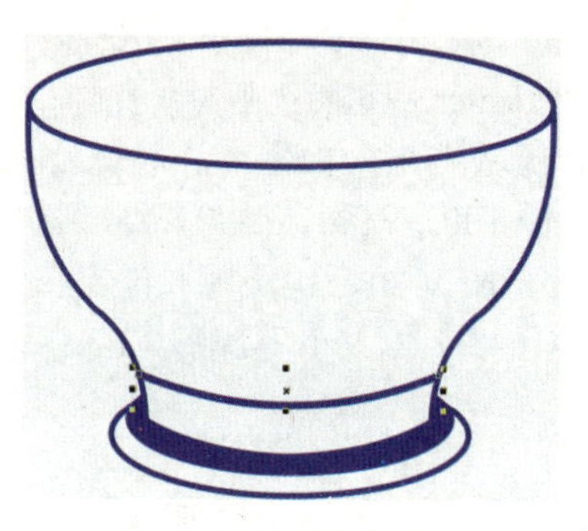

图 4-106 绘制瓷器底部线条

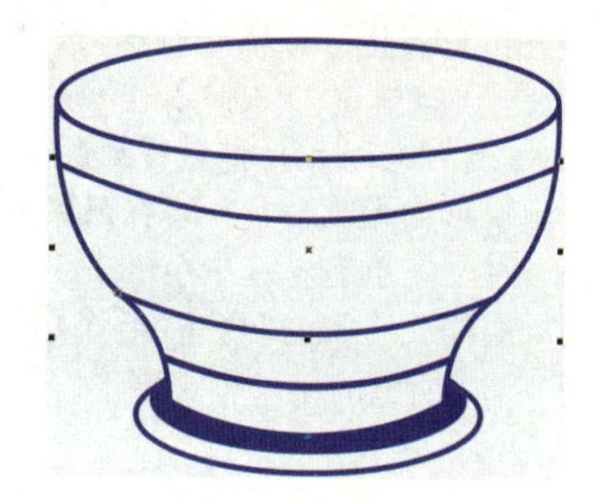

图 4-107 绘制瓷器中部

（9）用“钢笔”工具绘制出如图 4-108 所示的位于瓷器中部的数个封闭装饰区域，右击工作页面右方调色板上方的⊠图标，删除轮廓线，并为其填充颜色为（C：100，M：100，Y：0，K：0），如图 4-109 所示。

图 4-108 绘制瓷器中部装饰区域

图 4-109 填充色彩后的效果

（10）选中“椭圆形”工具，在按住 Ctrl 键的同时，绘制三个 2.488 mm 2.488 mm 大小的正圆形放置在瓷器底部。将轮廓宽度设置为 0.5mm，轮廓颜色为（C：100，M：100，Y：0，K：0），椭圆内部无填充，得到如图 4-110 所示图形。将刚才绘制好的青花叶放置到青花瓷器的上面，用 Ctrl+G 组合键将它们“组合”起来，得到如图 4-111 所示图形效果。

图 4-110 绘制瓷器底部装饰圆环

图 4-111 瓷器与青花叶组合后的效果

（11）将组合后的瓷器与青花叶缩放至合适大小后放置到书签上，运用属性栏上方的“对齐与分布”按钮，对“书签背景层”进行“水平居中对齐”操作，得到如图 4-112 所示效果。

4．绘制文字

（1）选择文本工具，在书签的上部单击，此时会出现闪烁的“竖向”文字预输入线条，在属性栏上方单击“将文字更改为垂直方向”图标，此时会出现闪烁的“横向”文字预输入线条。用 14pt 的“华文行楷”字体[华文行楷][14 pt]输入“白釉青花一火成，”，然后按 Enter 键进行“换行”操作；输入“花从釉里透分明。”，按 Enter 键进行“换行”操作；输入“可参造化先天妙，”，按 Enter 键进行“换行”操作；输入“无极有来太极生。”，完成文字的输入。将文字轮廓设置为无轮廓，内部填充颜色为（C：100，M：100，Y：0，K：0），得到如图 4-113 所示的第一种文字形态。选中全部文字，并按 Ctrl+C 和 Ctrl+V 组合键实现原位置粘贴操作。将最上面一层的文字中的“青花”两个字选中，在属性栏上的“字体大小”处输入 24pt [24 pt]，得到如图 4-114 所示的第二种文字形态。

图 4-112　瓷器与青花叶组合放到书签背景层上的效果

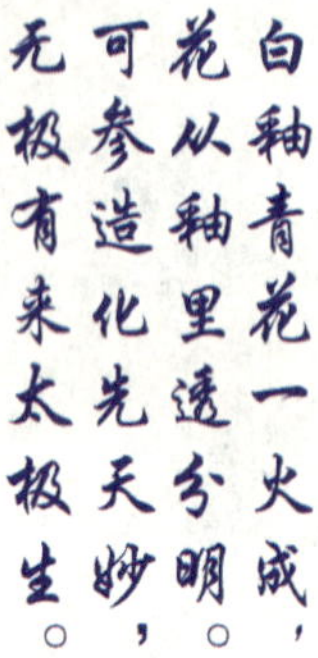

白釉青花一火成，
花从釉里透分明。
可参造化先天妙，
无极有来太极生。

图 4-113　第一种文字形态

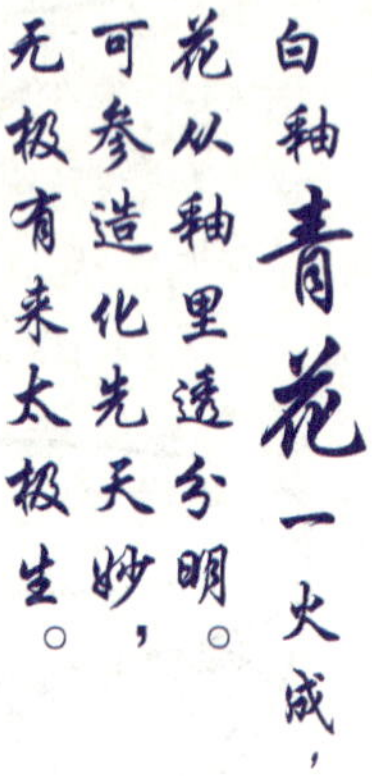

白釉青花一火成，
花从釉里透分明。
可参造化先天妙，
无极有来太极生。

图 4-114　第二种文字形态

（2）在第一种文字形态上，用工具箱中的“矩形”工具绘制一个如图 4-115 所示的矩形。用“选择”工具同时选中矩形和第一种文字形态，单击属性栏上方的“相交”按钮，得到相交出来的如图 4-116 所示的“白釉”两个字。

（3）在第二种文字形态上，用工具箱中的“矩形”工具绘制一个如图 4-117 所示的矩形。用“选择”工具同时选中矩形和第二种文字形态，单击属性栏上方的“修剪”按钮，得到如图 4-118 所示的去掉“白釉”两个字的第二种文字形态。

（4）将步骤（2）得到的“白釉”两个字和步骤（3）得到的文字形态放在一起，用 Ctrl+G 组合键将它们“组合”起来，得到如图 4-119 所示的文字效果。将该组文字缩放至合适大小后放到书签上部，并运用属性栏上方的“对齐与分布”按钮，对它们进行“水平居中对齐”操作，得到如图 4-120 所示的“青花书签”最终效果。

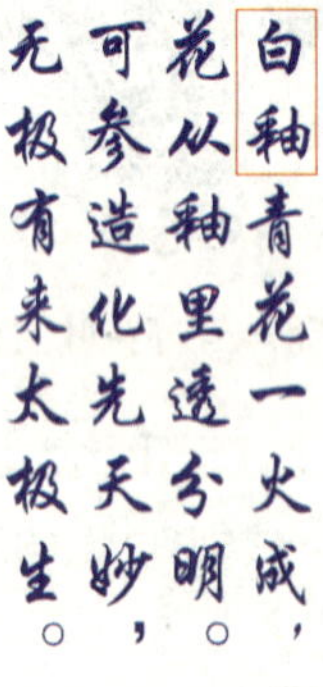

白釉青花一火成，
花从釉里透分明。
可参造化先天妙，
无极有来太极生。

图 4-115　在第一种文字形态上绘制矩形

图 4-116　得到相交后的两个字

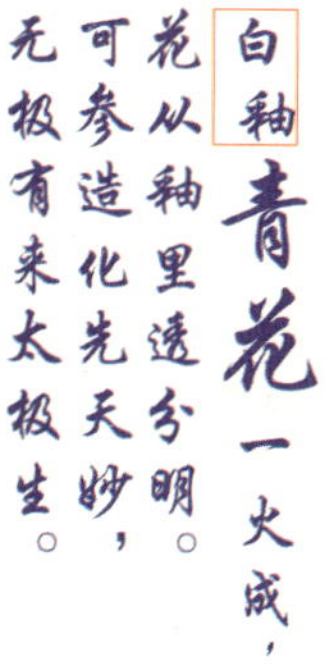

白釉青花一火成，花从釉里透分明。可参造化先天妙，无极有来太极生。

图 4-117 在第二种文字形态上绘制矩形

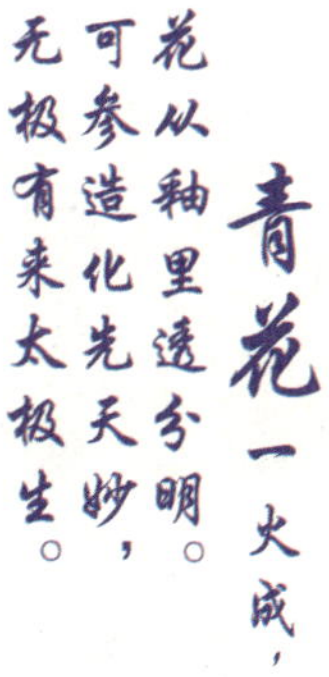

青花一火成，花从釉里透分明。可参造化先天妙，无极有来太极生。

图 4-118 得到减去两个字的效果

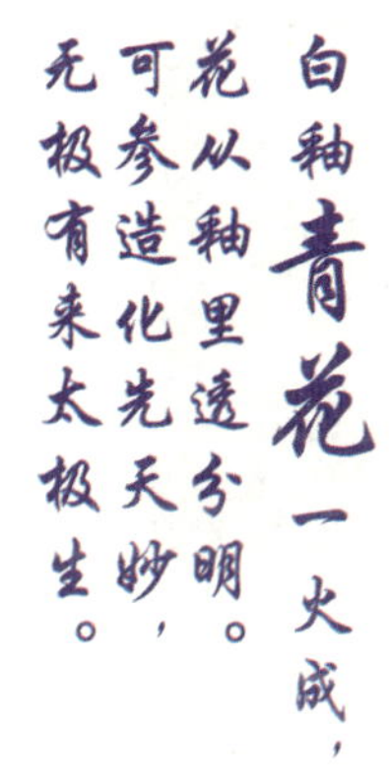

图 4-119 组合后的文字效果

图 4-120 文字放置到书签上的效果

总结与回顾

本章通过“圣诞节书签”和“青花书签”两个精彩实例的制作，主要学习了利用选择、复制和变换等命令绘制图形，使用对象的组合和取消组合功能对对象进行管理等知识。软件的运用可以使设计者绘制的图形更加规范化、精致化，合适地对对象进行管理可以避免不必要的错误，大大加快图形绘制的进程。

知识拓展

1. 比例和镜像

执行“对象”菜单中“变换”子菜单中的“缩放和镜像”命令，弹出其面板，如图 4-121 所示。

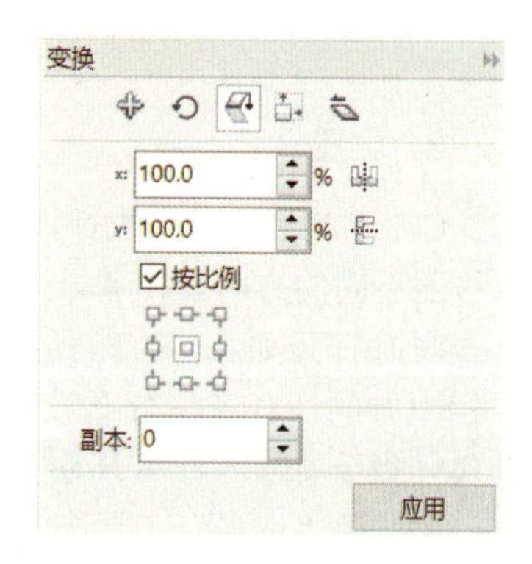

图 4-121 面板

“镜像”是指将对象在水平或垂直方向上进行翻转。此面板中的按钮代表水平方向的镜像，按钮代表垂直方向的镜像。

（1）选择需要镜像的“陕西面花”图片，如图 4-122 所示，单击面板中的按钮，进行水平方向的镜像。按如图 4-123 所示面板中的参数进行设置，单击“应用”按钮，得到如图 4-124

所示的镜像效果。

图 4-122　陕西面花

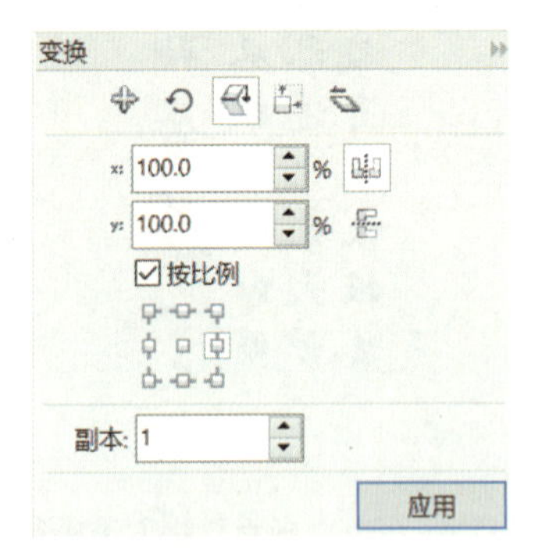

图 4-123　设置镜像排列位置与复制副本数

图 4-124　镜像后的效果

（2）按图 4-125 所示设置“对象缩放比例”后可以得到不同的镜像效果，如图 4-126 所示。

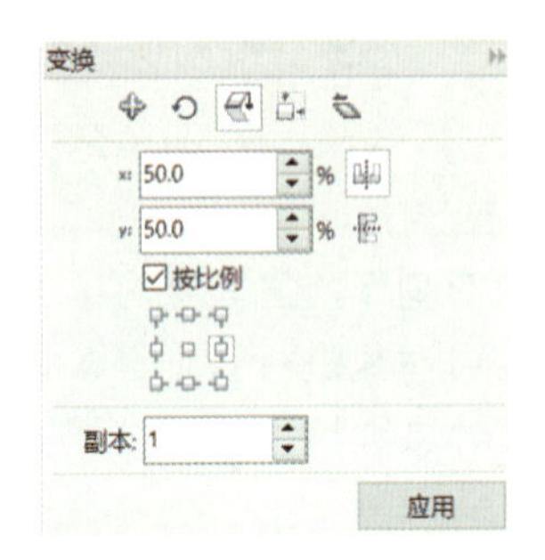

图 4-125　设置新的对象缩放比例

图 4-126　不同的镜像效果

2. 位置

CorelDRAW 中，执行“对象”菜单中“变换”子菜单中的“位置”命令，可以使多个对象按照不同的方向紧挨着排列，避免因拖动排列而出现缝隙。

（1）打开如图 4-127 所示的“连连看”CDR 文件，用选择工具选中所有图标。运用属性栏上方的“对齐与分布”按钮，对它们进行“水平居中对齐”和“垂直居中对齐”操作，得到如图 4-128 所示效果。

（2）用“选择”工具选中最上面一层的“猫咪”图标，执行“对象”菜单中“变换”子菜单中的“位置”命令，弹出如图 4-129 所示的面板。选中图 4-130 所示的“相对位置”下的左上角的方向。

图 4-127 打开的“连连看”文件

图 4-128 居中对齐后的效果

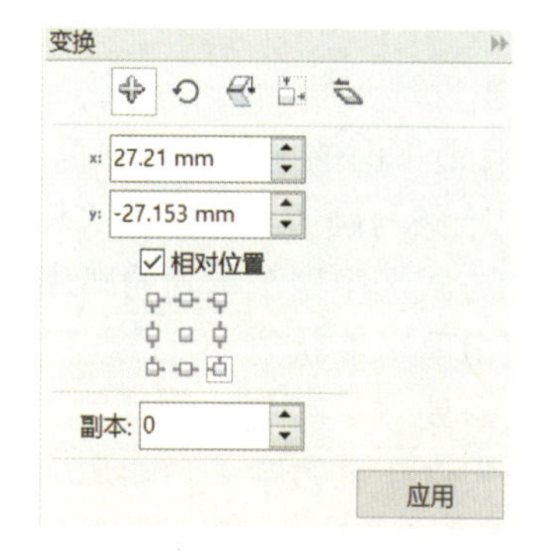

图 4-129 面板

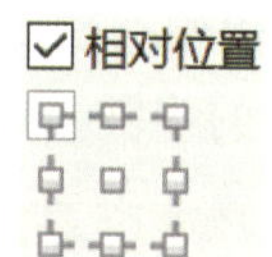

图 4-130 选择方向

（3）单击“应用”按钮，对象效果如图 4-131 所示。再继续选中“熊猫”图标，将其放于右上角，得到如图 4-132 所示的位置变换效果。

（4）按照同样的方法，依次将下一层的图标进行位置排列，得到如图 4-133 所示的“连连看”图标排列效果。

图 4-131 应用“位置”命令后的效果

图 4-132 右上角位置变换效果

3. 旋转

在 CorelDRAW 中，执行“对象”菜单中“变换”子菜单中的“旋转”命令，可以在命令对象旋转的同时，制作出按照这个角度再次旋转多个对象的效果。

（1）打开如图 4-134 所示的名为“檀香扇”的 CDR 文件。将右边的扇坠移开到合适的距离，选中左侧檀香扇的一个扇片，按 Ctrl+U 组合键取消组合对象。选择工具箱中的“放大镜”工具将扇骨下方区域扩大显示，如图 4-135 所示。

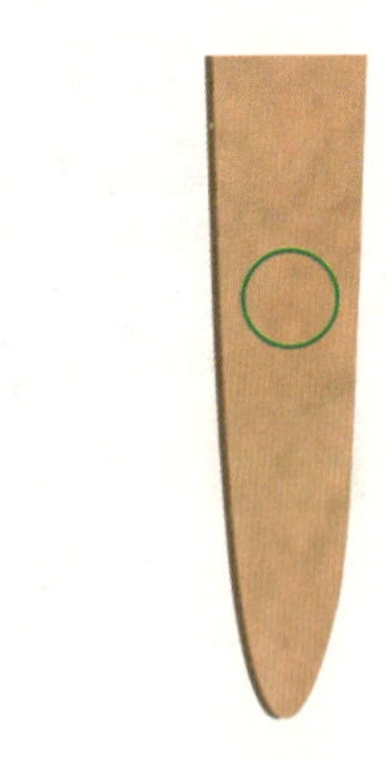

图 4-133　连连看图标排列最终效果　　图 4-134　檀香扇　　图 4-135　放大扇骨下方后的效果

（2）单击扇骨最下面的绿色环形，再次单击使其中心出现⊙形状的圆心点为止，从界面上方标尺处拖动出一条与圆心点相接的“辅助线”。单击扇骨最下面的绿色环形，再次单击使其中心出现⊙形状的圆心点为止，从界面左侧标尺处拖动出一条与圆心点相接的“辅助线”。两条辅助线的交叉点就在圆心处，如图 4-136 所示。用框选的方式选中这个单独的扇片，按 Ctrl+G 组合键将它们重新“组合”。单击这个群组后的扇片，使它出现⊙形状的“圆心点”。如图 4-137 所示，将这个扇片的“圆心点”拖动至两条辅助线的交叉点处。

（3）执行“对象”菜单中“变换”子菜单中的“旋转”命令，如图 4-138 所示，在“旋转角度”文本框中输入-6，在“副本”处输入 26，单击“应用”按钮。先后单击两条辅助线，当它们成为红色时，分别按 Delete 键进行删除，得到如图 4-139 所示的檀香扇扇面的图形效果。

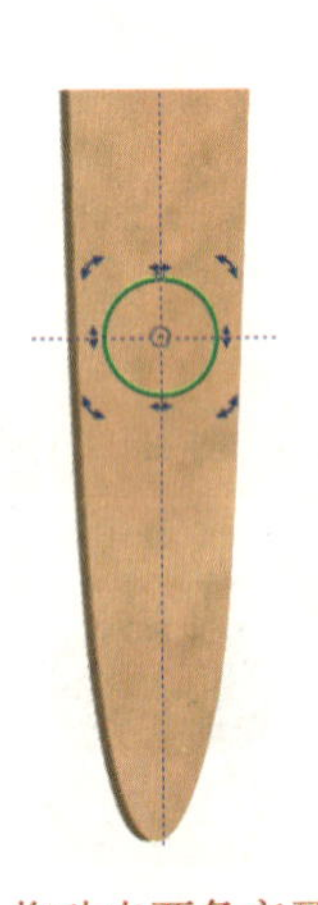

图 4-136　拖动出两条交叉的辅助线　　图 4-137　将扇骨“圆心点”拖动至辅助线交叉点

（4）用框选的方式将整个扇面选中。按 Ctrl+G 组合键将它们“组合”。再次选中它们，在属性栏的“旋转角度”处输入 77.9 度，按 Enter 键予以确定，得到如图 4-140 所示效果。选中旁边的“扇坠”图形，执行“对象”菜单中“顺序”子菜单中的“到页面前面”命令，将其设置在图层最前面。将其顶端的金属钉与扇面的最后一根扇骨的底部的绿色环形重合，得到如图 4-141 所示的“檀香扇”的最终绘制效果。

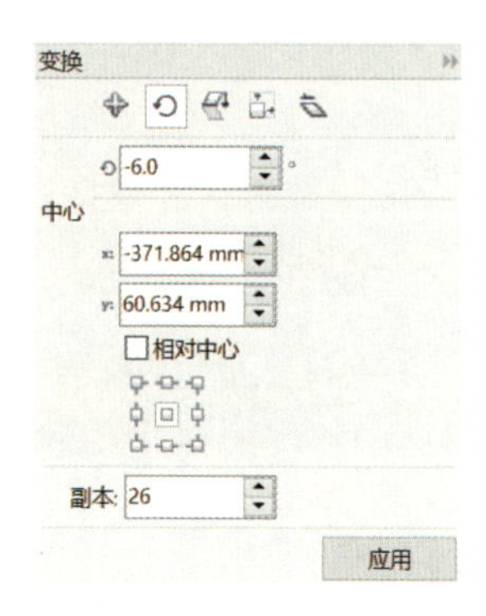

图 4-138 设置旋转角度与副本数

图 4-139 应用“旋转”后的效果

图 4-140 扇面整体旋转后的效果

图 4-141 放置扇坠后的效果

课后实训与习题

课后实训 1

以“宠物”为主题，用 CorelDRAW X7 绘制一张书签，参考效果如图 4-142 所示。

操作提示

（1）创建新文件并保存。用矩形工具与形状工具共同绘制出书签的大造型。

（2）运用贝塞尔工具绘制猫咪的头部与身体部分的大轮廓，以及猫咪周围的桃心与脚印等形状。

（3）用椭圆形工具绘制猫咪的眼睛、鼻子与脸蛋。

（4）用文本工具添加自己喜欢的文字，并为各个造型填充上颜色即可。

课后实训 2

以“爱情”为主题，用 CorelDRAW X7 绘制一张书签，参考效果如图 4-143 所示。

操作提示

（1）打开 CorelDRAW X7 软件，创建一个新文件并保存。用矩形工具、椭圆形工具和“造型的运算”绘制书签的背景。

（2）用钢笔工具和“造型的运算”绘制书签下方的荷花与鸳鸯图形。

（3）用椭圆形工具绘制图形的外轮廓。

（4）用文本工具结合“造型的运算”绘制书签上方的诗句。

图 4-142　以“宠物”为主题的书签

图 4-143　以“爱情”为主题的书签

课后习题

一、填空题

（1）在 CorelDRAW X7 中，对图形对象的选择是编辑图形时最基本的操作。对象的选择可以分为选择______、选择______和______三大类型。

（2）全选对象是指选择绘图窗口中所有的指定对象，包括图形______、______、______和______，执行菜单命令，即可完成全选的操作。

（3）“合并”功能是指把多个不同对象合并成______，其对象属性也随之发生改变。

（4）执行“排列”菜单中的“______”命令即可将对象拆分成合并前的各个单独对象；也可以单击属性栏中的“拆分”按钮，其快捷键是______。

二、选择题

（1）执行“编辑”菜单中的“再制”命令，即可复制出与原对象有一定偏移的新对象；按“______”组合键可以快捷地再制对象。

A．Shift+A　　B．Ctrl+A　　C．Shift +D　　D．Ctrl+D

（2）执行“对象”菜单中的“组合”命令，或按组合键______后将对象进行群组。执行“对象”菜单中的“取消组合” 命令，或按组合键______将取消其群组。

A．Ctrl+A，Ctrl+U　　B．Ctrl+U，Ctrl+G

C．Ctrl+G，Ctrl+U　　D．Ctrl+G，Ctrl+A

（3）如需要对对象进行解锁，则需要执行“______”菜单中“锁定”子菜单中的“解锁对象”命令；也可以右击，在弹出的快捷菜单中执行“解锁对象”命令，即可将对象解锁。

A．编辑　　B．对象　　C．工具　　D．排列

三、简答题

（1）简述对象的基本复制的几种方法。

（2）对象的“合并”功能与“组合”功能有哪些不同？

填 充 图 形

知识要点

1. 使用填充工具填充标准色。
2. 使用填充工具填充渐变色。
3. 掌握图案填充和底纹填充的方法。

色彩是平面设计或绘图极其重要的组成部分。一幅艺术作品的成败在很大程度上取决于色彩的选择和搭配。在 CorelDRAW X7 中正确设置颜色及使用颜色填充工具，在艺术创作中显得非常重要。

在 CorelDRAW X7 中，填充的内容可以是单一的颜色、渐变的颜色，也可以是图案或底纹。填充方式主要有“均匀填充”、“渐变填充”、“向量图样填充”、“位图图样填充”、“双色图样填充”，这些填充按钮均隐藏在“交互式填充”工具中。在工具箱中，选择“交互式填充”工具，可以在属性栏中找到如图 5-1 所示的填充样式。

图 5-1　交互式填充工具

知识难点、重点分析

填充渐变色、图案填充和底纹填充是本章学习的重点。在使用填充工具时，要根据画面来选择使用哪种填充颜色的方式，要考虑颜色与画面的和谐关系，怎样才能使画面产生一定的美感。本章难点在于对渐变色的设置、填充图案颜色的设置与画面色调的搭配使用。

5.1　“春天”插画的设计

做什么

本节主要运用 CorelDRAW X7 软件中的填充工具和绘图工具完成如图 5-2 所示的“春天”

插画设计。春天是春暖花开的季节，一年之计在于春，表明春天是新的开始。画面中通透的蓝天、温柔的白云、和暖的太阳、温馨的小屋、嫩绿的草地、可爱的小树、艳丽的花朵、飞舞的蝴蝶共同描绘了一幅春意盎然的美景。

图 5-2　插画——“春天”

知识准备

插画最早来源于招贴海报，是一种艺术形式。在平常所看的报纸、杂志、各种刊物或儿童图画书中，在文字间所加插的图画，统称为“插画”。如图 5-3 所示为《孔雀东南飞》连环画中的一张插画。插画作为现代设计的一种重要的视觉传达形式，以其直观的形象性、真实的生活感和美的感染力，在现代设计中占有特定的地位。社会发展到今天，插画被广泛地用于社会的各个领域，如出版物、海报、动画、游戏、包装、影视等各个方面，如图 5-4 所示。

图 5-3　《孔雀东南飞》插画

图 5-4　商业插画

下面先来学习本节相关的基础知识。

5.1.1 均匀填充

均匀填充也就是用单色对绘制好的“封闭的线条区域”进行匀色的填充。可用以下三种方法进行填充。

（1）使用调色板填充颜色。选中要填充的图形对象，在 CorelDRAW X7 窗口右侧的调色板上单击颜色块，即可对图形内部进行填充。调色板每次可显示 66 种色块，系统默认的调色板为 CMYK 模式调色板，光标定位到上面即可显示该色彩具体的 CMYK 数值。如果调色板在工作界面上消失了，则可以通过执行“窗口”菜单中“调色板”子菜单中的“默认调色板”命令重新调出来。

（2）使用“交互式填充”工具对图形对象进行颜色填充。在工具箱中选择“交互式填充”工具，此时的属性栏上方会出现按钮，它们依次为“无填充”“均匀填充”“渐变填充”“向量图样填充”“位图图样填充”“双色图样填充”“复制填充”。单击“均匀填充”按钮，再在属性栏中单击“编辑填充”按钮，此时工作界面就会弹出如图 5-5 所示的“编辑填充”对话框。

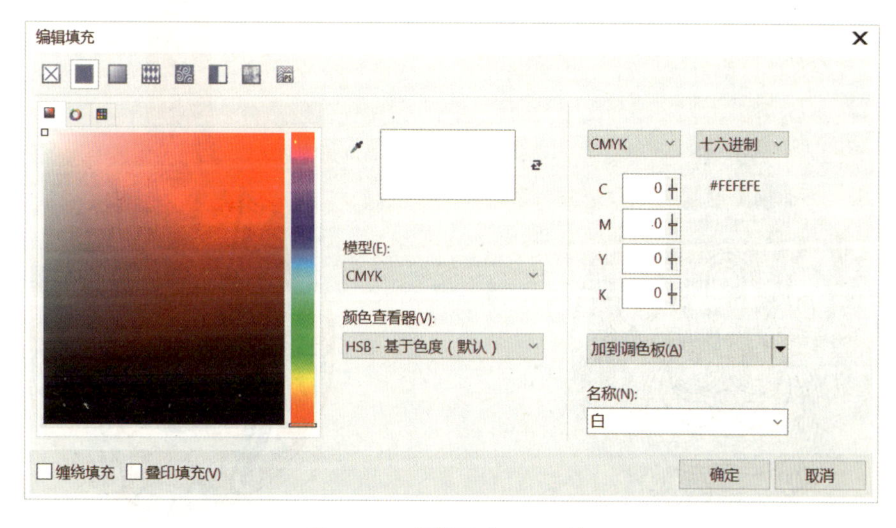

图 5-5 “编辑填充”对话框

此时，可以输入各种颜色相应的数值进行色彩填充。如图 5-6 所示，在颜色填充上方还有“颜色滴管”可用，它可以从当前页面中显示的颜色（如导入 CorelDRAW 软件中的图片）中吸取同样的色彩，以用于填充。也可以直接在左边的“竖向颜色显示条”上单击，以确定一种颜色色相的倾向，然后在左边的“正方形颜色显示框”中选择色彩的明暗程度（图 5-6），所调节的最终颜色会在右边的“参考颜色和新颜色”区域显示，如图 5-7 所示。

（3）双击工作界面下方的状态栏右侧的“颜色填充编辑器”无图标，弹出“编辑填充”对话框，其中也有相应的诸如“均匀填充”等的各种填充形式。打开名为“马勺脸谱”文件，如图 5-8 所示，运用各种方法将色彩点入其中。单击调色板上方的图标，去掉一些轮廓线。图样均匀填充色彩后的效果如图 5-9 所示。

图 5-6　色彩填充

图 5-7　最终颜色

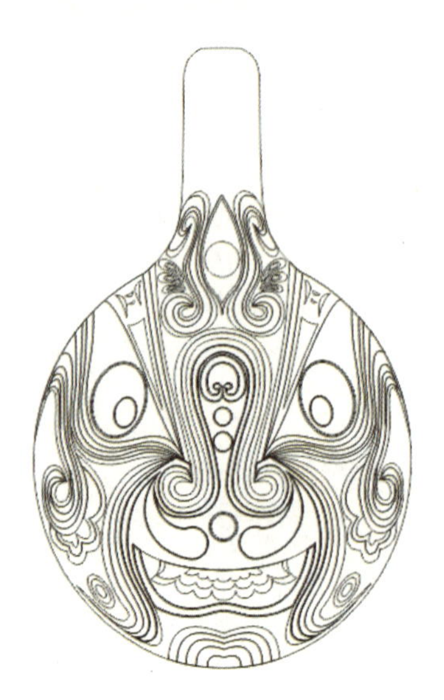

图 5-8　打开的“马勺脸谱”文件

图 5-9　均匀填充后的效果

5.1.2　渐变填充

渐变填充有线性、射线、圆锥和方形四种填充模式。每种模式下都有双色填充和自定义填充两种形式。在使用“渐变填充”时，填充色可以由一种颜色变化到另一种颜色，以实现图案色彩的和谐过渡，增加填充对象的立体感。

（1）打开如图 5-10 所示的“陀螺”图形。用“选择”工具选择陀螺顶部最中间的椭圆形后，在工具箱中选择“交互式填充”工具，在属性栏中单击“渐变填充”按钮，再单击“线性渐变填充”按钮，最后单击属性栏最右侧的“编辑填充”按钮，此时弹出如图 5-11 所示的“编辑填充”对话框。

图 5-10　打开的“陀螺”图形

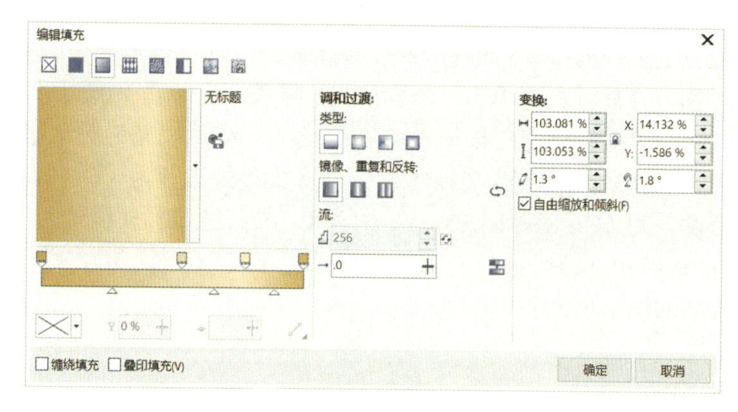

图 5-11　“编辑填充”对话框

（2）双击“编辑填充”对话框的渐变色条的上端，添加渐变色节点，在“节点颜色”处单击下拉按钮，再输入颜色数值，如图 5-12 所示。将 0%处设置为（C：18，M：32，Y：67，K：0）；将 54%处设置为（C：8，M：15，Y：31，K：0）；将 78%处设置为（C：3，M：11，Y：27，K：0）；将 100%处设置为（C：16，M：30，Y：63，K：0）；单击“确定”按钮，得到如图 5-13 所示的图形填充效果。

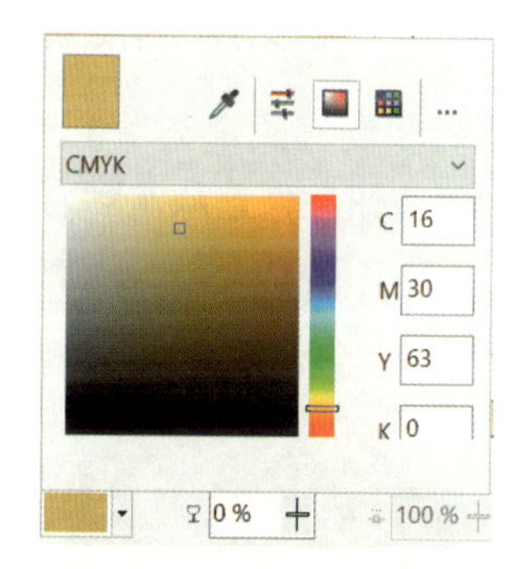

图 5-12　节点颜色的输入

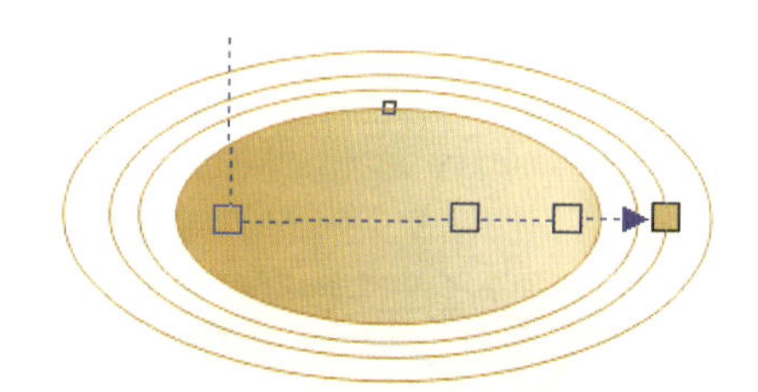

图 5-13　渐变填充后的效果

（3）用鼠标右键按住不放的方式拖动填充好的椭圆形到下一层的椭圆形中，松开鼠标右键，此时弹出如图 5-14 所示的快捷菜单，执行“复制所有属性”命令，再单击属性栏上方的“水平镜像”按钮，将渐变色调换方向。依照同样的方法继续操作，得到如图 5-15 所示的陀螺顶部渐变填充效果。

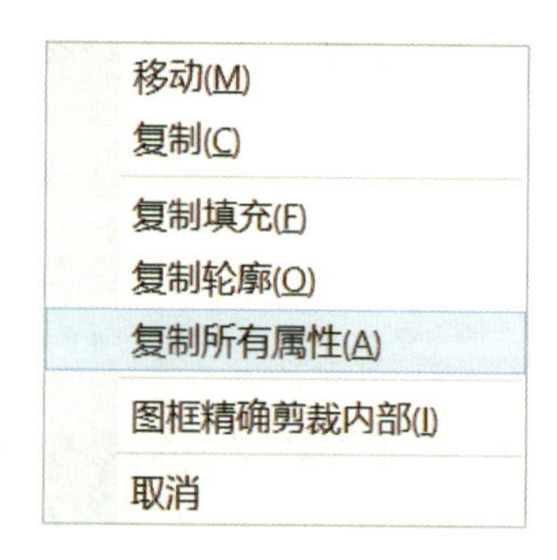

图 5-14　“复制所有属性”命令

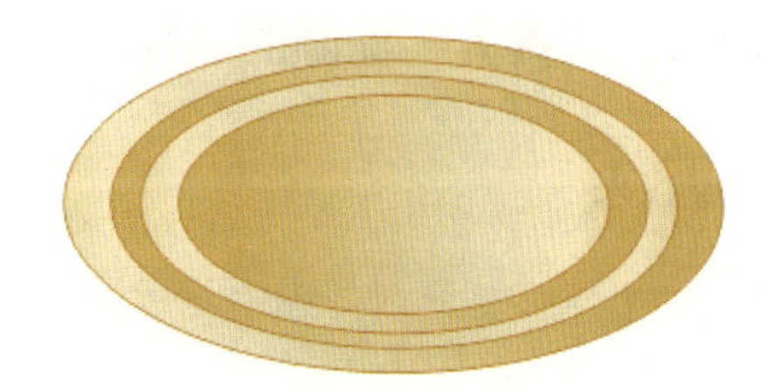

图 5-15　渐变填充后的效果

（4）将该渐变色通过上面的方式复制运用到陀螺颈部的每一个环形封闭区域中，得到如图 5-16 所示图形填充效果。单击陀螺下面的锥形部分，在工具箱中选择“交互式填充”工具，在属性栏中单击“渐变填充”按钮，单击“椭圆形渐变填充”按钮，单击属性栏最右侧的“编辑填充”按钮，在弹出的“编辑填充”对话框中设置渐变色如下：0%处设置为（C：16，M：30，Y：63，K：0）；将 21%处设置为（C：8，M：15，Y：28，K：0）；将 33%处设置为（C：8，M：15，Y：31，K：0）；将 68%处设置为（C：14，M：25，Y：54，K：0）；将 100%处设置为（C：18，M：32，Y：67，K：0），单击“确定”按钮，得到如图 5-17 所示的图形填充效果。

图 5-16　陀螺颈部渐变色的填充

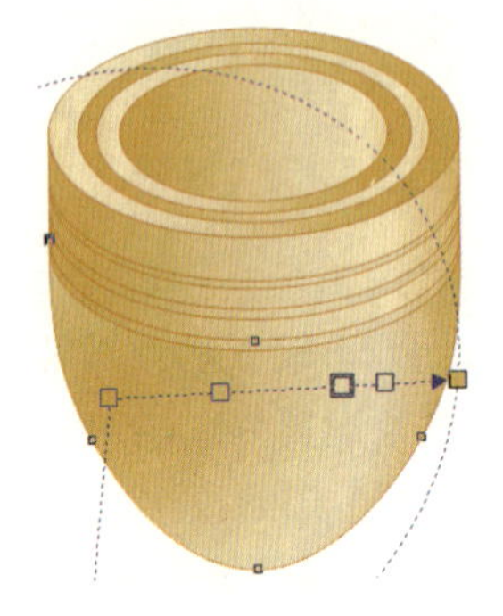

图 5-17　图形填充后的效果

（5）单击陀螺底部的“钢珠”图形部分，在工具箱中选择“交互式填充”工具，在属性栏中单击“渐变填充”按钮，再单击“线性渐变填充”按钮，为它从左到右地填充上从（C：56，M：44，Y：44，K：0）到（C：0，M：0，Y：0，K：0）的颜色，得到如图 5-18 所示的图形填充效果。陀螺渐变填充的最终效果如图 5-19 所示。

图 5-18　陀螺底部钢珠的渐变色填充

图 5-19　陀螺渐变填充最终效果

5.1.3　“春天”插画的制作

跟我来

设计“春天”插画时，图中除运用了均匀填充颜色之外，较多地运用了渐变填充颜色。使用渐变填充能使画面颜色层次更丰富，色彩关系更和谐，所以掌握渐变填充颜色的方法很重要，它为设计者绘制出优美的画面效果起到了决定性的作用。

现在来完成“春天”插画的具体制作。

1. 创建并保存文档

（1）启动 CorelDRAW X7 后，新建一个文档，默认纸张大小为 A4。

（2）执行“文件”菜单中的“另存为”命令。以“春天插画”为文件名保存到自己需要的位置。

小提示

绘制的顺序最好是从远到近：从远处的天空、太阳到白云，再从远山、近山到树木与房屋，最后是花朵与蝴蝶。这样，有计划的绘制过程可以免去调整图层顺序的步骤。

2. 绘制天空、太阳和白云

（1）绘制天空。在工具箱中双击“矩形”工具，得到一个和纸张大小一样的矩形。选择工具箱中的“交互式填充”工具，单击属性栏上方的 “渐变填充”按钮，选择“线性渐变填充”，由上到下拖动出一条渐变填充方向线，在上面的“节点颜色”输入（C：46，M：1，Y：11，K：0），然后在下面的“节点颜色”处输入（C：82，M：0，Y：9，K：0），得到如图 5-20 所示的天空绘制效果。

图 5-20 绘制天空

（2）绘制太阳。选择“椭圆形”工具，在画面正上方的位置，按住 Ctrl 键绘制一个 25mm 的正圆形，填充颜色为（C：0，M：0，Y：100，K：0）。选择工具箱中的“阴影”工具，在属性栏中左边的“预设列表”下拉列表中选择“大型辉光”选项，选择阴影颜色为相同的黄色，得到如图 5-21 所示的效果。

图 5-21 绘制太阳

（3）绘制白云。运用“贝塞尔”工具或者“三点曲线”工具绘制如图 5-22 所示的白

云区域，填充为白色。再在后面绘制一片云朵的阴影区域，填充颜色为（C：15，M：0，Y：2，K：0），得到如图 5-22 所示效果。

图 5-22　绘制云朵

3. 绘制远山、近山、树木与房屋

（1）绘制远山、近山。运用“贝塞尔”工具或者“三点曲线”工具绘制如图 5-23 所示远山区域，由上至下填充从（C：64，M：0，Y：85，K：0）到（C：20，M：0，Y：91，K：0）的线性渐变颜色。再绘制近山区域，由上至下填充从（C：65，M：0，Y：100，K：0）到（C：15，M：0，Y：73，K：0）的线性渐变颜色，得到如图 5-23 所示效果。

图 5-23　绘制远山和近山

（2）绘制树木。运用“贝塞尔”工具或者“三点曲线”工具绘制树冠，填充颜色（C：91，M：16，Y：100，K：0）。再绘制树干，并由左到右填充从（C：60，M：88，Y：93，K：18）到（C：0，M：60，Y：80，K：20）的线性渐变颜色。全选树冠和树干，执行“排列”菜单中“组合”子菜单中的“组合对象”命令，将整树组合，复制整树到合适的位置，单击属性栏上方的水平镜像按钮实现树的镜像，并缩小树到合适的大小。用同样的方法重复“复制、镜像、缩小、放大”等操作，得到如图 5-24 所示效果。

（3）绘制房屋。运用“贝塞尔”工具，绘制房屋正面区域，填充为白色。再在房屋上面绘制一个圆门，从左到右填充从（C：60，M：88，Y：93，K：18）到（C：0，M：60，Y：80，K：20）的线性渐变。勾勒房屋侧面，并从左到右填充从（C：14，M：14，Y：12，K：0）到（C：0，M：0，Y：0，K：0）的线性渐变。用钢笔工具绘制房顶，并从左到右填充从（C：60，M：88，Y：93，K：18）到（C：0，M：60，Y：80，K：20）的线性渐变，得到如图 5-25 所示效果。

图 5-24　绘制树木

图 5-25　绘制房屋

小提示

如果“双色”渐变填充不能满足需要，则可以使用“自定义”渐变填充。在渐变填充中，最多可以添加 99 种中间色。在对话框下方的颜色预览带上双击，即可添加中间颜色标识。

（4）绘制花朵。运用“贝塞尔”工具或者“三点曲线”工具绘制花叶，分别填充颜色（C：80，M：0，Y：100，K：0）、（C：91，M：16，Y：100，K：0）。再绘制花茎，填充（C：73，M：9，Y：100，K：0）。用椭圆形工具绘制一个椭圆形花瓣，填充（C：0，M：89，Y：65，K：0）的花瓣底色。再绘制一个椭圆形，由上到下填充从（C：0，M：33，Y：13，K：0）到（C：0，M：89，Y：65，K：0）的线性渐变花瓣表面颜色，将花瓣的底部花瓣和上面花瓣组合到一起。复制五个花瓣组合，旋转一定方位后放置在合适的位置。用椭圆形工具绘制一个正圆形的花蕊，由内到外填充从（C：0，M：55，Y：22，K：0）到（C：0，M：25，Y：94，K：0）的椭圆形渐变。按照同样的方法画出一个底色为（C：78，M：0，Y：9，K：0）、上面花瓣由上到下填充从（C：7，M：8，Y：9，K：0）到（C：13，M：0，Y：1，K：0）的线性渐变的蓝色花朵，按 Ctrl+G 组合键，将蓝色花朵所有部分组合，运用属性栏上方的水平镜像按钮进行镜像，得到如图 5-26 所示的花朵最终效果。

图 5-26　绘制花朵

（5）绘制蝴蝶。运用“贝塞尔”工具绘制红色蝴蝶的外轮廓，并填充为（C：0，M：89，Y：65，K：0）；再用椭圆形工具绘制出表面的斑点，并填充为（C：0，M：51，Y：96，K：0）；最后用椭圆形工具和“贝塞尔”工具共同绘制出蝴蝶的身体部分，并填充黑色，此时就完成了红色蝴蝶的绘制。

运用“贝塞尔”工具绘制蓝色蝴蝶的外轮廓，并填充为（C：78，M：0，Y：9，K：0）；再用椭圆形工具绘制出表面的斑点，用“贝塞尔”工具绘制蓝色蝴蝶的尾部外轮廓，并同样填充颜色（C：0，M：90，Y：65，K：0）；最后用椭圆形工具和“贝塞尔”工具共同绘制出蝴蝶的身体部分，并填充黑色，此时就完成了蓝色蝴蝶的绘制。

运用“贝塞尔”工具绘制紫色蝴蝶的外轮廓，并分别填充为（C：58，M：100，Y：40，K：2）、（C：13，M：81，Y：0，K：0）；再用椭圆形工具绘制出表面的斑点，并分别填充为（C：0，M：31，Y：96，K：0）、（C：47，M：0，Y：36，K：0）；最后用椭圆形工具和“贝塞尔”工具共同绘制出蝴蝶的身体部分，并填充黑色，此时就完成了紫色蝴蝶的绘制。

蝴蝶最终效果如图 5-27 所示。

图 5-27 绘制蝴蝶

小提示

在绘制过程中，要注意调整图形与图形间排列的顺序。

4. 后期调节与文件的保存

（1）对前面绘制好的树木、房子、蝴蝶和花朵进行大小调整，有的要进行复制粘贴，并分别放置到画面合适位置，如图 5-28 所示。

（2）观察画面整体色调，再进行细微调节。

（3）执行“文件”菜单中的“保存”命令，即可完成插画的绘制工作。

图 5-28　插画——“春天”最终效果

5.2　“梦”插画的设计

做什么

在绘制“梦”插画时，首先要让画面体现出梦的意境，如图 5-29 所示，这是一个甜美的梦，当夜晚的城市沉静下来，星星守护着月亮高高地挂在天上，云朵伴着小女孩飞向她想要去的远方。填充工具中的图案填充和底纹填充丰富了画面效果，临近色的运用会使整个画面视觉效果更和谐、舒适，搭配协调，整体画面有着“梦”的意境。

图 5-29　插画——“梦”

知识准备

随着时代的发展，插画已成为现实社会不可替代的艺术形式。它不但能突出主题的思想，还会增强艺术的感染力。插画艺术不仅扩展了人们的视野，丰富了人们的头脑，同时，在给所有人无限想象空间的同时开阔着人们的心智。

插画是一种艺术形式，作为现代设计的一种重要的视觉传达形式，已广泛用于现代设计的多个领域，涉及文化活动、社会公共事业、商业广告、影视文化等方面，如图 5-30 所示。

图 5-30　文化活动广告插画

下面先来学习本节相关的基础知识。

5.2.1　图样填充

“图样填充”是使用预先生成的图案填充所选的对象。它包括“向量图样填充”、“位图图样填充”和“双色图样填充”。

（1）选择工具箱中的“交互式填充”工具，在属性栏中单击“向量图样填充”按钮，得到如图 5-31 所示的向量图样填充效果。

（2）在属性栏中单击“位图图样填充”按钮，即可在位图图案列表中选择填充图案，如图 5-32 所示。

（3）在属性栏中单击“双色图样填充”按钮，即可在双色图案列表中选择填充图案，如图 5-33 所示。

图 5-31　向量图样填充后的效果

图 5-32　位图图样填充后的效果

图 5-33　双色图样填充后的效果

5.2.2　底纹填充

“底纹填充”以随机的小块位图作为对象的填充图案，它能逼真地再现天然材料的外观。选中要设置底纹填充的对象，选择工具箱中的“交互式填充”工具，在属性栏上方单击

“双色图样填充”下方的黑色小三角形，选择“底纹填充”选项，弹出“底纹填充”下拉列表，如图 5-34 所示。在“底纹库”下拉列表中有多个底纹库，每个底纹库中包含若干底纹样式，设置后如图 5-35 所示。

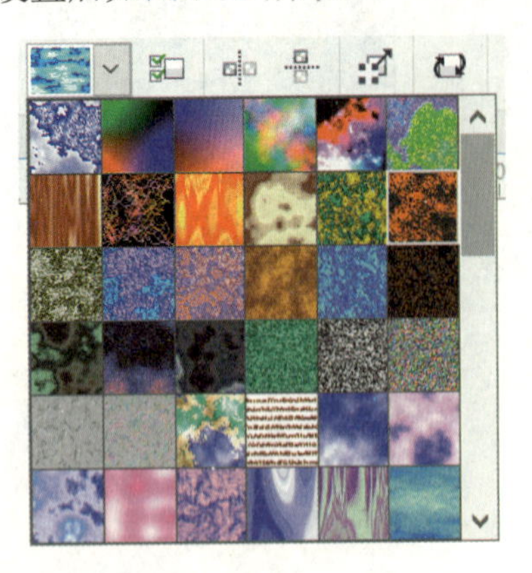

图 5-34　“底纹填充”下拉列表

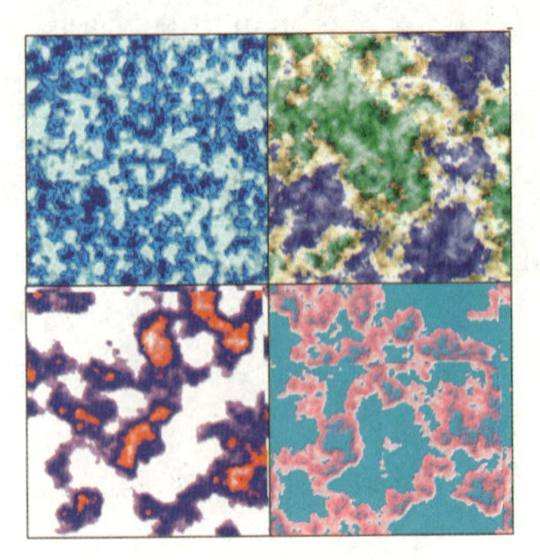

图 5-35　几种底纹填充效果

5.2.3　PostScript 填充

“PostScript 填充”是用 PostScript 语言设计的一种特殊的底纹填充，打印和处理所需要的时间很长，会占用较多的系统资源。

选中要设置底纹填充的对象，选择工具箱中的“交互式填充”工具，在属性栏上方单击“双色图样填充”下方的黑色小三角形，选择“PostScript 填充”选项，单击“编辑填充”按钮，弹出“编辑填充”对话框，如图 5-36 所示。在该对话框中，可在列表框中选择一种 PostScript 填充图案，单击“刷新”按钮可以预览 PostScript 填充的效果，如图 5-37 所示。

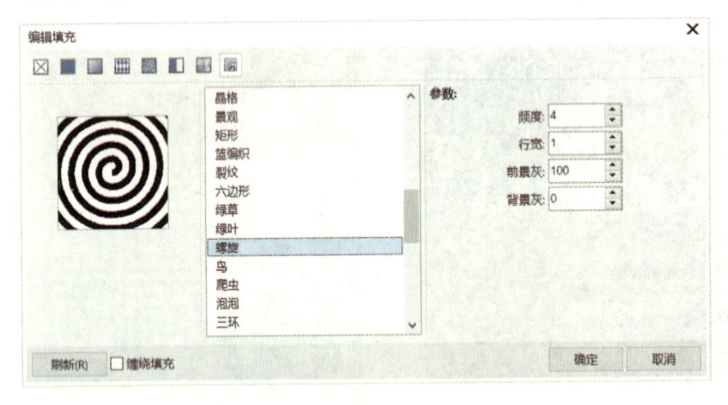

图 5-36　“编辑填充”对话框

图 5-37　几种 PostScript 底纹填充效果

5.2.4　“梦”插画的制作

跟我来

绘制插画“梦”的时候应先用“渐变填充”填充背景色，再用“底纹填充”绘制背景下方的城市，画出星星和月亮，用“图样填充”给云朵填上图案，最后绘制可爱的小女孩。在色彩的运用上不能使用太强烈的对比色，否则体现不出和谐美好的意境。

现在来完成“梦”插画的具体制作。

1. 创建并保存文档

（1）启动 CorelDRAW X7 后，新建一个文档，默认纸张大小为 A4。在属性栏上方选择纵向文件方向。

（2）执行“文件”菜单中的“另存为”命令。以“梦插画”为文件名保存到自己需要的位置。

2. 绘制背景

（1）在工具箱中，双击矩形工具，得到一个和纸张大小一样的矩形。用选择工具选择该矩形，单击“交互式填充”按钮，在属性栏中选择“渐变填充”，再选择“椭圆形渐变填充”，设置为以（R：254，G：70，B：108）为圆心，向（R：255，G：236，B：240）、（R：245，G：240，B：241）渐变的填充，如图 5-38 所示。

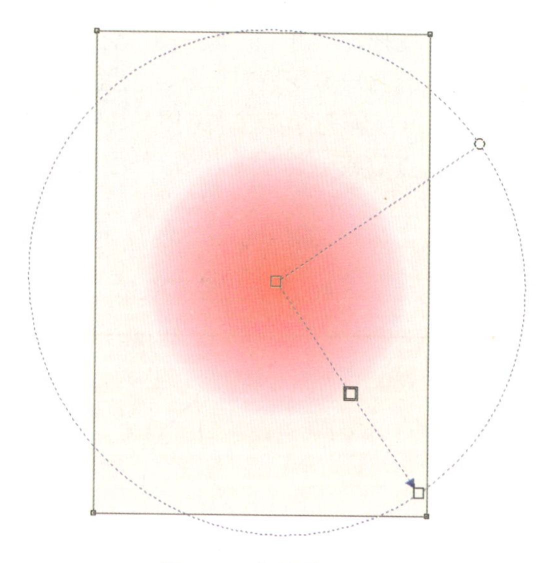

图 5-38　背景填充效果

（2）选择工具箱中“手绘”工具组中的“钢笔”工具，绘制出背景下方的城市轮廓；单击工具箱中的“交互式填充”按钮，在属性栏中选择“渐变填充”，再选择“双色图样填充”中的“PostScript 填充” PostScript 填充选项，选择样式中的“星”图案；由下至上拖动出一条透明度线；选择阴影工具，在预设列表中选择“小型辉光”阴影样式，在属性栏中设置阴影颜色为（C：0，M：100，Y：100，K：50）。此时得到如图 5-39 所示的绘制效果。

图 5-39　背景填充效果

小提示

在使用“PostScript 填充”时，可以单击属性栏上方的“编辑填充”按钮，实现对 PostScript 填充的选择，单击对话框左下方的“刷新”按钮，还可以实现对最终填充效果的预览，以便准确地决定所要设计的效果。

3．绘制月亮与星星

用贝塞尔工具绘制出月亮的外形。右击调色板最上方的按钮，去掉月亮的黑色轮廓线。选中月亮图形，单击工具箱中的“交互式填充”按钮，在属性栏中选择“渐变填充”，然后选择“椭圆形渐变填充”，设置为以（R：255，G：90，B：1）为圆心向（R：254，G：220，B：0）渐变的填充。选择工具箱中的“多边形”工具组中的“星形”工具，在属性栏上方将点数或边数设置为5，在月亮的右下方绘制一个五角星形，填充为（C：0，M：0，Y：90，K：0）。全选月亮与星星将其组合起来，选择工具箱中的“阴影”工具，在属性栏的预设列表中选择“小型辉光”阴影样式，设置阴影颜色为（C：0，M：100，Y：100，K：50）。此时得到如图 5-40 所示的绘制效果。

图 5-40　绘制月亮与星星

4．绘制云朵

用椭圆形工具绘制四个椭圆，选择“选择”工具，用拖动的方式选中四个椭圆，单击属性栏上方的“合并”按钮，实现云朵轮廓的绘制。选择“交互式填充”工具，在属性栏上方选择“双色图样填充”中的“底纹填充”底纹填充，选择“梦幻星云”效果，设置底纹为 2010，软度为 25，密度为 0，东方亮度为-55，北方亮度为-14，运量为 83，单击“确定”。

按钮，选择工具箱中的“阴影”工具，在工具栏的预设列表中选择“小型辉光”，并设置阴影颜色为（C：0，M：100，Y：100，K：10），得到如图 5-41 所示效果。

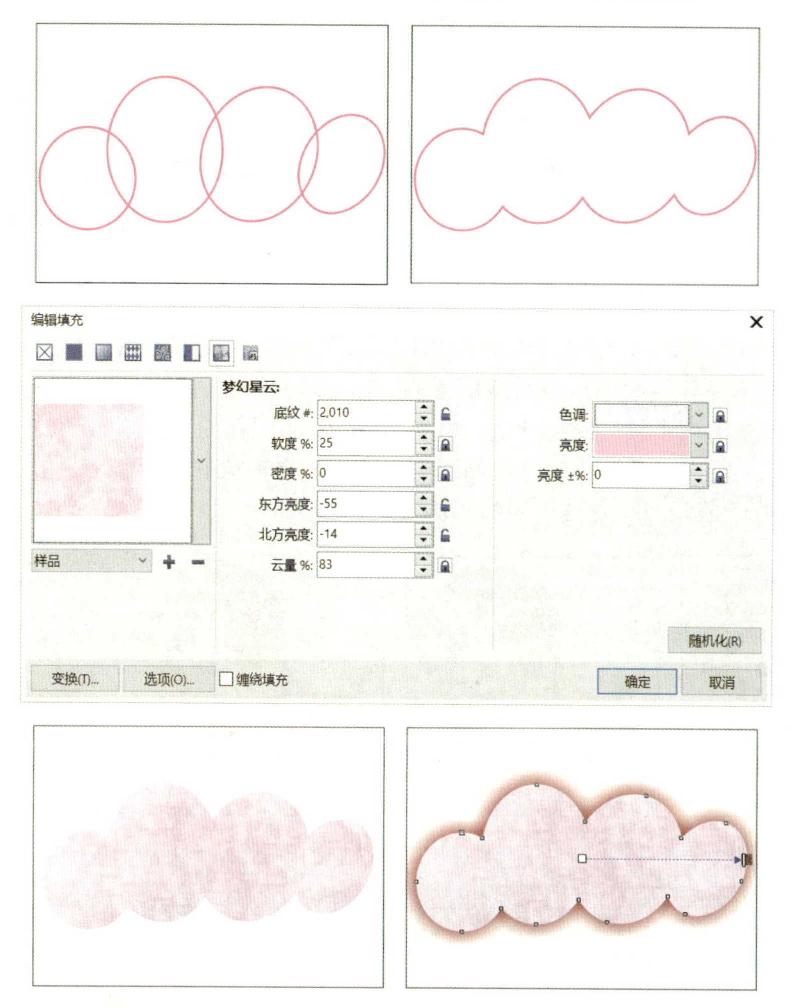

图 5-41　绘制云朵

5. 绘制小女孩

（1）用贝塞尔工具绘制出小女孩脸的外轮廓，填充上由（R：252，G：245，B：242）到（R：255，G：175，B：123）的椭圆形渐变填充。再用贝塞尔工具画出眉毛和嘴唇，分别填充（C：0，M：100，Y：0，K：90）的深色与（R：234，G：56，B：30）的红色。在按住 Ctrl 键的同时用椭圆形工具画出一个正圆形作为眼睛，填充为（C：0，M：100，Y：0，K：90），再复制缩小该圆并填充为白色作为眼珠。用贝塞尔工具绘制出六条眼睫毛，并填充为（C：0，M：100，Y：0，K：90）。

（2）用贝塞尔工具绘制出小女孩脸的外轮廓两边的耳朵，填充为（R：249，G：216，B：175），复制并缩小该外耳形状成为内耳形状，填充为（R：250，G：178，B：142）。用贝塞尔工具画出小女孩的颈部造型，并由上至下地填充由（R：255，G：238，B：229）到（R：255，G：172，B：118）的线性渐变色。

（3）用贝塞尔工具绘制出小女孩头发的外形，填充为（C：0，M：60，Y：100，K：0）。

选择工具箱中的“阴影”工具，由左上至右下拖动出色彩为（C：51，M：85，Y：100，K：28）的阴影，得到如图 5-42 所示的小女孩头部的最终效果。

图 5-42　绘制小女孩头部

（4）用贝塞尔工具绘制出小女孩裙子的外轮廓，并填充为（R：234，G：56，B：30）。再用贝塞尔工具画出裙子领口的荷叶边，填充为白色。用同样的方法画出稍大一些的荷叶边并放置在裙子下面。按住 Ctrl 键的同时用椭圆形工具画 5 个正圆形作为裙子上的花纹，填充为白色，得到如图 5-43 所示的小女孩裙子的最终效果。

图 5-43　绘制小女孩的裙子

（5）用贝塞尔工具绘制出小女孩的左臂，由左上到右下填充由（R：255，G：238，B：229）到（R：255，G：172，B：118）的线性渐变。再用贝塞尔工具画出小女孩的右臂，由上到下填充由（R：255，G：238，B：229）到（R：255，G：172，B：118）的线性渐变。用贝塞尔工具绘制出小女孩的两条腿，在合适的角度拖动出由（R：255，G：238，B：229）到（R：255，G：172，B：118）的线性渐变。用钢笔工具绘制出用于区分各个脚趾的四条直线，线条颜色使用（C：0，M：0，Y：100，K：0），得到如图 5-44 所示的小女孩四肢的最终效果。

图 5-44　绘制小女孩的四肢

6. 后期调整与文件的保存

（1）将前面绘制好的背景、城市、月亮、星星、云朵和小女孩造型进行大小调整，有的要进行复制粘贴，然后分别放置到画面合适位置，如图 5-45 所示。

（2）观察画面整体色调，再进行细微调节。

（3）执行“文件”菜单中的“保存”命令，即可完成“梦”插画的绘制。

图 5-45 插画——“梦”最终效果

总结与回顾

本章通过插画“春天”和“梦” 两个精彩实例的制作，主要学习了均匀填充、渐变填充、图样填充、底纹填充的使用方法。

除了使用填充工具之外，也对前面所学的手绘工具、去除边框线等知识进行了复习和巩固。至于对色彩的搭配运用，还要不断提高自身的艺术修养和审美情趣，把对色彩的理解和感受融入到作品中，这样创作出来的作品才更吸引人。

知识拓展

1. 色彩模式的了解

在 CorelDRAW 中，常用的颜色模式主要有 RGB 模式、CMYK 模式、HSB 模式和 Lab 模式等。其中，RGB 模式和 CMYK 模式是众多颜色模式中最常用的两种，尤其适用于各种数字化设计和印刷系统。

1）RGB 模式

在计算机显示器上显示的成千上万种颜色是由 Red（红）、Green（绿）、Blue（蓝）三种颜色组合而成的。这三种颜色是 RGB 颜色模式的基本颜色。在 RGB 颜色模式中，所有的颜色都由红、绿、蓝三种颜色按照一定的比例组合而成。每一种颜色都由 1 个字节（8 位）来表示，取值为 0～255。RGB 的值越大，所表示的颜色就越浅；值越小，所表示的颜色就越深。RGB 模式是一种发光物体的加色模式，依赖于光线。

2）CMYK 模式

当把显示器上显示的图形输出打印到纸张或其他材料上时，颜色将通过颜料来显示。常用的方法是把 Cyan（青色）、Magenta（品红色）、Yellow（黄色）、Black（黑色）四种颜料混合起来形成各种颜色。这四种颜色就是 CMYK 颜色模式的基本颜色。CMYK 颜色模式将四种颜色以百分比的形式来表示，每一种颜色所占的百分比越高，颜色就越深。CMYK 模式是一种颜料反光的印刷用减色模式，依赖于颜料。

3）HSB 模式

HSB 颜色模式用色度、饱和度、亮度来描述颜色。色度是指基本的颜色，饱和度是指颜色的鲜明程度或者颜色的浓度，亮度表示颜色中包含白色的多少。亮度为 0 时表示黑色，亮度为 100 时表示白色；当饱和度为 0 时，表示灰色。

4）Lab 模式

Lab 模式是由国际照明委员会于 1976 年公布的一种色彩模式。Lab 模式由三个通道组成，其中一个通道是亮度，即 L；另外两个是色彩通道，用 a 和 b 来表示。Lab 模式既不依赖于光线，也不依赖于颜料，它是 CIE 组织确定的一个理论上包括了人眼可见的所有色彩的色彩模式，弥补了 RGB 与 CMYK 两种彩色模式的不足。因此，Lab 颜色模式被公认为标准颜色模式。

2. 删除填充色和填充纹样

删除填充色和删除填充纹样的方法：用“选择”工具选中将要删除填充色或删除填充纹样的图形对象，单击工作页面右方调色板上方的⊠图标，即可删除填充色或删除填充纹样。

3. 交互式网状填充

在 CorelDRAW X7 中，在工具箱的“交互式填充”工具中有“网状填充”工具 网状填充 M，可以对所编辑的图像填充千变万化但过渡自然的色彩，丰富画面的填充效果。

（1）选择如图 5-46 所示的“交互式网状填充”图形对象后，选择工具箱中的“交互式填充”工具，再选择“网状填充”工具 网状填充 M。在属性栏中会显示相应的属性，“网格大小”用于设置网状填充网格中的行数和列数。在选择模式 矩形 中可以在网格手绘和矩形选框之间进行切换。

（2）使用“网状填充”工具 网状填充 M 时，图形对象的表面出现了网格，单击网格上需要填充的“节点”，在调色板上单击拾取所需要的颜色，即可对节点填充各种颜色，如图 5-47 所示。

图 5-46　交互式填充效果

图 5-47　交互式网状填充效果

课后实训与习题

课后实训 1

以“家园”为主题，用 CorelDRAW X7 绘制一幅插画，参考效果如图 5-48 所示。

操作提示

（1）用矩形工具画出一个竖向的矩形，由上至下地填充三色线性渐变。

（2）用椭圆形工具画出 8 个椭圆形，再全选并焊接这些圆形，由上至下填充双色线性渐变以作为云朵。

（3）用椭圆形工具画出一块深色土地，用贝塞尔工具画出土地上面的小路，并由上至下地填充三色线性渐变。

（4）用绘制云朵的方式绘制树冠，由上至下填充双色椭圆形渐变，用贝塞尔工具画出树干。用绘制树冠的方法绘制树上的花朵，再用星形工具以及贝塞尔工具画出花蕊。

（5）用钢笔工具画出房屋，并填充相应的颜色。

课后实训 2

以“秋”为主题，用 CorelDRAW X7 绘制一幅插画，参考效果如图 5-49 所示。

操作提示

（1）用矩形工具画出一个竖向的矩形，由上至下地填充双色线性渐变，绘制出黄昏时分天空的颜色并作为插画的背景。

（2）在按住 Ctrl 键的同时用椭圆形工具画出正圆形的夕阳，并填充三色椭圆形渐变。

（3）用三点曲线工具画出深山的形状，填充双色椭圆形渐变。

（4）用贝塞尔工具画出银杏树的树干，在不同的树干区域填充双色椭圆形渐变。

（5）用贝塞尔工具绘制出一片银杏叶，并填充三色椭圆形渐变。将这片银杏叶复制、旋转并拖动到多个区域中，形成点状的分布和块状的堆积。

（6）用文本工具输入“秋”字，复制树干的椭圆形渐变填充“秋”字，再用文本工具输入图 5-49 中的诗句。

图 5-48 插画——“家园”

图 5-49 插画——“秋”

课后习题

一、填空题

（1）渐变填充有线性、________、圆锥和方形四种填充模式。

（2）“图样填充”指使用预先生成的图案填充所选的对象。其中包括________、________和“双色图样填充”。

（3）在 CorelDRAW X7 中，常用的颜色模式主要有________、CMYK 模式、HSB 模式和 CLE Lab 模式等。

二、选择题

（1）在使用“渐变填充”时，当选用“双色”时，填充色可以由________颜色变化到另一种颜色。

A．一种　　B．三种　　C．两种　　D．四种

（2）“图样填充”指使用预先生成的图案填充所选的对象。它包括“________”“双色图案填充”和“位图图案填充”。

A．红颜色填充　　B．黄颜色填充　　C．向量图案填充　　D．蓝颜色填充

（3）“________”指以随机的小块位图作为对象的填充图案，它能逼真地再现天然材料的外观。

A．图样填充　　B．底纹填充　　C．PostScript 填充　　D．颜色泊坞窗

（4）________被公认为标准颜色模式。

A．HSB 模式　　B．Lab 模式　　C．CMYK 模式　　D．RGB 模式

三、简答题

（1）简述插画的来源、发展现状和运用的领域。

（2）简述颜色模式中常见的 RGB 模式、CMYK 模式。

第 6 章

文本处理

知识要点

1. 使用文本工具创建美术字。
2. 使用文本工具添加段落文本。
3. 掌握编辑文本的技巧。

文本是设计中不可缺少的内容，CorelDRAW X7 不仅可以绘制各种图形和曲线，还可以创建和编辑文本，并对这些文本进行一些特殊效果的处理。

在 CorelDRAW X7 中，有两种类型的文本，即美术字文本和段落文本。美术字文本适用于制作字数不多但需要设置各种效果的文本对象，如标题等，如图 6-1 所示。段落文本类似于一些文字处理软件中的图文框中的文本，适用于文字较多的情况，如图 6-2 所示。

图 6-1　添加美术字文本

图 6-2　添加段落文本

知识难点、重点分析

在文本工具中，编辑文本是本章学习的难点。在使用文本工具时，要考虑文字与整个画面的和谐关系，文字和图形的完美组合，能使画面产生一定的美感。美术字文本和段落文本的使用是本章的学习重点，正确使用美术字文本或段落文本能对版面起到修饰、美化作用，同时要学会灵活运用所学知识。

6.1 “生日卡片”的设计

做什么

本节主要运用 CorelDRAW X7 软件中的文本工具、填充工具和绘图工具制作如图 6-3 所示的“生日卡片”。多彩的背景，多彩的祝福语，多彩的生日蛋糕，多彩的礼物，这一切造就了一个多彩的生日。生日就要丰富多彩，人生才能有滋有味。

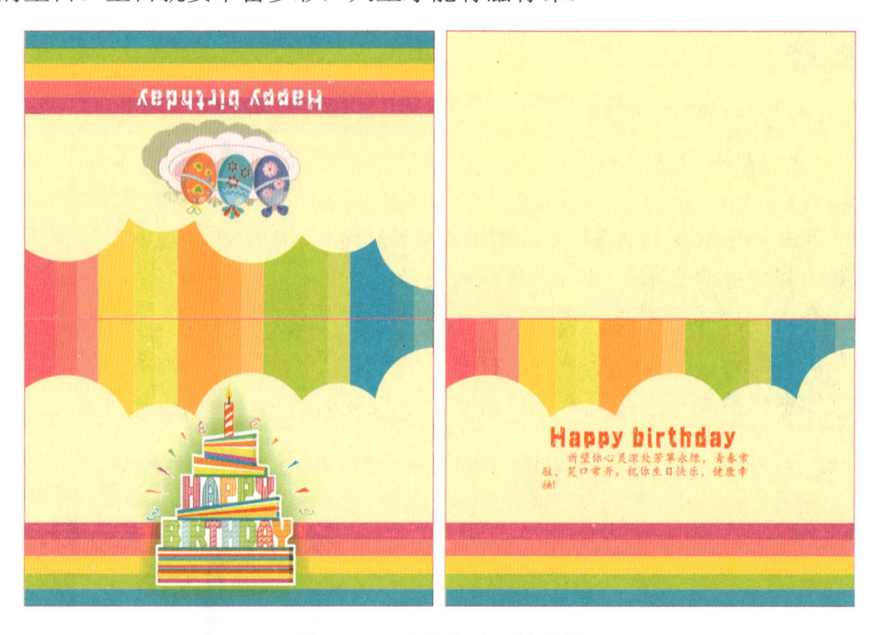

图 6-3　“生日卡片”效果图

知识准备

中国传统文化中非常强调“礼”，礼曾是中华文化的精髓。礼节中的许多内容是靠形式来表达的，如贺卡。在个人重大事情或公共节日前呈送贺卡，一来形式庄重，二来提早通报对方，于人于己均方便。故汉朝以来，贺卡作为传统形式一直被延续下来，只是名称有所变化。贺卡初期叫做“名帖”，以介绍自己为主，西汉称之“谒”，今天贵宾相见仍称“拜谒”，东汉后叫“名刺”。图 6-4 所示为一张清朝名刺的图片。

贺卡是联系人们情感的一种信物，其形式多种多样，种类更是层出不穷。在生日之际收到朋友送来的贺卡，虽然只是一张小小的卡片，却满含着朋友们最真诚的祝福，如图 6-5 所示。

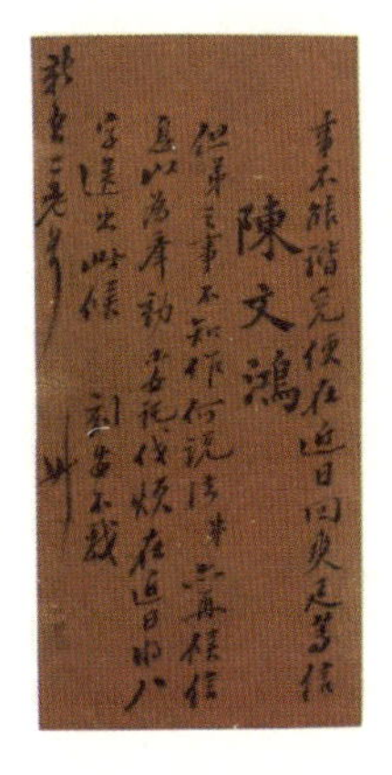

图 6-4 清朝名刺

图 6-5 生日贺卡

标准卡片制作尺寸：144.5mm×211.5mm（四边各含 1.5mm 出血位）。标准卡片成品大小：贺卡成品大小 143mm×210mm，异型卡下单时请注明尺寸大小。卡片样式：邀请卡、圣诞贺卡、新年卡、明信片、生日卡、情人卡、节日卡、母亲卡、感谢卡等。

下面先来学习本节相关的基础知识。

6.1.1 添加美术字文本

美术字文本适用于对少量文字添加各种效果。通常默认输入的文字字体是宋体，可以在属性栏中更改文字的字体、字号等属性。

（1）在工具箱中选择“文本”工具。将光标移动到绘图窗口中时，光标变成“十”字形状，在需要输入文本的位置单击，光标变成闪烁的“I”形状，输入文字即可。用文本工具从右到左将任意一个单独的字选中，单击调色板中任意一种颜色即可实现文字的填色操作，如图 6-6 所示。

图 6-6 输入美术字文本

（2）使用工具箱中的“选择”工具选中输入的文字。在“文本”工具属性栏的“字体列表”中选择满意的字体，在“字体大小”下拉列表中选择字号，也可直接输入数值设置文字大小。在属性栏中还可以进行编辑文本属性或更改字的方向等操作，如图 6-7 所示。

图 6-7 文本工具属性栏

（3）选择工具箱中的“形状”工具，文字左右下角会出现美术字文本的控制点，如图 6-8 所示。按住“字距控制点”或“行距控制点”拖动鼠标，即可改变文字的字距和行距，如图 6-9 所示。

美术字

图 6-8　美术字文本周围的控制点

美术字

图 6-9　改变字距或行距

（4）打开名为“昆曲牡丹亭”文件，可以看到如图 6-10 所示的图形。选择文本工具，单击属性栏中的“竖向”标记，在合适的地方输入“昆曲”两个字，并将文字改为31pt的“华文隶书”，得到如图 6-11 所示图形效果。

图 6-10　打开的图片

图 6-11　输入文字“昆曲”后的效果

（5）选择文本工具，单击属性栏中的“竖向”标记，在合适的地方输入“牡丹亭”三个字，并将文字改为59pt的“方正舒体”，得到如图 6-12 所示的图形效果。再在左下角古印章的框中输入“湯顯祖”三个字，并将文字改为24.5pt的“方正舒体”。选择工具箱中的“形状”工具，按住“行距控制点”拖动鼠标，改变文字的行距，得到如图 6-13 所示的图形效果。

图 6-12　输入文字“牡丹亭”后的效果

图 6-13　添加文字的最终效果

6.1.2　添加段落文本

段落文本适用于需要大量格式编排的大型文本操作，可以任意缩放、移动文本框架。

（1）在工具箱中选择“文本”工具 。将光标移动到绘图窗口中时，光标变成“十”字形状，在绘图窗口中的适当位置按住鼠标左键并沿对角线拖动出一个文本框，如图 6-14 所示。在该文本框中输入文字即可，如图 6-15 所示。

（2）使用工具箱中的“选择”工具，单击段落文本，显示出框架的范围和控制点。选择框架上的任意控制点拖动鼠标，可增加或缩小框架的长、宽，如图 6-16 所示。

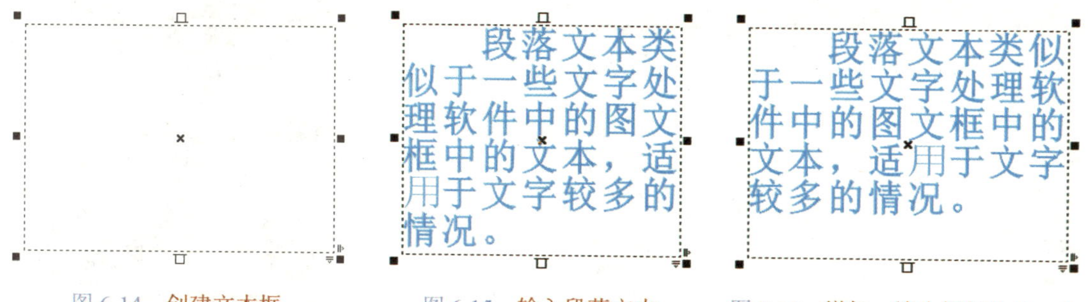

图 6-14　创建文本框　　图 6-15　输入段落文本　　图 6-16　增加、缩小框架的长、宽

（3）段落文本还可以通过“导入”命令进行添加。其方法是先在 Word 文档中将文字写好，再导入 CorelDRAW 软件进行编辑操作。这样操作的好处在于 CorelDRAW 软件不是专业的文字编辑软件，许多的标点、特殊符号等文字书写规范的操作无法表示出来。例如，打开名为“输入段落文本与琵琶”的 CDR 文件，可以看到如图 6-17 所示的图片。再打开名为“琵琶”的 Word 文件，可以看到如图 6-18 所示的一段竖向文字。文中“白居易”的诗句用双引号标识出来，而中文汉字的竖向的双引号用“﹃”和“﹄”符号来表示，但在 CorelDRAW 软件中是不具备书写这种标准规范的功能的。

图 6-17　打开的文件

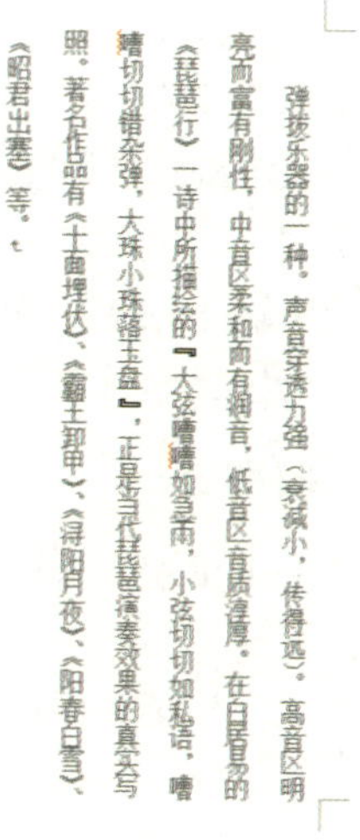

弹拨乐器的一种。声音穿透力强（衰减小，传得远）。高音区明亮而富有刚性，中音区柔和而有润音，低音区音质淳厚。在白居易的《琵琶行》一诗中所描绘的『大弦嘈嘈如急雨，小弦切切如私语，嘈嘈切切错杂弹，大珠小珠落玉盘』，正是古代琵琶演奏效果的真实写照。著名作品有《十面埋伏》、《霸王卸甲》、《浔阳月夜》、《阳春白雪》、《昭君出塞》等。

图 6-18　打开的 Word 文档

（4）在 CorelDRAW 软件中，执行“文件”菜单中的“导入”命令。在弹出的如图 6-19 所示的“导入”对话框中选中名为“琵琶”的 Word 文件。单击“导入”按钮，此时会出现一个如图 6-20 所示的“导入/粘贴文本”面板。保持字体和格式，单击“确认”按钮即可。在工作页面中单击实现文字的导入。此时的文字如果出现方向问题，则可以通过调整旋转角度实现文字的规范摆放。拖动文本框四边位于中间的方向控件，调整文本框的大小。单击属性栏中的文字方向键，并设置文字的大小为 12.262pt，单击调色板中的黑色为其填充颜色，得到如图 6-21 所示的最终处理效果。

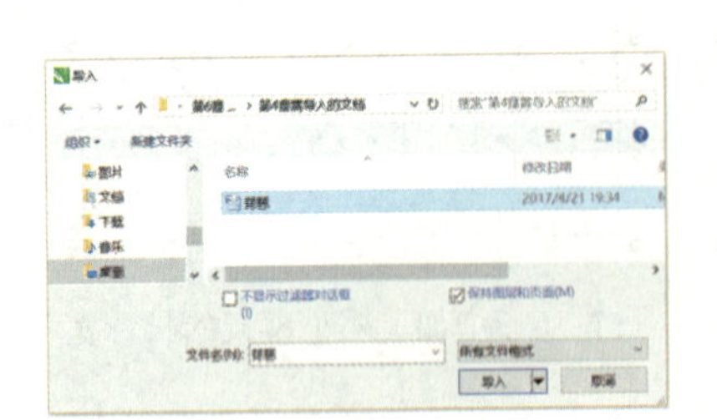

图 6-19 “导入”对话框

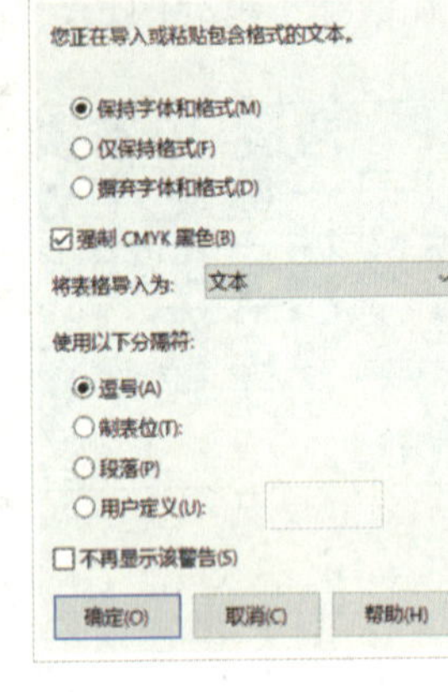

图 6-20 “导入/粘贴文本”面板

图 6-21 段落文本处理最终效果

6.1.3 “生日卡片”的制作

跟我来

绘制生日卡片，需要用矩形工具画出五彩色条，再用椭圆形工具画出几个椭圆形，群组后减去五彩色条，形成背景图。用矩形工具画出蛋糕的各个层，并填充上各种色彩。用文本工具输入“HAPPY BIRTHDAY”，并填充上相应的图案。用矩形工具画出蜡烛，做出整个蛋糕的阴影色，然后为蛋糕边添加各种五色的彩带，此时生日卡片的封面就制作好了。再用贝塞尔工具绘制幸运彩蛋和盘子，用文本工具输入的“HAPPY BIRTHDAY”用橡皮擦工具进行图形处理，将封底做好。最后输入相应的祝福话语即可得到内页的效果图。

现在来进行“生日卡片”的具体制作。

1. 创建并保存文档

（1）启动 CorelDRAW X7，单击 “新建”图标，则进入一个操作页面，在属性栏中设置页面大小为 A1。

（2）执行“文件”菜单中的“另存为”命令。以“生日卡片”为文件名保存到自己需要的位置。

2. 绘制卡片封面

（1）选择矩形工具画出一个矩形，在属性栏的对象大小处输入宽度为 210mm，高度为 143mm，按 Enter 键确认矩形大小，并填充（C：0，M：0，Y：30，K：0）的淡黄色作为封面的底色。用矩形工具画出十五个竖向矩形框并放置在底色矩形上方，分别填充为（R：226，G：40，B：124）（R：231，G：95，B：143）（R：243，G：218，B：37）（R：242，G：229，B：71）（R：247，G：234，B：93）（R：239，G：170，B：67）（R：242，G：178，B：81）（R：

247，G：197，B：110）（R：205，G：212，B：47）（R：210，G：215，B：63）（R：226，G：222，B：97）（R：89，G：173，B：209）（R：109，G：181，B：205）（R：154，G：199，B：194），去掉轮廓线，执行“排列”菜单中的“组合”命令，将所有竖条组合成一组，得到如图 6-22 所示效果。

图 6-22 绘制封面彩条

（2）在按住 Ctrl 键的同时，用椭圆形工具画出五个正圆形并放置在合适的位置。执行“排列”菜单中的“组合”命令将五个圆组合成一组。按住 Shift 键的同时先后选中正圆形组和彩色竖条组，单击属性栏上方的“修剪”按钮，得到如图 6-23 所示效果。

图 6-23 修剪彩条的制作

（3）选择矩形工具，在封面的下方画出五个横向的矩形，分别填充为（C：0，M：100，Y：0，K：0）（R：231，G：95，B：131）（R：243，G：218，B：37）（R：205，G：212，B：47）（R：109，G：181，B：205）的颜色。单击调色板中的☒图标进行删除轮廓线的操作，得到如图 6-24 所示的效果。

图 6-24 绘制封面背景色

（4）选择矩形工具和贝塞尔工具在封面中间位置画出蛋糕的各个层的形状，并填充背

景色中运用过的颜色，得到如图 6-25 所示的蛋糕图形。

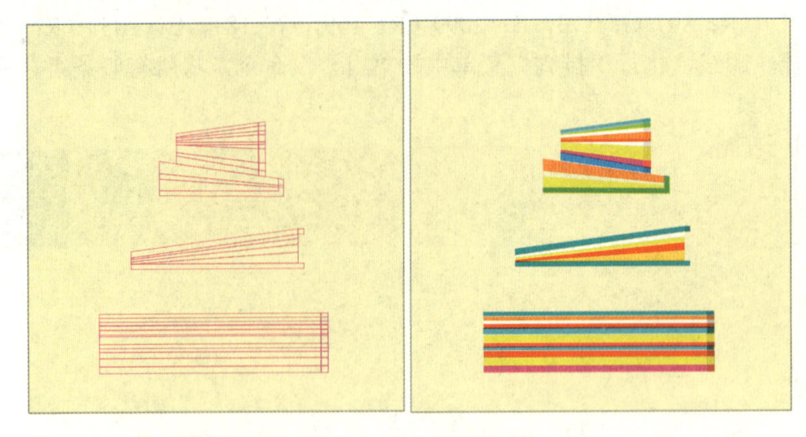

图 6-25　绘制蛋糕各层

（5）选择贝塞尔工具在蛋糕中间写出“HAPPY”的轮廓。选中“H”，选择“交互式填充”工具，在属性栏中选择“双色图样填充”中的第一行第五列的“竖条”图案。单击属性栏中的“编辑填充”按钮，在弹出的“编辑填充”对话框中，在“填充宽度”和“填充高度”文本框中输入 28mm，前景颜色选择（C：0，M：40，Y：20，K：0），背景颜色选择（C：0，M：100，Y：0，K：0）。对“HAPPY”字样轮廓的“APPY”进行一样的图样填充，只是填充的前景色与背景色分别如下：前景颜色（C：20，M：0，Y：20，K：0），背景颜色（C：60，M：0，Y：20，K：0）的蓝色；前景颜色（C：0，M：40，Y：80，K：0），背景颜色（C：0，M：20，Y：40，K：0）的橙色；前景颜色（C：20，M：0，Y：60，K：0），背景颜色（C：4 0，M：0，Y：100，K：0）的绿色；前景颜色（C：0，M：40，Y：20，K：0），背景颜色（C：0，M：100，Y：0，K：0）的红色。设置完毕后得到如图 6-26 所示的图形。

图 6-26　绘制“HAPPY”字样

（6）选择贝塞尔工具在蛋糕中间写出“BIRTHDAY”轮廓。选中“B”，选择“交互式填充”工具，在属性栏中选择“双色图样填充”中的第一行第一列的图案。单击属性栏中的“编辑填充”按钮，在弹出的“编辑填充”对话框中，在“填充宽度”和“填充高度”中输入 3mm，前景颜色选择（C：20，M：0，Y：60，K：0），背景颜色选择（C：40，M：0，Y：100，K：0）。对“BIRTHDAY”字样轮廓的“IRTHDAY”进行一样的图样填充，只是填充的前景色与背景色分别如下：前景颜色（C：20，M：0，Y：20，K：0），背景颜色（C：60，M：0，Y：20，K：0）的蓝色；前景颜色（C：20，M：0，Y：60，K：0），背景颜色（C：40，M：0，Y：100，K：0）的绿色；前景颜色（C：0，M：40，Y：20，K：0），背景颜色（C：0，M：100，Y：0，K：0）的玫红色；前景颜色（C：20，M：0，Y：20，K：0），背景颜色（C：60，M：0，Y：20，K：0）的蓝色；前景颜色（C：20，M：0，Y：60，K：0），背景颜色（C：40，M：0，Y：100，K：0）的绿色；前景颜色（C：0，M：40，Y：20，K：0），背景颜色（C：0，M：100，Y：100，K：0）的大红色；前景颜色（C：0，M：40，Y：80，K：0），背景颜色（C：0，M：60，Y：100，K：0）的橙色。设置完毕后得到如图 6-27 所示的图形。

图 6-27 绘制“BIRTHDAY”字样

（7）将蛋糕与文字组合起来，全选它们，对它们执行“排列”菜单中“组合”子菜单中的“组合对象”命令。按 Ctrl+C 组合键执行复制命令，按 Ctrl+V 组合键执行原地粘贴命令。将该层的蛋糕图案的填充和线条色彩都改为白色。在蛋糕中间用添加白色填充色的矩形的方式将不是白色的地方填充为白色。将白色填充色的矩形和白色蛋糕图形全选中，单击属性栏上方的“合并”按钮。执行“排列”菜单中“顺序”子菜单中的“向后一层”命令，将其图层调整至“彩色蛋糕层”的下面，得到如图 6-28 所示的图形。

图 6-28 绘制蛋糕底层白色

（8）选择贝塞尔工具画出生日蜡烛轮廓。由内到外为蜡烛火焰填充（C：0，M：0，Y：100，K：0）的黄色、（C：0，M：6 0，Y：100，K：0）的橙色、（C：0，M：100，Y：100，K：0）的红色。为烛身填充白色和（C：0，M：100，Y：100，K：0）的红色，如图 6-29 所示。需要注意的是，每一个色块都必须是一个封闭区域才可能实现填充。

图 6-29　绘制生日蜡烛

（9）全选生日蜡烛和蛋糕，按 Ctrl+G 组合键执行组合命令。选择工具箱中的“阴影”工具，在属性栏的预设列表中选择“小型辉光”，阴影颜色选择（C：50，M：0，Y：100，K：0）的草绿色，如图 6-30 所示。

图 6-30　制作蛋糕外发光

（10）选择贝塞尔工具画出生日蜡烛外围的彩带轮廓，分别填充（C：60，M：0，Y：20，K：0）的蓝色、（C：0，M：6 0，Y：100，K：0）的橙色、（C：0，M：100，Y：0，K：0）的玫红色、（C：40，M：0，Y：100，K：0）的绿色、（C：0，M：100，Y：100，K：0）的大红色，得到如图 6-31 所示效果。

图 6-31　绘制封面背景色

3．绘制卡片封底

（1）用拖动虚框的方式全选封面，执行“编辑”菜单中的“复制”命令，再执行“编辑”菜单中的“粘贴”命令复制封面，按 Ctrl+G 组合键，执行组合命令，将这一层封面组合起来。在按住 Shift 键的同时，垂直向上拖动复制的封面至上方成为封底，单击属性栏中的“垂直镜像”按钮，按 Ctrl+U 组合键，执行取消组合对象命令，选择蛋糕图形，按 Delete 键删除中间的蛋糕图形，得到如图 6-32 所示图形。

图 6-32　绘制封底背景色

（2）分别用贝塞尔工具和椭圆形工具画出左边幸运彩蛋的大轮廓，分别填充为（C：30，M：25，Y：2，K：0）、（C：20，M：20，Y：0，K：0）、（C：48，M：36，Y：15，K：0）、（C：0，M：0，Y：0，K：20）、（C：60，M：40，Y：0，K：0）、（C：72，M：48，Y：17，K：0）。再用贝塞尔工具画出彩蛋上的蝴蝶结，并填充为（C：60，M：40，Y：0，K：0）和（C：60，M：40，Y：0，K：40），得到如图 6-33 所示效果。

图 6-33　绘制左边彩蛋 1

（3）在按住 Ctrl 键的同时，用椭圆形工具画出一个正圆。选择“选择”工具，再次单击该圆，可以看到这个圆的圆心。从工作界面的标尺处横竖拖动出两条辅助线，交叉节点是这个圆的圆心。在工具箱中选择“基本形状”工具，在属性栏上方选择完美形状中的“水滴形状”

，画出一个水滴，如图 6-34 所示。

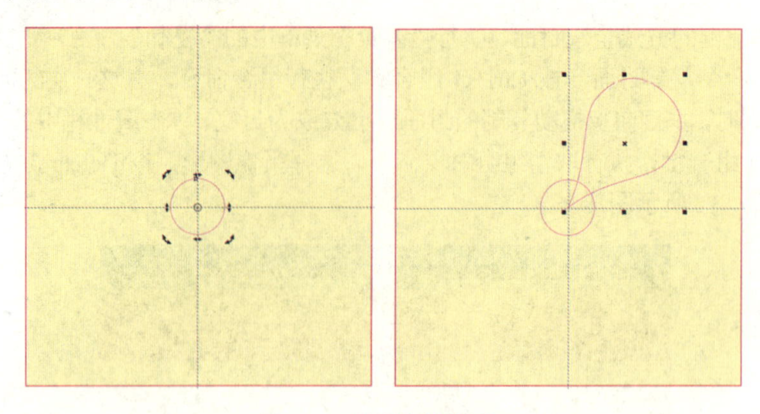

图 6-34　绘制左边彩蛋 2

（4）选择工具箱中的“交互式填充”工具，在属性栏中选择渐变填充，选择由（C：0，M：70，Y：0，K：0）到（C：0，M：0，Y：0，K：0）的渐变，如图 6-35 所示。

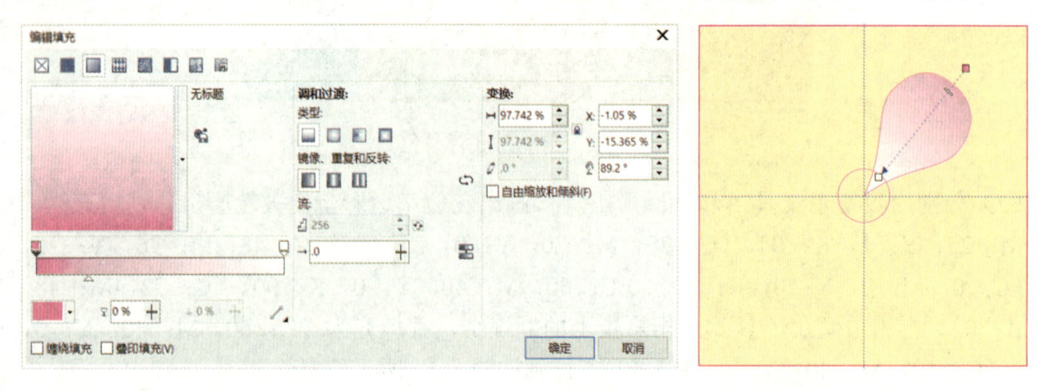

图 6-35　绘制左边彩蛋 3

（5）用选择工具再次单击这个花瓣，直至花瓣的圆心显露。拖动这个花瓣的圆心与花蕊的圆心点重合。执行“排列”菜单中“变换”子菜单中的“旋转”命令，设置“旋转角度”为 45，副本为“7”，单击“应用”按钮。为花蕊填充（C：0，M：100，Y：0，K：0）的洋红色，得到如图 6-36 所示图形。

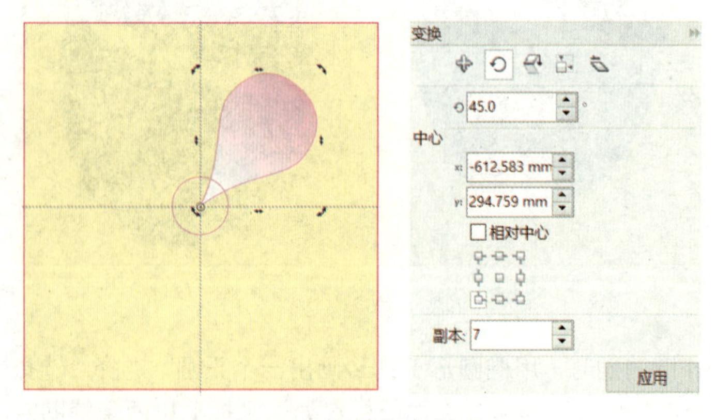

图 6-36　绘制左边彩蛋 4

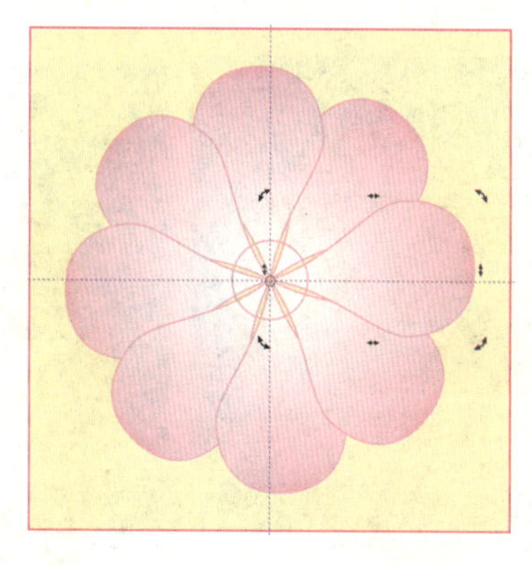

图 6-36 绘制左边彩蛋 4（续）

（6）全选并按 Ctrl+G 组合键组合这个花朵，将其放大或缩小并放置到彩蛋上合适的位置，得到如图 6-37 所示效果。

（7）分别用贝塞尔工具和椭圆形工具画出中间幸运彩蛋的大轮廓，分别填充为（C：40，M：0，Y：0，K：0）、（C：20，M：0，Y：20，K：0）、（C：60，M：0，Y：20，K：0）、（C：72，M：14，Y：29，K：0）。再用贝塞尔工具画出彩蛋上的彩结，并填充为（C：60，M：0，Y：20，K：0）和（C：0，M：100，Y：100，K：0），得到如图 6-38 所示效果。

图 6-37 绘制左边彩蛋 5

图 6-38 绘制中间彩蛋 1

（8）选择工具箱中的“复杂星形”工具，在属性栏上方的“点数或边数”处输入数值 6，按 Enter 键以确定。按住 Ctrl 键的同时拖动鼠标左键绘制一个等边的六角复杂星形，并填充为（C：0，M：100，Y：100，K：0）。多次复制这个六角复杂星形，放大或缩小并放置到合适的位置，得到如图 6-39 所示的中间彩蛋的造型。

（9）分别用贝塞尔工具和椭圆形工具画出右边幸运彩蛋的大轮廓，分别填充为（C：4，M：29，Y：26，K：0）、（C：0，M：60，Y：60，K：0）、（C：25，M：5，Y：8，K：0）、（C：13，M：64，Y：66，K：0）。用贝塞尔工具勾勒出彩蛋上面的装饰线条，分别用鼠标右键在调色板中选择颜色（C：0，M：0，Y：60，K：0）、（C：50，M：0，Y：100，K：0）填充装饰线条的轮廓，得到如图 6-40 所示效果。

图 6-39 绘制中间彩蛋 2

图 6-40 绘制右边彩蛋 1

（10）选择工具箱中的“多边形”工具组中的“星形”工具，在属性栏上方的“点数或边数”处输入数值“5”。在按住 Ctrl 键的同时，在工作页面上拖动鼠标左键绘制出等边五角星形。复制这个五角星形，并调节到合适大小，分别填充为（C：50，M：0，Y：0，K：0）、（C：0，M：0，Y：100，K：0）。再选择工具箱中的“多边形”工具组中的“基本形状”工具，在属性栏中单击“完美形状图案组”右下角的黑色小三角，在弹出的图形中选择“桃心”形状。在幸运彩蛋上画出一个桃心形状，填充为（C：0，M：20，Y：100，K：0）的黄色，再在按住 Shift 键的同时，用鼠标左键拖动桃心形的对角线上的黑点向桃心形的中心点移动，到达合适位置后右击，确认复制一个桃心，并填充为（C：50，M：0，Y：100，K：0）的绿色。全选并复制这个双层桃心，调节其大小并放置到合适的位置，得到如图 6-41 所示的右边彩蛋的最终造型。

图 6-41 绘制右边彩蛋 2

（11）用椭圆形工具画出三个幸运彩蛋下的三个投影，并为其填充（C：0，M：30，Y：0，K：0）的颜色。分别用贝塞尔工具和椭圆形工具画出三个幸运彩蛋下的盘子造型的大轮廓，盘子内部填充为（C：0，M：10，Y：0，K：0），轮廓线颜色为（C：0，M：50，Y：0，K：0），得到如图 6-42 所示图形。

图 6-42 绘制彩蛋下的投影和盘子

（12）全选彩蛋和盘子造型，按 Ctrl+G 组合键组合这些图形，选择工具箱中的“阴影”工具，从左上到右下拖动出一个阴影，在属性栏中设置“阴影不透明度”为 23、“阴影羽化”值为 0，即 23 0。用文本工具输入“Happy birthday”字样，选择属性栏中“Humnst BT”字体 Humnst BT 中的“Humnst777 Cn BT（粗体）” Humnst777 Cn BT (粗体) 字体，大小为 40pt，填充为白色，轮廓线为 50%灰色。选择工具箱中的“橡皮擦”工具，在属性栏中设置“方形笔尖”，大小为 0.2mm .2 mm，在白色“Happy birthday”字样上画出“震裂”的特效纹路，突出生日的惊喜与开心，得到如图 6-43 所示的图形效果。

图 6-43 绘制盘子的投影和特效字体

（13）删除特效文字的轮廓线，对于所有幸运彩蛋、盘子、特效文字，单击属性栏中的“垂直镜像”按钮后再单击“水平镜像”按钮，然后将它们全部放置到生日卡片封底的合适位置，得到如图 6-44 所示效果。

小提示

软件自带的字体都是常用字体，需要使用某些特殊字体时应提前安装。例如，使用文鼎 POP-4 字体时，就需要安装文鼎字库。

（14）将文字和所有绘制好的图形放置到卡片的合适位置，这样封面和封底就制作好了，如图 6-45 所示。

图 6-44　美术字文本效果

图 6-45　封面、封底最终效果

4. 绘制卡片内页

（1）在按住 Shift 键的同时将卡片封底的黄色矩形拖动至稍右边的位置，右击以确定复制该黄色矩形作为内页的上页。在按住 Shift 键的同时，多次单击封面的黄色矩形和上下彩色横条及竖条，将它们全部选中。在按住 Shift 键的同时将所选中的图形拖动至稍右边的位置，右击以确定复制它们作为内页的下页，得到如图 6-46 所示的图形。

图 6-46 制作内页中上页和下页背景

小提示

此时的卡片封底的黄色矩形必须是没有与其他图形群组的单独的图形对象，否则将无法顺利移动复制。

（2）将封底的“Happy birthday”字样复制到内页下页的合适位置。选择“文本”工具，在“Happy birthday”字样下面画出一个文本框，用 17pt 的“华文楷体”输入“祈望你心灵深处芳草永绿，青春常驻，笑口常开。祝你生日快乐，健康幸福!”，完成生日卡片内页下页的制作，如图 6-47 所示。

图 6-47 完成内页中下页的文字

小提示

由于此部分所需要输入的文字较多，所以这里应选用段落文本。如果文本框架下方正中的控制点变成形状，则表示框架未排完文字，可用选择工具单击段落文本，拖动显示的控制点，可增加或缩小框架的长、宽；若框架下方正中的控制点呈形状，则表示框架已经排完文字。

（3）此时，生日卡片的内页平面图如图 6-48 所示。

图 6-48　生日卡片内页最终效果

5. 绘制卡片立体效果

（1）全选封面，将其拖动到页面下方合适的位置，右击以实现“快速复制”。运用 Ctrl+G 组合键将封面所有图形组合起来，再单击组合后的封面，出现处于矩形框中间的上、下、左、右四个斜切控制键。“向右”拖动上方的斜切控制键将封面斜切成如图 6-49 所示的立体形式。

图 6-49　斜切封面图形

（2）全选如图 6-50 所示的内页的下页，将其拖动到页面下方合适的位置，右击以实现“快速复制”。运用 Ctrl+G 组合键将封面所有图形组合起来，再单击组合后的封面，出现处于矩形框中间的上、下、左、右四个斜切控制键。“向左”拖动上方的斜切控制键将封面斜切。遵循物体在空间中的近大远小的透视原理，再次单击该内页下页，将光标移动到最上面的一个正方形的小黑框处，向下拖动即可实现该页面的压缩，得到如图 6-51 所示的立体形式。

图 6-50 内页下页

图 6-51 内页下页斜切效果

（3）用矩形工具绘制一个斜切的矩形，填充颜色为黑色。用工具箱中的“透明度”工具由左下至右上拖动出一条透明度线，使其呈现出色彩过渡的自然效果。调整斜切封面、斜切内页下页、斜切底部矩形的图层顺序，得到如图 6-52 所示的“生日卡片”立体效果。

图 6-52 “生日卡片”最终立体效果

6. 后期调节与文件的保存

（1）观察作品的整体效果，查看图层和版式是否正确，再进行细微调节。
（2）执行“文件”菜单中的“保存”命令，即可完成整个生日卡片的绘制。

6.2 “圣诞节卡片”的设计

做什么

本节将要制作如图 6-53 所示的“圣诞节卡片”。圣诞节到了，天空中雪花飞舞，大家堆了满地雪球，圣诞袜崭新漂亮，圣诞树上灯光闪闪，新的一年就要来了。大家在睡梦中期待圣诞老人的到来，新年就要有新气象。

图 6-53　“圣诞节卡片”平面展开效果图

知识准备

近代意义上的贺卡首先发源于圣诞卡的印制，如图 6-54 所示，随后贺卡不断发展，出现了各种节日卡片，其中，中国邮政推出的自创型贺卡以及相继推出的植物贺卡、刺绣贺卡（图 6-55）等都为传统贺卡注入了新的内容。

图 6-54 圣诞贺卡

图 6-55 刺绣贺卡

下面先来学习本节相关的基础知识。

6.2.1 沿路径排列文本

在 CorelDRAW X7 中可以将美术字文本沿指定的开放或闭合路径放置。

(1) 选择贝塞尔工具绘制一条曲线，选择工具箱中的“文本”工具，将光标定位到这条呈“开放路径”的曲线上，显示文字插入光标形状，此时单击并输入“华文彩云”字体的文字，所输入的文字会沿着曲线的弧度排列，如图 6-56 所示。这种效果还可以先用文本工具将要写的文字在曲线路径附近写好并选中，然后执行“文本”菜单中的“使文本适合路径”命令，将光标放置到该曲线路径上，单击以确认文本适合的路径。

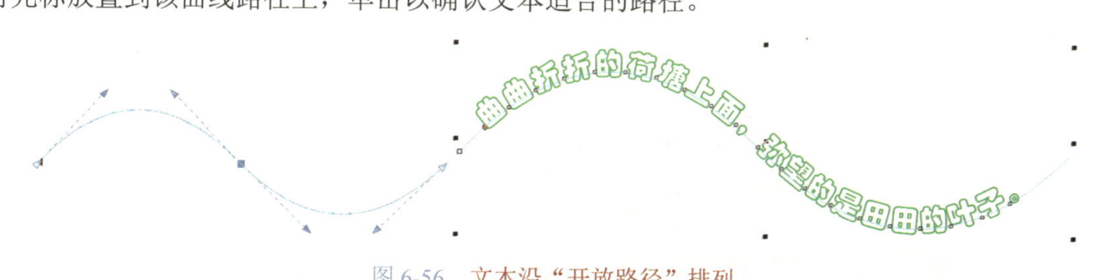

图 6-56 文本沿“开放路径”排列

(2) 打开名为“荷叶图形”的 CDR 文件。选择工具箱中的“文本”工具，选择字体为“华文彩云”，字体大小为 21pt，将要写的文字在荷叶路径附近写好并选中，然后执行“文本”菜单中的“使文本适合路径”命令，将光标放置到距离荷叶边稍远一些的位置，显示文字插入光标形状，此时单击即可使输入的文字沿着椭圆形的弧度排列，如图 6-57 所示。

图 6-57　文本沿“闭合路径”排列

（3）用选择工具选择沿路径排列的文本，执行“排列”菜单中的“拆分在一路径上的文本 跨多层(B) Ctrl+K”命令。再用选择工具选择曲线或荷叶形，按 Delete 键，路径即可被删除。路径和文本被拆分了，但文本还是沿路径的形状排列，如图 6-58 所示。

图 6-58　文本与路径拆分

6.2.2　文本绕图

在 CorelDRAW X7 中可以将段落文本围绕图形进行排列，使文字与画面同时显现，互不遮挡，画面更加美观。段落文本围绕图形排列称为文本绕图。在进行文本绕图时，应先使用“文本”工具输入段落文本，然后绘制任意图形或者导入位图图像，将图形或图像放置于“段落文本之上”，使其与段落文本有重叠的区域。

（1）打开名为“文本绕图与草编”的 CDR 文件，可以看到如图 6-59 所示的一段文字与草编大象的图案。草编大象图案在文字图层的上面一层，遮挡了下面的段落文字。选中草编大象图案，单击属性栏中的“文本换行”按钮，弹出如图 6-60 所示的“换行样式”面板。

图 6-59　打开的文件

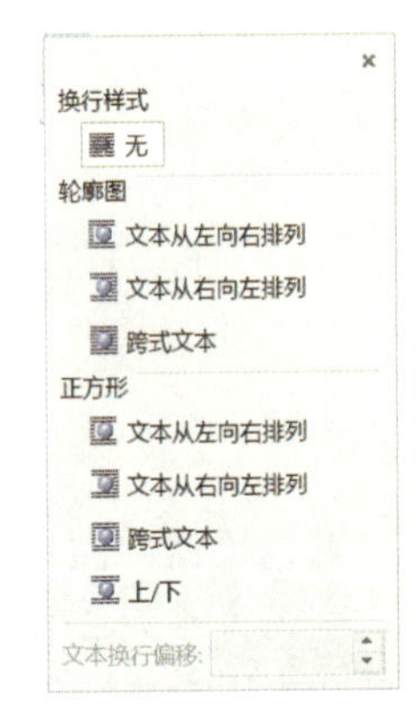

图 6-60　“换行样式”面板

（2）选择面板中“轮廓图”选项组中的“文本从右向左排列”选项，单击并调整文本框所在位置，然后拖动文本框四边中间的控制点将文本框调节到合适大小，得到如图 6-61 所示的文本绕图效果。选择面板中的“轮廓图”选项组中的“跨式文本”选项，单击并调整文本框所在位置，然后拖动文本框四边中间的控制点将文本框调节到合适大小，得到如图 6-62 所示的文本绕图效果。

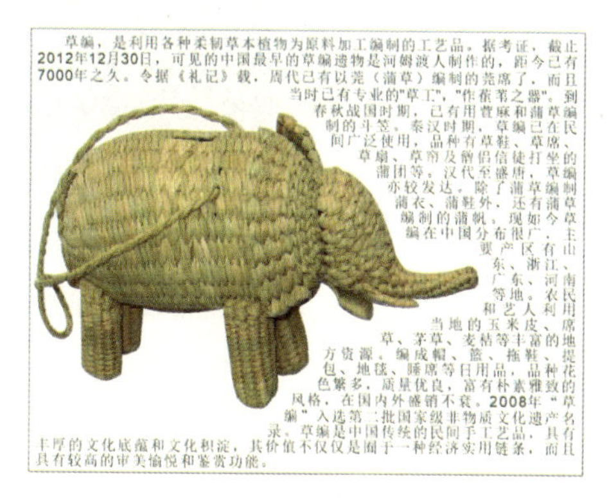

图 6-61 文本从右向左绕图效果

图 6-62 跨式文本绕图效果

6.2.3 “圣诞节卡片”的制作

跟我来

首先，绘制封面：用矩形工具画出封面的矩形，用复杂星形工具画出雪花，再用椭圆形工具和复杂星形画出雪球；用贝塞尔画出圣诞老人的帽子及胡子、带红色手套的双手、红脸蛋、微笑的嘴；再用椭圆形工具画出圣诞老人的眉毛、眼睛、腮红、鼻子；用文本工具输入“MERRY CHRISTMAS”字样并将其填入弧线路径。

其次，绘制封底：复制封面中的矩形底色页、雪花、雪球到封面的左边；调整雪花大小和位置到封底。

再次，绘制内页左页：复制封底的所有图形到封底的左下方，将其中的图形分别执行垂直镜像和水平镜像；用贝塞尔工具和椭圆形工具画出圣诞袜的大轮廓，用内置文本命令完成袜子上的“Merry Christmas”文字的绘制；用矩形工具画出圆角矩形，并在内部写上祝福话语，完成内页左页的绘制。

最后，绘制内页右页：复制内页左页的雪花、雪球和矩形到内页右页，用贝塞尔工具画出三层树枝，并分别为其添加投影；复制三层树枝在原地粘贴，制作一层圣诞树的外轮廓；用贝塞尔工具画出树干，用星形工具画出树顶的五角星形装饰物；用椭圆形工具和四色渐变填充画出红色和黄色的球形装饰物，并将其分布于圣诞树上完成内页右页的绘制。

卡片中除用到绘图工具、颜色填充、文本工具之外，还要用到文本沿路径排列、内置文本来处理文字的效果。

现在来完成该圣诞卡片的具体制作。

1. 创建并保存文档

（1）启动 CorelDRAW X7，新建文档，并执行“文件”菜单中的“另存为”命令，以“圣诞节卡片”为文件名保存到自己需要的位置。

（2）为方便放置圣诞卡片所有的页面，在属性栏中，设置文件页面大小为 A1。

2. 绘制卡片封面

（1）选择矩形工具，绘制宽为143mm、高为210mm的矩形，并为其填充（R：23，G：111，B：99）的绿色，得到如图6-63所示效果。

图6-63　绘制封面底色区域

（2）使用“复杂星形”工具，在属性栏上方设置“点数或边数”为9，“锐度”为2 9 2，在按住Ctrl键的同时，画出一个等边的雪花形状，去掉轮廓线，填充为（R：121，G：170，B：140）的淡绿色。再用“形状”工具选中最外边的节点并向右拖动进行旋转调整，用“形状”工具选中最里边的节点向左拖动到合适的位置，形成最后的雪花形状，得到如图6-64所示效果。

图6-64　绘制雪花形状

（3）在按住Ctrl键的同时用椭圆形工具画出一个正圆形，填充（C：0，M：0，Y：30，K：0）的淡黄色，选择“形状”工具组中的“粗糙”工具，在属性栏中设置“笔尖半径”为9mm，“尖突的频率”为5，“笔倾斜”为45度 9.0 mm 5 0 45.0°，对正圆形的边线进行粗糙化处理。再用“形状”工具对部分不规则锯齿进行删除或添加节点的操作，使其呈现规则化。删除外轮廓线，将雪花形状复制在中间，全部选中雪花和雪球锯齿轮廓，在属性栏中单击“对齐与分布”按钮，进行“水平居中对齐”和“垂直居中对齐”的操作，得到如图6-65所示的雪球最终图形。

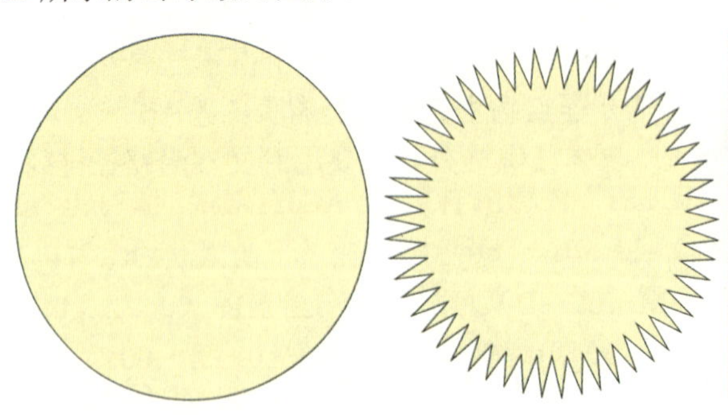

图6-65　雪球的绘制

（4）复制多个“雪花形状”并进行放大或缩小，将其放置在封面上的合适位置。复制五个雪球，并将它们用 Ctrl+G 组合键的方式“组合”在一起，放于封面上方，再在上面画出一个矩形，全选此矩形和五个雪球，单击属性栏中的“修剪”按钮，得到如图 6-66 所示的封面图形。

图 6-66 封面的雪花和雪球的最终效果

（5）用矩形工具画一个宽 143mm、高 34mm 的矩形，并填充（C：0，M：0，Y：30，K：0）的淡黄色，将其作为窗台放置在封面的合适位置，得到如图 6-67 所示效果。

图 6-67 绘制封面的窗台图形

（6）选择贝塞尔工具，绘制出“圣诞帽”的形状，并填充为（C：0，M：100，Y：100，K：0）。选择椭圆形工具，在按住 Ctrl 键的同时，画出一个正圆形并填充为白色，作为帽子上的绒球。选择“形状”工具组中的“粗糙”工具，在属性栏中设置“笔尖半径”为 9mm，“尖突的频率”为 5，“笔倾斜”为 45 度 9.0 mm 5 0 45.0°，对正圆形的边线进行粗糙化处理。再用“形状”工具对部分不规则锯齿进行删除或添加节点的操作，使其呈现规则化，得到如图 6-68 所示的圣诞帽的效果。

（7）选择贝塞尔工具，绘制出圣诞老人的白胡子，选择“形状”工具组中的“粗糙”

工具将其粗糙化，形成胡子“毛茸茸”的效果。再用贝塞尔工具，绘制出圣诞老人戴红色手套的双手，填充（C：0，M：100，Y：100，K：0）的红色。将胡子和手套用 Ctrl+G 快捷键“组合”起来。选择工具箱中的“阴影”工具，为胡子和双手添加向下拖动出的投影效果，得到如图 6-69 所示的效果。

图 6-68　圣诞帽最终效果

图 6-69　圣诞老人的胡子和双手的效果

（8）选择贝塞尔工具，绘制出圣诞老人的眼睛周围的脸蛋，填充（R：255，G：189，B：190）的粉红色。再选择椭圆形工具，在按住 Ctrl 键的同时，画出两个正圆形并放在上面，同时选中两个圆，用 Ctrl+G 组合键将它们“组合”起来。在按住 Shift 键的同时单击粉红色的脸蛋，使它们处于选中状态。单击属性栏上方的“相交”按钮，删除先前的两个正圆形，得到一个剪切后的新的图形，填充为（R：253，G：161，B：174），得到如图 6-70 所示效果。

图 6-70　脸蛋的绘制

（9）选择贝塞尔工具，绘制出圣诞老人的“微笑的嘴”，选择工具箱中的“交互式填充”工具，在属性栏上方选择“渐变填充”中的“椭圆形渐变填充”，拖动出一条从圆心（R：255，G：255，B：255）到圆边缘（R：253，G：161，B：174）的渐变，得到如图 6-71 所示图形。

图 6-71　圣诞老人嘴的绘制

（10）选择椭圆形工具，在按住 Ctrl 键的同时，画出一个正圆形并放置在脸蛋的中间位置，选择工具箱中的“交互式填充”工具，在属性栏上方选择“渐变填充”中的“椭圆形渐变填充”，拖动出一条从圆心（R：255，G：255，B：255）到圆边缘（R：253，G：161，B：174）的渐变，形成圣诞老人的鼻子。选择椭圆形工具，在按住 Ctrl 键的同时，画出两个大小不同的正圆形，分别填充为白色和黑色。复制这个造型，并拖动至合适的位置，形成圣诞老人的“眼睛”。再用椭圆形工具，绘制一个椭圆形，并填充为黑色，将其复制到合适的位置作为圣诞老人的“眉毛”，得到如图 6-72 所示的最终效果。

图 6-72　圣诞老人的鼻子和眉毛的绘制

（11）选择工具箱中的“文本”工具，用 Britannic Bold 43.136 pt 在封面中间偏上的位置分别输入“MERRY”和“CHRISTMAS”两行英文。当“文本”工具的光标还在闪烁的时候，从右到左将文字选中，再双击工作界面右下方的“编辑填充”图标 C: 0 M: 0 Y: 45 K: 0，在弹出的“编辑填充”对话框中分别输入（C：0，M：0，Y：45，K：0）的黄色和（C：0，M：100，Y：100，K：0）的红色，单击“确定”按钮，得到如图 6-73 所示的文字变色效果。

（12）使用贝塞尔工具或者三点曲线工具在两行英文的下方分别绘制一条曲线。使用“选择”工具分别选中每一行文字，分别执行“文本”菜单中的“使文本适合路径”使文本适合路径(T)命令，将每一行文本规范到路径中，得到如图 6-74 所示效果。

图 6-73　制作文字变色效果

图 6-74　文本适合路径的效果

（13）使用“选择”工具分别选中两行文字，分别执行“排列”菜单中的“拆分在一路径上的文本” 拆分在一路径上的文本(B)　Ctrl+K 命令，再用“选择”工具选中每一条路径线，按 Delete 键将两条线删除。在按住 Shift 键的同时用“选择”工具分别选中两行文字，用 Ctrl+G 组合键将它们“组合”起来，选择工具箱中的“阴影”工具，为两行文字添加“预设列表”中的“小型辉光”效果，阴影颜色为黑色，即可得到如图 6-75 所示的“圣诞贺卡封面”最终效果。

图 6-75　圣诞贺卡封面最终效果

2. 绘制圣诞贺卡封底

在按住 Shift 键的同时用“选择”工具分别选中圣诞贺卡封面中的矩形、雪花、雪球。再次在按住 Shift 键的同时将它们拖动至封面的左侧，右击以确认快速复制。调整雪花的大小、位置，得到如图 6-76 所示的圣诞贺卡封底最终效果。

图 6-76 圣诞贺卡封底最终效果

3. 绘制内页左页

（1）使用“选择”工具拖动出虚框的方式选中全部封底，在按住 Shift 键的同时将它们拖动至封底的下方，右击以确认快速复制。单击属性栏上方的“垂直镜像”按钮，将雪球放置在内页左页下方。再全选雪花，单击属性栏上方的 “水平镜像”按钮，使雪花齿轮的方向与封底一致。再调整所有雪花的大小和位置，并放置在页面的合适位置，得到如图 6-77 所示效果。

图 6-77 圣诞贺卡内页左页的背景绘制

（2）选择贝塞尔工具或者三点曲线工具绘制出圣诞袜的外轮廓，轮廓填充色选择（C：0，M：85，Y：59，K：0），“轮廓宽度”为“细线”，这些都可以在属性栏中进行设置。在绘制的时候，要注意袜子颈部、袜子中间、袜子前脚尖和后脚跟分别是不同的封闭区域，再分别为它们填充（C：0，M：100，Y：100，K：0）的红色和（C：0，M：0，Y：0，K：0）的白色，得到如图 6-78 所示的圣诞袜的基本形状。

（3）选择贝塞尔工具或者三点曲线工具绘制出圣诞袜的前脚尖和后脚跟处的一个个装饰线条区域，并填充为（C：0，M：0，Y：0，K：20）。选择椭圆形工具，画出一个椭圆形并放于袜子上方，填充为（C：0，M：0，Y：0，K：20），作为“袜子口”的形状，如图 6-79 所示。

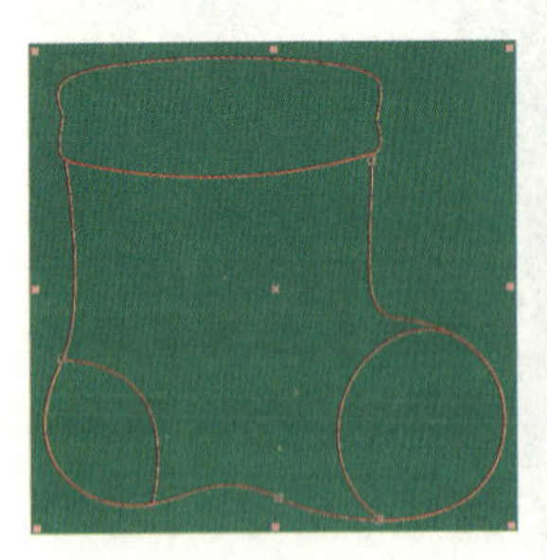

图 6-78 绘制圣诞袜的基本形状

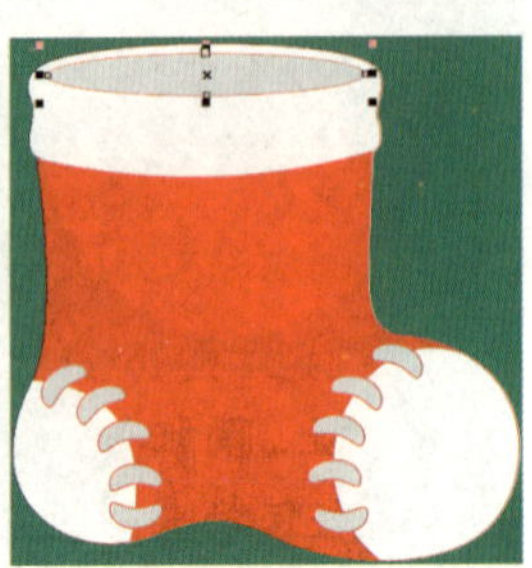

图 6-79 圣诞袜的前脚尖与后脚跟装饰物及袜子口的绘制

（4）选择椭圆形工具，画出一个椭圆形并放于袜子中间，填充为（C：22，M：97，Y：88，K：0）。选择工具箱中的“文本”工具，在椭圆形附近用 19pt 大小的“华文隶书”输入“Merry Christmas”字样。用鼠标右键拖动文字至袜子中间的椭圆形上，松开鼠标右键，在弹出的快捷菜单中执行“内置文本”命令，将文本填入到椭圆形中间，得到如图 6-80 所示的图形效果。

（5）选中全部圣诞袜，用 Ctrl+G 组合键将它们“组合”起来，选择工具箱中的“阴影”工具，为它添加向右下角拖动出的投影效果，得到如图 6-81 所示的圣诞袜的最终效果。

图 6-80 圣诞袜装饰字体的绘制

图 6-81 圣诞袜的最终效果

（6）选择工具箱中的“矩形”工具，在内页左页的中间位置绘制一个矩形，中间填充绿色（R：23，G：111，B：99），轮廓线宽度为 0.2mm，轮廓颜色为（R：121，G：170，B：140）。再用“形状”工具按住四个角的任意一个节点并向合适的方向拖动，在属性栏中选择“圆角”，“转角半径”为 3.466，得到如图 6-82 所示的圆角矩形。

（7）选择工具箱中的“阴影”工具，为圆角矩形添加向右下角的阴影效果，阴影颜色为黑色。选择工具箱中的“文本”工具，选用（C：0，M：0，Y：30，K：0）颜色，用 20pt 大小的“华文楷体”写出祝福的话语，得到如图 6-83 所示的内页中左页的最终效果。

图 6-82 绘制圆角矩形

图 6-83 内页中左页的最终效果

4. 绘制内页右页

（1）在按住 Shift 键的同时选中内页左页的雪花、雪球和矩形，到内页左页的右边，右击以确认复制。调整雪花的大小和位置，得到如图 6-84 所示的内页右页的背景图。

图 6-84 内页中右页的背景图的绘制

（2）选择工具箱中的“文本”工具，用 Britannic Bold 51.23 pt 在封面中间偏上的位置输入英文“MERRY”。用 Britannic Bold 43.122 pt 在“MERRY”下面输入英文“CHRISTMAS”。当“文本”工具的光标还在闪烁的时候，从右到左将文字选中，再双击工作界面右下方的“编辑填充”图标，在弹出的“编辑填充”对话框中分别输入（C：0，M：0，Y：45，K：0）和（C：0，M：100，Y：100，K：0），单击“确定”按钮，得到如图 6-85 所示的文字变色效果。

图 6-85 变色文字效果

（3）在按住 Shift 键的同时用“选择”工具分别选中两行文字，用 Ctrl+G 组合键将它们

“组合”起来，选择工具箱中的“阴影”工具，为两行文字添加“预设列表”中的“小型辉光”阴影效果，阴影颜色为黑色，即可得到如图 6-86 所示的文字投影的最终效果。

图 6-86　变色文字投影的制作

（4）选择贝塞尔工具或者“三点曲线”工具绘制出圣诞树下面一层树枝，并为其填充（R：1，G：113，B：63）的颜色。选择工具箱中的“阴影”工具，为下层树枝添加向下的阴影效果，在属性栏中设置阴影的不透明度为 50，羽化值为 2，即，颜色为（R：1，G：77，B：43），得到如图 6-87 所示的下层树枝效果图。

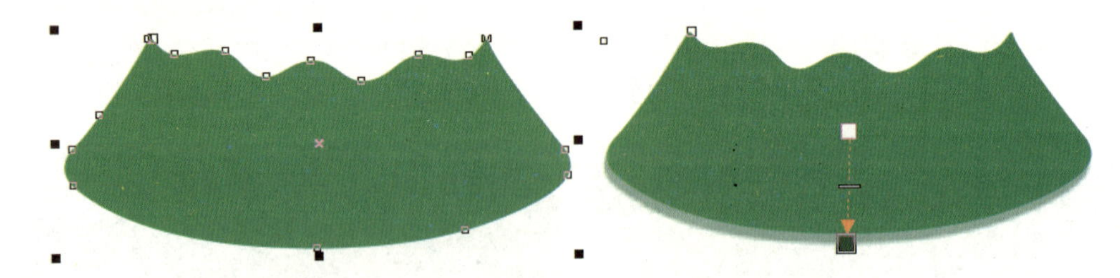

图 6-87　圣诞树“下层树枝”的制作

（5）运用同样的方法绘制出圣诞树的中层与上层树枝，并为其添加向下的阴影，得到如图 6-88 所示的效果。

图 6-88　圣诞树“中层与上层树枝”的制作

（6）选中三层树枝，并按 Ctrl+C 和 Ctrl+V 组合键实现原位置的复制和粘贴。此时，粘贴的三层树枝在画面的最上面一层得到一个“复制树形”，且投影处的颜色由于双层投影的叠加而显得更深了，如图 6-89 所示。

图 6-89 “复制树形”的原位置粘贴

（7）用“选择”工具分别选中上面三层树枝的阴影，单击属性栏右侧的“删除阴影”图标，将“复制树形”的三个阴影删除。选择“选择”工具，在按住 Shift 键的同时选中这三层不带阴影的树枝形状，用 Ctrl+G 组合键将它们“组合”起来。选择工具箱中的“矩形”工具，在上层与中层树枝、中层与下层树枝之间分别绘制一个矩形，如图 6-90 所示。

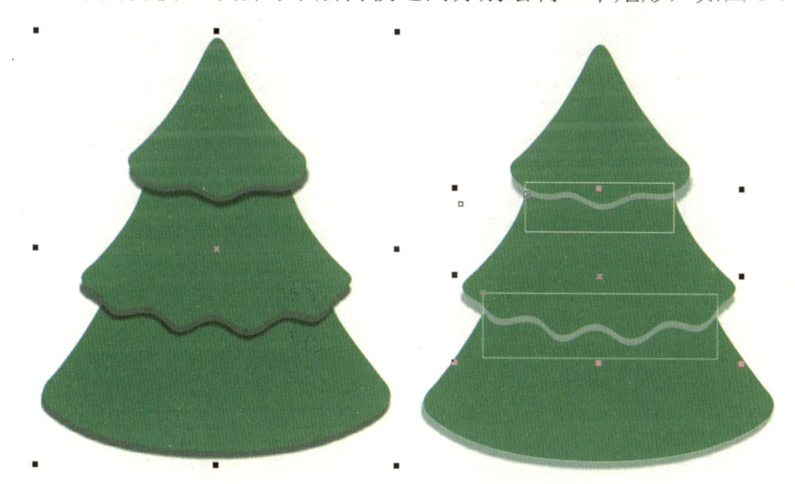

图 6-90 “复制树形”上矩形的绘制

（8）在按住 Shift 键的同时选中两个矩形和组合后不带阴影的“复制树形”，单击属性栏上方的“合并”按钮。单击“轮廓笔”无图标，弹出“轮廓笔”对话框，单击“宽度”右侧的下拉按钮，选择“2.0mm”宽度的轮廓线。单击对话框中“颜色”右侧的下拉按钮，选择“更多”选项，弹出“选择颜色”对话框。选择“模型”选项，选择“RGB”模型，更改颜色数值为（R：108，G：189，B：69），单击“确定”按钮，如图 6-91 所示。

（9）执行“排列”菜单中“顺序”子菜单中的“置于此对象前”命令，单击矩形背景页面，将“复制树形”放置在三层有阴影圣诞树枝的下方。去掉“复制树形”中间的填充色，拖动上、下、左、右以及对角线的控件，调整其大小，得到如图 6-92 所示的图形效果。

图 6-91　复制树形“轮廓笔”的设置

图 6-92　“复制树形”的图层与大小的调整

（10）选择贝塞尔工具或者“三点曲线”工具绘制圣诞树下方的树干，设置与“复制树形”一样大小和颜色的轮廓线，形成统一效果，中间填充（R：238，G：28，B：37）的红色。在按住 Shift 键的同时，用“选择”工具分别选中“复制树形”轮廓和树干，用 Ctrl+G 快捷键将它们“组合”起来。选择工具箱中的“阴影”工具，向下拖动出阴影效果，在属性栏中设置阴影的不透明度为 50，，羽化值为 2 50 2，阴影颜色为黑色，得到如图 6-93 所示效果。

（11）在按住 Ctrl 键的同时，用工具箱中的“星形”工具画出一个等边的五角星形。将颜色填充为（C：0，M：0，Y：90，K：0）的黄色，轮廓线设置为 0.2mm、颜色为（R：198，G：161，B：66）。按住 Shift 键的同时用鼠标左键将黄色五角星向内收缩到一定位置时，按鼠标左键确认“同中心复制”一个小的五角星，填充颜色为（C：0，M：100，Y：100，K：0）。选择工具箱中的“阴影”工具，为下层树枝添加向下的阴影效果，在属性栏中设置阴影的不透明度为 50，羽化值为 2 50 2，颜色为黑色，得到如图 6-94 所示的圣诞树树顶“五角星形装饰物”效果。

图 6-93 树干的绘制与阴影的添加

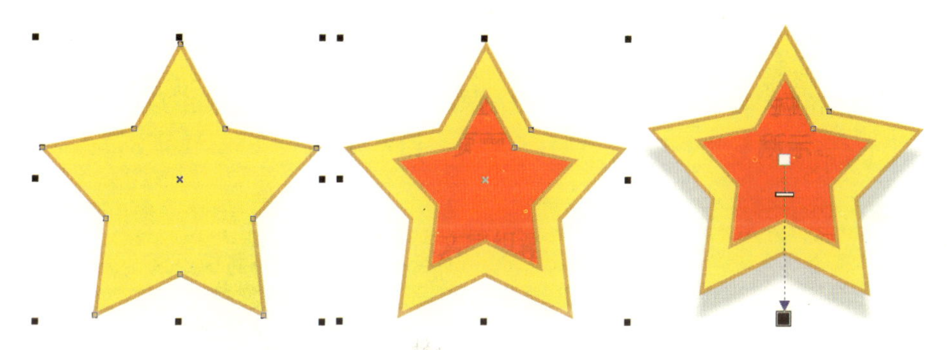

图 6-94 树顶五角星的绘制与阴影的添加

（12）选择椭圆形工具，在按住 Ctrl 键的同时，画出一个正圆形，选择工具箱中的“交互式填充”工具，在属性栏上方选择“渐变填充”中的“椭圆形渐变填充”。拖动渐变条上方的呈现“小正方形”的节点处，形成由左上至右下的渐变条，如图 6-95 所示。

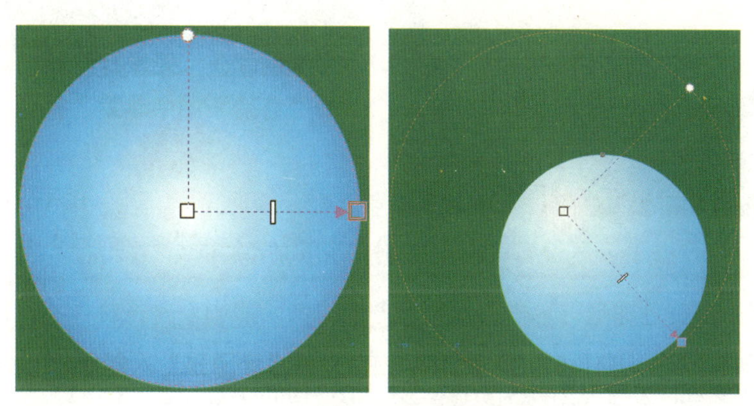

图 6-95 调整“球体”的渐变方向

（13）在渐变条的节点与节点之间的虚线中间，用双击的方式添加两个“节点”，并在属性栏上方的“节点颜色”处单击下拉按钮，将四个节点的颜色分别设置为（C：4，M：4，Y：6，K：0）、（C：0，M：0，Y：100，K：0）、（C：0，M：20，Y：100，K：0）、（C：0，M：20，

Y：100，K：0），形成如图 6-96 所示的四色渐变黄色球体。

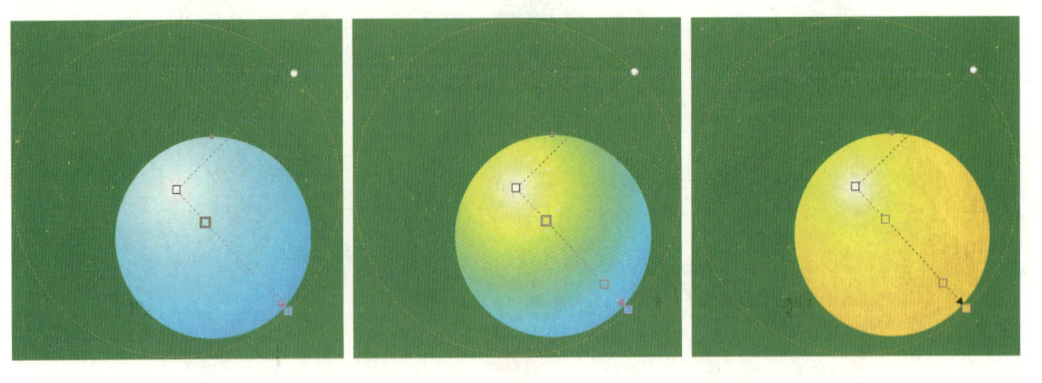

图 6-96　四色渐变的添加

（14）选择工具箱中的“阴影”工具，为黄色球体添加向右下角的阴影效果，在属性栏中设置阴影的不透明度为 22，羽化值为 2，颜色为黑色。复制多个“黄色球形装饰物”，将它们呈“Z”形连贯分布于圣诞树上，得到如图 6-97 所示的“黄色球形装饰物”的装饰效果。

图 6-97　“黄色球形装饰物”阴影的添加和装饰效果

（15）复制一个黄色球形，单击属性栏上方的“清除阴影”图标，将其阴影删除。选择工具箱中的“渐变填充”工具，黄色球体上会出现可以调整四个渐变颜色的“小正方形”节点。单击每一个节点，设置（R：251，G：215，B：199）（R：222，G：27，B：35）（R：166，G：23，B：23）（R：244，G：22，B：37）的四色渐变红色球形，再为其添加与黄色球形一样的阴影，得到如图 6-98 所示的“红色球形装饰物”。

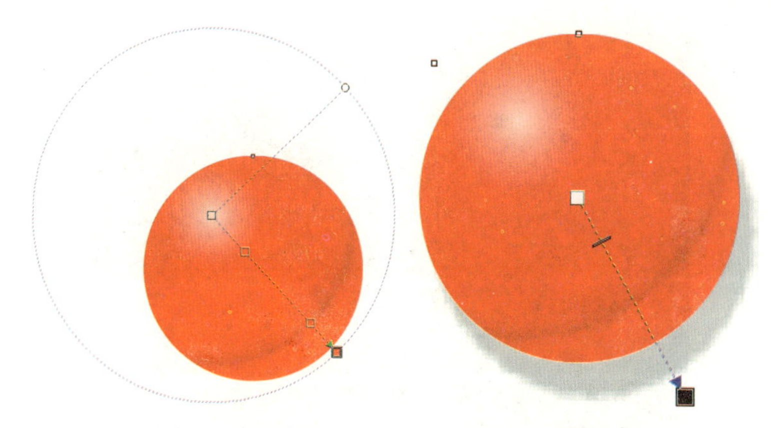

图 6-98　“红色球形装饰物”的绘制和阴影的添加

（16）复制多个“红色球形装饰物”，将它们分布于圣诞树上。将绘制好的圣诞树放置在内页的右页的合适位置，形成如图 6-99 所示的内页右页的最终效果。

图 6-99　红色球形的复制、分布与内页中右页的最终效果

（17）再次调整所有的图形的线条、颜色、图层顺序等信息，确保绘图的准确性，得到如图 6-100 所示的“圣诞节卡片”平面展开的最终效果。

5. 绘制“圣诞贺卡”立体图

（1）复制贺卡封面和内页中的右页，分别用 Ctrl+G 组合键将它们“组合”起来。将封面放置在最上方，用“选择”工具选中封面，再次单击直至封面四周出现“旋转”与“斜切”符号。向下拖动封面右侧的“斜切”符号，使封面矩形右侧的竖线向下移动。再次单击封面，使其恢复到有“8 个黑色小正方形”的状态，将封面右边竖线中间的“黑色小正方形”向左拖动一些，形成封面最终的斜切效果。而内页中的右页则只需要选中后，将其右侧竖线中间的“黑色小正方形”向右拖动一些即可，如图 6-101 所示。

图 6-100 “圣诞节卡片”平面展开效果

图 6-101 “圣诞节卡片”封面的斜切效果

（2）选择贝塞尔工具或者“钢笔”工具绘制一个封闭的阴影区域，填充为（R：23，G：111，B：99），再选择工具箱中的“透明度”工具，由右下至右上拖动出透明效果。用“选择”工具选中该阴影，执行“排列”菜单中“顺序”子菜单中的“到页面背面”命令，即可得到如图 6-102 所示的“圣诞节卡片”立体图的最终效果。

图 6-102 “圣诞节卡片”立体图的最终效果

总结与回顾

本章通过“生日卡片”和“圣诞节卡片”两个精彩实例的制作，主要学习了添加美术字文本、添加段落文本、文字沿路径排列、内置文本等的使用方法。

除了使用文本工具之外，也运用了前几章所学的知识，可以说是所学知识的综合运用。使用文本工具时需要注意美术字文本和段落文本的选用，文本适合路径时要先绘制出路径，内置文本时也要先绘制出几何图形。而如何把文字和图形组合搭配在一起，设计出新颖美观的画面呢？除了多练习之外，还需要注意多收集优秀的设计作品，从中发现美的图形与色彩搭配的技巧，提高自己的审美能力。

知识拓展

1. 输入特殊字符

CorelDRAW X7 中可以将特殊符号作为文本对象，也可以将特殊符号作为插入的图形。如果是作为图形插入的，则 CorelDRAW X7 将其视为曲线来处理，因而可以改变其属性，如颜色等。

（1）将特殊符号作为文本输入时：在绘图页面中输入文本，当需要输入特殊符号时，执行“文本”菜单中的“插入字符”命令，弹出“插入字符”泊坞窗，在需要的符号上双击，即可将此符号以文本的方式输入，如图 6-103 所示。

图 6-103 符号作为文本输入

（2）将特殊符号作为图形输入时：在“插入字符”泊坞窗中选择需要的符号，按住鼠标左键将符号拖动到需要的位置，松开鼠标左键，所选择的符号便以图形方式被插入到页面中。插入后的符号被视为曲线，可以进行颜色填充，如图 6-104 所示。

图 6-104　符号作为图形输入

2. 文本对齐

在画面搭配文本的设计过程中，不同的文本对齐方式会给画面带来不同的视觉效果。在设计过程中，应该根据实际需要来进行相应的文本对齐。

（1）打开名为“竹刻艺术展海报”的 CDR 文件，可以看到如图 6-105 所示的竹刻艺术展的海报设计。画面中无论是文本还是图片均呈左对齐的效果，这使得画面有些左重右轻的感觉。运用不同方法的对齐命令可以使画面更具有视觉平衡感。在按住 Shift 键的同时用选择工具先后选中“重庆市博物馆竹刻艺术展”文字和其下面的英文，以及海报最底层的矩形。单击属性栏中的“对齐与分布”按钮，对它们进行“水平居中对齐”，得到如图 6-106 所示的文本与图形对齐后的效果。

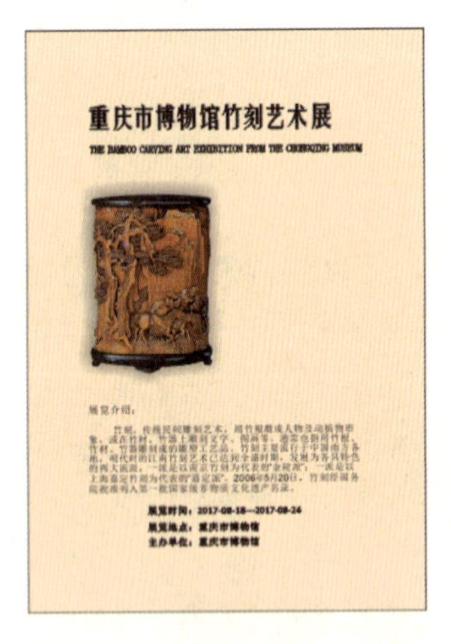

图 6-105　打开的图形文件

图 6-106　对齐标题的效果

（2）在按住 Shift 键的同时用选择工具先后选中竹刻图片和海报最底层的矩形，单击属性栏中的“对齐与分布”按钮，对它们进行“水平居中对齐”，得到如图 6-107 所示的效果。使用选择工具选中“展览介绍”文字，执行“文本”菜单中“文本属性”子菜单中的“段落”中的“居中对齐”命令，进行段落居中对齐。用同样的方法对其下面的展览时间等信息进行文本居中对齐，得到如图 6-108 所示的文本对齐效果。海报的画面经过文本对齐后更具有均衡的美感。

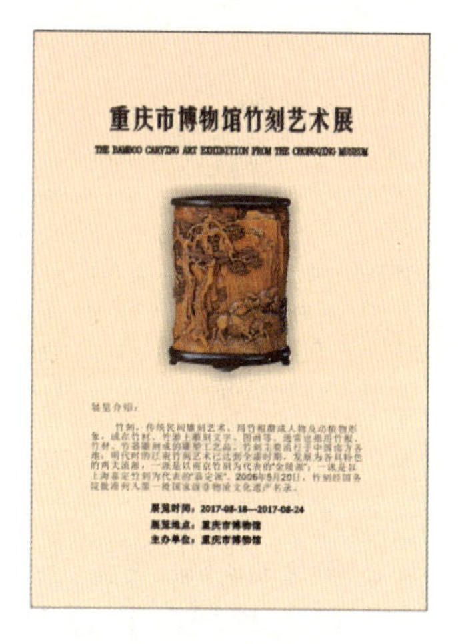

图 6-107 图形的对齐效果

图 6-108 文本居中对齐效果

3. 将文本转换为曲线

将美术字文本转换为曲线后，其外形上并无区别，但其属性发生了变化，不再具有文本的任何属性。可以通过节点的删除、增加、拖动节点的位置、对节点间的线段进行曲直变化等操作，达到改变美术字文本形态的目的，完成文字到图形的转变。

（1）打开名为“中国梦”的 CDR 格式文件，可以看到如图 6-109 所示的古印章轮廓。用文本工具输入竖向的、大小为 105pt 的、华文中宋的“中国”两个字。使用形状工具修改行距的方式将其行距缩短。再用文本工具在左边输入 175pt 的、宋体的“梦”字，得到如图 6-110 所示的效果。

图 6-109 打开的古印章轮廓

图 6-110 “中国梦”的输入

（2）用“选择”工具选中宋体的“梦”字，拖动左右两边的方向控件进行收缩，得到如图 6-111 所示的图形效果。执行“排列”菜单中的“转换为曲线”命令（也可直接右击该文字，弹出的快捷菜单中执行“转换为曲线”命令），将“梦”字转换为曲线。再单击属性栏上方的“拆分”按钮，得到如图 6-111 所示的图形效果。使用“形状”工具对“梦”字进行处理，得到如图 6-112 所示的文字图形效果。将设计好的“中国梦”三个字放置到古印章中，得到如图 6-113 所示的最终绘制效果。

图 6-111 收缩“梦”字

图 6-112 文本转换为曲线后进行拆分

图 6-113 古印章最终绘制效果

课后实训与习题

课后实训 1

以“儿童节”为主题，用 CorelDRAW X7 绘制一张儿童节卡片，参考效果如图 6-114 所示。

操作提示

（1）用矩形工具画出一个宽 210mm、高 143mm 的矩形，并由上至下填充从（R：53，G：146，B：189）到白色的线性渐变色作为天空。

（2）用“椭圆形”工具结合“焊接”功能和“矩形”工具画出白云。

（3）用“椭圆形”工具画出太阳脸庞，并填充从（R：255，G：248，B：112）到（R：248，G：194，B：6）的椭圆形渐变。用“贝塞尔”工具画出太阳的光芒，填充白色，轮廓线为 0.5mm 的浅橘红色，用 0.75mm 的橘红色轮廓线描绘出眼睛与嘴唇。

（4）用“文本”工具和“矩形”工具加上“修剪”功能制作出由浅橘红色与红色共同填充的“儿童节快乐”的双色字。

（5）用“钢笔”工具画出摩天轮的主轴，填充为（R：248，G：194，B：6）。用 Ctrl 键和椭圆形工具画出摩天轮的中心点，填充为（R：228，G：121，B：25）。再用“椭圆形”工具结合“修剪”功能画出围绕中心的两个圆环，分别填充为（R：96，G：191，B：25）和（R：0，G：142，B：200）。

（6）用“矩形”工具画出每一根摩天轮中心与箱体的连接杆，填充为（R：228，G：121，B：25）。

（7）用“贝塞尔”工具和“椭圆形”工具绘制每一个箱体，分别填充合适的颜色。

（8）将封面的天空、白云、摩天轮复制到封底的位置，进行“水平镜像”和“垂直镜像”操作得到封底。

（9）用“文本”工具输入内页中下页的祝福语，填充为黑色。

课后实训 2

以“母亲节”为主题，用 CorelDRAW X7 绘制一张母亲节卡片，参考效果如图 6-115 所示。

操作提示

（1）用“矩形”工具画出一个宽 210mm、高 143mm 的矩形，填充由中心白色至外围的（R：255，G：232，B：237）的椭圆形渐变。

（2）在按住 Ctrl 键的同时，用“基本形状”工具中的“桃心形状”画一个桃心，填充为（R：255，G：219，B：226）。再用 Ctrl+R 快捷键进行复制并分布于矩形上。

（3）用“文本”工具在矩形页面上方输入“母亲节”以及英文字，填充为（R：217，G：126，B：150）和（R：97，G：83，B：86）。

（4）用“三点曲线”工具画出康乃馨的花瓣，分别填充从（R：248，G：211，B：218）到（R：245，G：142，B：169）到（R：248，G：177，B：195）到（R：248，G：211，B：218）的四色椭圆形渐变。

（5）用“贝塞尔”工具画出花朵的花托，从上到下填充由（R：144，G：197，B：21）到

（R：236，G：252，B：143）的线性渐变。

（6）用“贝塞尔”工具画出花朵的花萼与花茎，由上至下填充从（R：81，G：144，B：65）到（R：137，G：183，B：61）的线性渐变。

（7）用“贝塞尔”工具画出各花叶，分别填充颜色（R：113，G：171，B：21）和（R：81，G：144，B：65）。

（8）复制一个“桃心图形”到内页的右页，将其放大，由左上至右下填充白色到（R：240，G：204，B：211）的椭圆形渐变。为“桃心图形”添加“小型辉光”的（R：248，G：177，B：195）颜色的阴影。用文本工具将祝福语写在上面。

（9）用“贝塞尔”工具画出“桃心图形”左上方的蝴蝶结，分别填充由（R：245，G：142，B：169）到（R：255，G：242，B：244）到（R：245，G：142，B：169）的三色椭圆形渐变。

图 6-114　“儿童节卡片”最终效果

图 6-115　“母亲节卡片”最终效果

课后习题

一、填空题

（1）在 CorelDRAW X7 中，有两种类型的文本，即____________和____________。

（2）段落文本类似于一些文字处理软件中的图文框中的文本，适用于文字____________的情况。

（3）在进行文本绕图的时候，首先应选择“文本”工具输入段落文本，然后绘制任意图形或者导入位图图像，将图形或图像放置于____________，使其与段落文本有____________的区域。

二、选择题

（1）CorelDRAW 中通常默认输入的文字字体是________。

A．宋体　　B．黑体　　C．楷体　　D．隶书

（2）使用文本工具输入文字后，可以在________中更改文字的字体、字号等。

A．标题栏　　B．状态栏　　C．属性栏　　D．工具栏

（3）使用工具箱中的________可以对文字的字间距和字行距进行调整。

A．选择工具　　B．椭圆形工具　　C．钢笔工具　　D．形状工具

（4）选择文本工具，将光标移动到绘图窗口中时，光标变成“十”字形状，在绘图窗口中的适当位置按住鼠标________并沿对角线可拖动出一个文本框。

A．左键　　B．右键　　C．中键　　D．左、右键

三、简答题

（1）简述文字沿路径排列的方法。

（2）简述文本绕图的方法。

特 殊 效 果

知识要点

1. 掌握阴影工具、封套工具、透明度工具以及变形工具的使用。
2. 了解和熟悉 VI 的应用要素、应用系统。

在 CorelDRAW X7 中，工具箱中的透明度工具是用于制作图形透明度的特殊效果的工具。单击工具箱中的“阴影”工具图标右下角的黑色小三角形，其中集中了多个制作图形的特殊效果的工具，如阴影工具、轮廓图工具、调和工具、变形工具、封套工具和立体化工具。通过这些工具，可以设计出丰富的效果，这也是 CorelDRAW X7 表现特殊效果的最强大的工具组。这些工具组的方便之处就是其交互性，用户可以在交互效果的基础上进行修改，从而设计出生动真实的效果。特殊效果展开工具组如图 7-1 所示。

图 7-1 特殊效果展开工具组

知识难点、重点分析

本章主要讲解阴影工具、封套工具、透明度工具和变形工具的使用。在使用特殊效果工具时，要根据设计制作的对象来选用合理的工具，同时，要了解和熟悉 VI 应用要素、应用系统。

7.1 “丽豪大酒店房卡”的设计

做什么

本节主要运用阴影工具和封套工具，以及贝塞尔工具、颜色填充工具、文本工具完成如图 7-2 所示的丽豪大酒店房卡的设计。

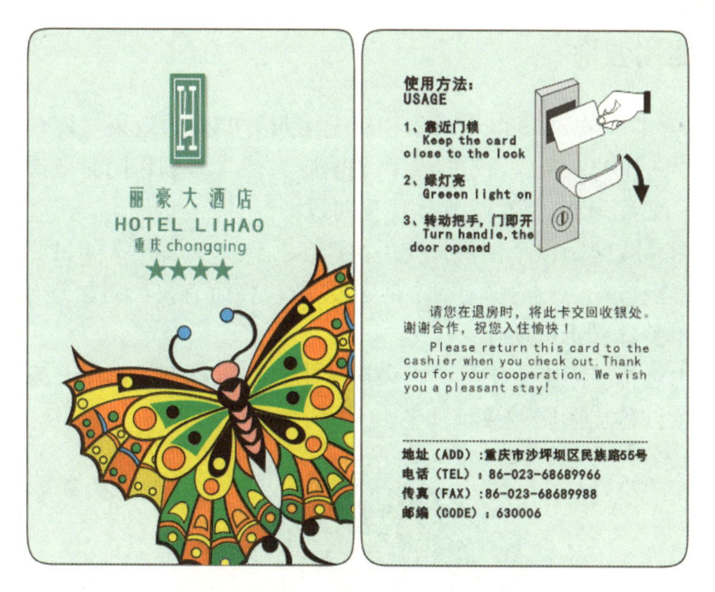

图 7-2 丽豪大酒店房卡

知识准备

首先要了解什么是 VI。VI（Visual Identify）是视觉识别系统。VI 即以标志、标准字、标准色为核心展开的完整的、系统的视觉表达体系，可将上述的企业理念、企业文化、服务内容、企业规范等抽象概念转换为具体符号，塑造出独特的企业形象。在 VI 设计中，视觉识别设计最具传播力和感染力，同时，其具有重要意义，也最容易被公众所接受。

一套 VI 设计的主要内容包括应用要素和应用系统。

（1）应用要素：标志设计、标准字体、标准色、吉祥物、象征图形、基本要素组合规范，如图 7-3 所示。

图 7-3 VI 应用要素

（2）应用系统：办公用品（如文件夹、信纸、名片等）、企业外部建筑环境（如招牌、霓虹灯广告等）、企业内部建筑环境（如部门标识牌、楼层标识牌等）、交通工具外观（如公务车、班车等）、服装服饰（如男女装、T 恤衫等）、广告媒体（如报纸广告、网络广告等）、产品包装（如手提袋、塑料袋包装等）、礼品（如雨伞、纪念章等）、陈列展示（如橱窗展示、展览展示等）、印刷品（如企业简介、产品简介等）。

下面先来学习本章相关的基础知识。

7.1.1 创建阴影效果

CorelDRAW 中的阴影效果可以为对象创建光线照射的阴影效果，使对象产生较强的立体感。CorelDRAW X7 创建的对象大部分能使用“阴影”工具制作阴影效果，而一些特殊的对象无法使用此工具，如“渐变对象”“立体化”对象。

（1）导入一张图片或绘制一个图形，使用挑选工具选中该图形。如果要添加阴影的整体图形是由多个对象拼凑组成的，则必须在添加阴影之前，将所有拼凑对象进行“组合”的操作，之后才能顺利制作出整体图形的阴影。

（2）在工具箱中选择“阴影”工具，在对象上按住鼠标左键向某一方向拖动，松开鼠标左键后，即可为对象创建出阴影效果，如图 7-4 所示。

图 7-4 创建阴影效果

7.1.2 编辑阴影效果

为对象创建阴影效果后，需要对阴影进行进一步的编辑，以达到更好的立体效果。编辑阴影可通过该工具的属性栏进行设置。

（1）阴影颜色。打开名为“乒乓球”的 CDR 文件，为其设置“透视左下”的阴影。在属性栏的颜色下拉列表中，设置阴影的颜色。图 7-5 所示为蓝色与红色的图形阴影效果。

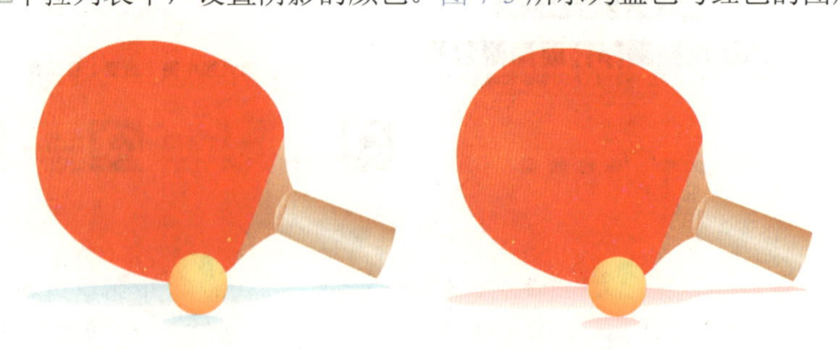

图 7-5 不同颜色的阴影效果

（2）阴影的透明度。在 CorelDRAW X7 中，可设置阴影的透明程度 100，数值越大，阴影颜色越深；数值越小，阴影颜色越浅。打开名为“空竹”的 CDR 文件，将阴影不透明度分别设置为 22 与 50，可以得到如图 7-6 所示的不同的阴影效果。

图 7-6 不同的阴影透明度效果

（3）阴影羽化。在属性栏中，可设置阴影的羽化程度 20，使阴影产生柔和的边缘效果。图 7-7 所示为“羽化值”分别为 0 和 30 的图形阴影效果。

图 7-7 不同的阴影羽化效果

（4）阴影的清除。当要删除不需要的阴影效果的时候，在属性栏右侧有“清除阴影”图标，单击此图标即可清除不需要的阴影。如果想清除阴影但是发现“清除阴影”图标显示为灰色，则需要在阴影所在位置单击，此时“清除阴影”图标才会显示为红色，表示可用。打开名为“空竹”的 CDR 文件，选择工具箱中的“阴影”工具，在属性栏中单击“清除阴影”图标，得到如图 7-8 所示的效果。

图 7-8 清除阴影效果

7.1.3 封套工具

在字体、产品和景观设计中，有时需要将编辑好的对象调整为透视效果，以增加视觉美感。使用“形状”工具修改会比较麻烦，而利用“封套”工具可以快速地创建逼真的透视效果。

（1）预设列表。输入需要处理的文字，选择工具箱中的“封套”工具，在属性栏的左侧会出现“预设列表”。其中包含如图 7-9 所示的圆形、直线型、直线倾斜、挤远、下推、上推的封套效果。图 7-10 所示为运用“上推”封套的文字处理前后的对比效果。

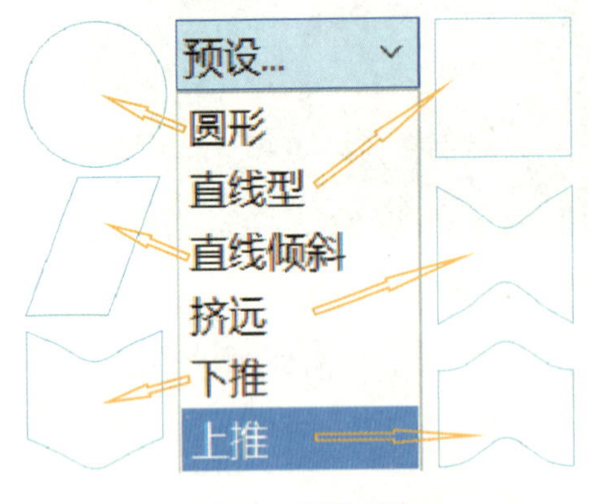

图 7-9　预设列表

图 7-10　文字运用“上推”封套进行处理

（2）封套的模式。选中编辑对象，选中“封套”工具，在属性栏上方会出现“封套模式”的设置。

第一种：选择可以自由地修改封套上的节点的“非强制模式”，此时编辑对象会出现一个有八个节点的矩形封套，再单击对象封套上的任一节点，在属性栏中即可激活节点编辑的图标，选中封套的节点即可进行自由编辑。

第二种：直线模式。直线模式是用“直线”组成封套去改变对象形状的模式，如图 7-11 所示。

第三种：单弧模式。单弧模式是应用“单边弧线”组成封套去修改对象形状的模式，如图 7-12 所示。

第四种：双弧模式。双弧模式是用“S”形封套改变对象形状的模式，如图 7-13 所示。

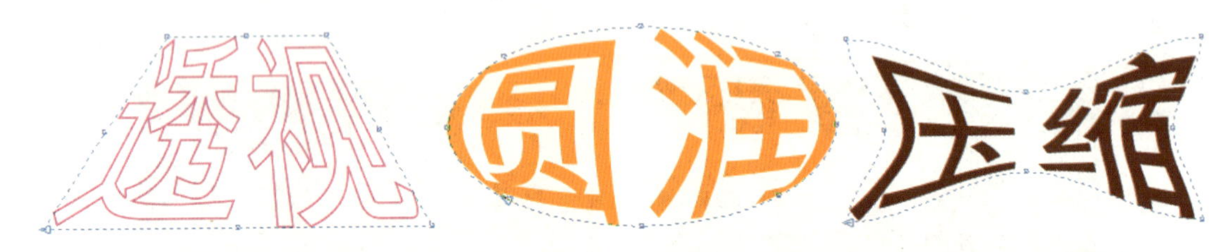

图 7-11　直线模式　　图 7-12　单弧模式　　图 7-13　双弧模式

（3）“封套”泊坞窗的设置。选中需编辑的对象后，执行“效果”菜单中的“封套”命令，即可弹出如图 7-14 所示的“封套”泊坞窗。单击“添加预设”按钮可以激活其下方的样式表，选择样式表中的任一样式，并单击“应用”按钮即可完成对象封套的添加，如图 7-15 所示。

（4）打开名为“灯笼”的 CDR 文件，可以看到如图 7-16 所示的灯笼的大轮廓。运用钢笔工具绘制八条直线，高度为 45mm，轮廓宽度为 0.2mm，轮廓颜色为（R：255，G：234，B：0）。用 Ctrl+G 组合键将它们“组合”起来。用封套工具对八条直线进行修改，效果如图 7-17 所示。

（5）通过双击的方式先去掉封套两边竖线中间的节点，再去掉上、下、左、右四个角的节点，可以得到如图 7-18 所示的八条直线通过封套修改后的效果。再用封套工具选中灯笼图形的上部、下部以及灯笼穗的图形区域，执行封套修改，得到如图 7-19 所示的效果。

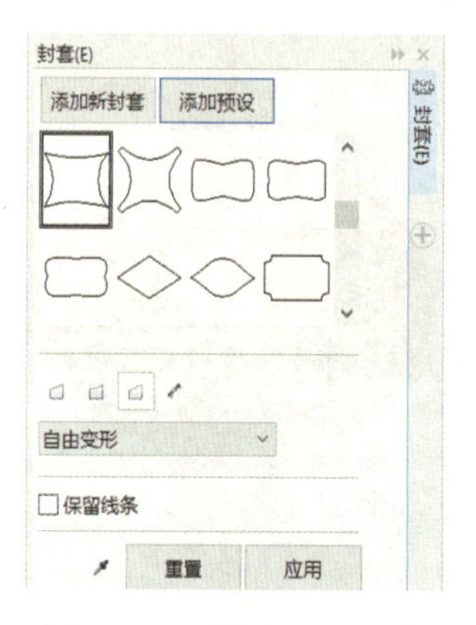

图 7-14 “封套”泊坞窗

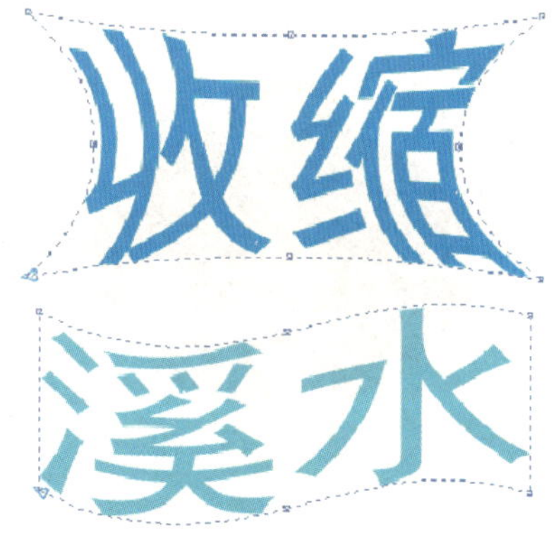

图 7-15 添加预设

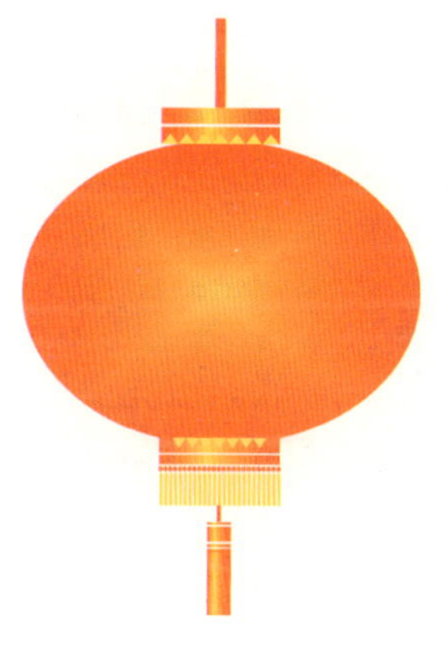

图 7-16 打开的文件

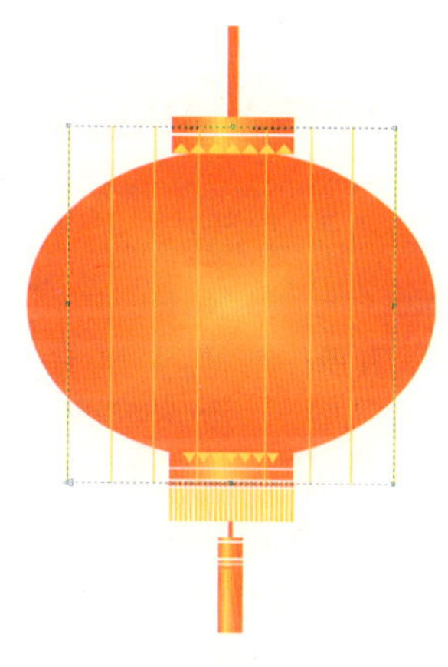

图 7-17 绘制八条直线

图 7-18 用封套工具修改直线

图 7-19 用封套工具修改灯笼体与灯笼穗

（6）选择椭圆形工具绘制一个宽 16mm、高 4mm 的椭圆形，填充颜色为（R：255，G：220，B：0），轮廓宽度为 0.1mm，轮廓颜色为（R：230，G：211，B：0），将它放置在黄色灯笼穗下部的合适位置，如图 7-20 所示。再用椭圆形工具绘制一个宽 3mm、高 1mm 的椭圆形，填充颜色为（R：255，G：5，B：0），轮廓宽度为 0.1mm，轮廓颜色为（R：214，G：6，B：

3），将它放置在红色灯笼穗下部的合适位置，得到如图 7-21 所示的灯笼设计最终效果。

图 7-20　绘制黄色椭圆形

图 7-21　绘制红色椭圆形

7.1.4　“丽豪大酒店房卡”的制作

跟我来

由前面的知识，大家对 VI 视觉识别系统有了一定了解，知道了房卡属于 VI 中的应用系统，房卡的标准尺寸一般为宽 54mm、高 85mm。在开始制作房卡前，首先要设计好“丽豪大酒店”的标志。如何设计标志和制作标志在前面的章节中已经学习过，这里不再详细讲述，在设计标志时要注意体现该酒店的经营理念和企业特征。首先，“丽豪大酒店”的标志由“丽豪”两字的首写拼音字母“L、H”构成，形似饭店外观形状，并且外面高端大气，里面精致舒适，有家的感觉。其次，该饭店作为最早的五星级饭店，在色彩的运用上应体现出高贵和典雅的色彩效果，所以选用淡绿色作为典雅的底色，添加色彩斑斓的蝴蝶造型作为高贵的象征。最后，房卡的背面是房卡的具体使用方法以及酒店的地址、电话、传真、邮编等重要信息，设计时既要图文并茂，表述简单清晰；又要疏密有致，富有形式美感。

现在来进行“丽豪大酒店”房卡的具体制作。

1．制作房卡的正面

（1）启动 CorelDRAW X7 后，新建一个文档，并以“丽豪大酒店房卡”为文件名保存到自己需要的位置。

（2）选择矩形工具，在属性栏中设置矩形边角圆滑度为 3.0mm，绘制出一个宽度为 54mm、高度为 85mm、轮廓宽度为 0.2mm 的矩形。选择工具箱中的“交互式填充”工具，在属性栏上方选择“均匀填充”，单击“选择填充色”右侧的下拉按钮，在弹出的如图 7-22 所示的面板中，选择 CMYK 模式，并设置颜色为（C：17，M：0，Y：12，K：0），得到如图 7-23 所示的淡绿色的底图。

（3）选择工具箱中的“矩形”工具，拖动出一个宽度为 14mm、高度为 35mm 的对象，其轮廓宽度为发丝，轮廓颜色为（C：100，M：0，Y：100，K：0），并均匀填充颜色值为（C：60，M：0，Y：40，K：40）的矩形。再次使用矩形工具，在该矩形的上方绘制一个宽度为 12mm、高度为 32mm 的矩形，其轮廓为 0.2mm 的白色，并均匀填充颜色值为（C：60，M：0，Y：40，

K：40）。选择工具箱中的“文本”工具字，用 Simplified Arabic Fixed 128.762 pt 输入“H”，并用拖动左右控制键的形式缩短字母的宽度为8.517mm，填充颜色为（C：7，M：2，Y：5，K：0）。全选两个矩形框和“H”字母，单击属性栏上方的“对齐与分布”按钮，进行“水平居中对齐”与“垂直居中对齐”操作，得到如图7-24所示效果。

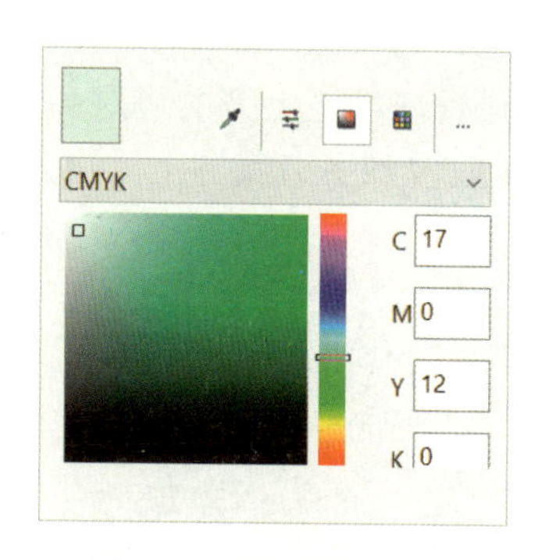

图7-22 设置底图颜色

图7-23 制作底图

（4）用 Segoe Print 74.646 pt 输入大写字母“L”，填充颜色为（C：7，M：2，Y：5，K：0），并放置在合适的位置。将所有标志元素选中，用Ctrl+G快捷键将它们“组合”起来，选中工具箱中的“阴影”工具，为其添加向下的阴影效果，在属性栏中设置阴影的不透明度为60，“羽化值”为15 60 15，颜色为黑色，得到如图7-25所示的“丽豪大酒店标志”最终效果。

图7-24 绘制酒店标志1

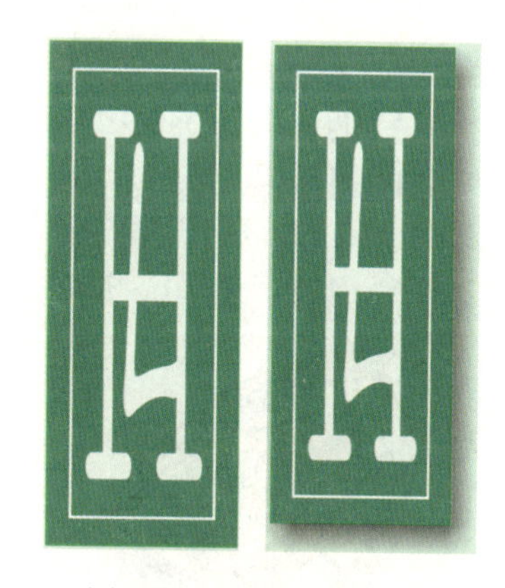

图7-25 绘制酒店标志2

（5）用 方正姚体 25.038 pt 输入“丽豪大酒店”，并放置在标志下方。再用 黑体 21.908 pt 输入“HOTEL LIHAO”，并均匀填充颜色（C：60，M：0，Y：40，K：40）。复制一次该字母组合，将其拖动至右下一些的位置，填充颜色（C：92，M：65，Y：78，K：39），并将其图层设置在原字母组合的下方，形成阴影效果，如图7-26所示。

丽豪大酒店 HOTEL LIHAO　丽豪大酒店 HOTEL LIHAO

图7-26 绘制标志下的文字与图形1

（6）用输入“重庆 chongqing”字样，并均匀填充颜色（C：60，M：0，Y：40，K：40）。复制一次该字样组合，将其拖动至右下一些的位置，填充颜色（C：92，M：65，Y：78，K：39），并将其图层设置在原字母组合的下方，形成阴影效果。在按住 Ctrl 键的同时，选择“星形”工具，在属性栏上方设置“点数或边数”为 5，“锐度”为 53，“轮廓宽度”为 0.2mm，填充色和轮廓色都为（C：60，M：0，Y：40，K：40），绘制五个五角星形并放置在下方。选中所有文字，进行属性栏上方的“对齐与分布”中的“水平居中对齐”操作，并将其缩小调整到合适大小后放置到房卡底图上，得到如图 7-27 所示的设计效果。

图 7-27　绘制标志下的文字与图形 2

（7）选择贝塞尔工具和椭圆形工具绘制出蝴蝶半边翅膀的多个封闭区域，轮廓色用黑色填充，轮廓宽度为 0.2mm。分别填充为（C：0，M：0，Y：100，K：0）的黄色、（R：255，G：107，B：39）的橙色、（C：100，M：0，Y：0，K：0）的蓝色、（C：100，M：0，Y：100，K：0）的绿色和（C：0，M：0，Y：0，K：100）的黑色，得到如图 7-28 所示的图形。再填充为（R：186，G：92，B：37）的深橙色、（C：15，M：13，Y：100，K：0）的深黄色和（C：100，M：25，Y：100，K：0）的深绿色，得到如图 7-29 所示的蝴蝶半边翅膀的填充效果。

图 7-28　部分颜色填充效果

图 7-29　半边翅膀填充效果

（8）用选择工具框选的方式全选蝴蝶的半边翅膀，用 Ctrl+G 快捷键将它们“组合”起来。按 Ctrl+C 和 Ctrl+V 键实现原位置的复制和粘贴。使用属性栏上的“水平镜像”对其进行镜像，并放置在合适位置，得到如图 7-30 所示效果，在属性栏中的“缩放因子”处输入 102%，得到如图 7-31 所示的图形效果。

图 7-30 复制并镜像翅膀

图 7-31 复制并放大翅膀

（9）选中上面的一层黑色翅膀并右击，将“顺序”设置为“到页面背面”，得到如图 7-32 所示效果。用贝塞尔工具和椭圆形工具绘制如图 7-33 所示的翅膀上部和下部的造型，并分别填充为（R：255，G：107，B：39）和黑色，轮廓色使用黑色，轮廓宽度为 0.5mm 和发丝大小。

图 7-32 将黑色翅膀放置到底层

图 7-33 绘制翅膀的装饰图形

（10）选择贝塞尔工具和椭圆形工具绘制蝴蝶的身体中部的造型，轮廓色使用黑色，轮廓宽度为 0.2mm，并分别填充（C：100，M：0，Y：0，K：0）的蓝色、（C：0，M：60，Y：40，K：0）的粉色和（C：0，M：0，Y：0，K：100）的黑色，得到如图 7-34 所示的蝴蝶造型绘制的最终效果。

图 7-34 绘制蝴蝶图形的最终效果

（11）用 Ctrl+G 组合键将蝴蝶图形“组合”起来，然后对它执行 22 度的旋转 22.0 °，并放置在房卡底部图层的右下方的合适位置，如图 7-35 所示。按住 Shift 键的同时先选中绿色底部图层，后选中蝴蝶造型，单击属性栏中的“相交”按钮，得到如图 7-36 所示的房卡正面效果。

图 7-35　蝴蝶旋转后的放置效果

图 7-36　房卡正面效果

2. 制作房卡的背面

（1）在按住 Shift 键的同时向右方拖动房卡正面图的底层圆角矩形，到达合适的位置后右击以确认复制。选择工具箱中的“文本”工具 字，使用 黑体 6.839 pt 输入“使用方法：”以及大写的英文字母“USAGE”，并为它们添加黑色轮廓线。再用 黑体 5.916 pt 的中、英两种语言在“使用方法”下面输入具体的使用方法，并为它们添加黑色轮廓线，得到如图 7-37 所示的文字编辑效果。

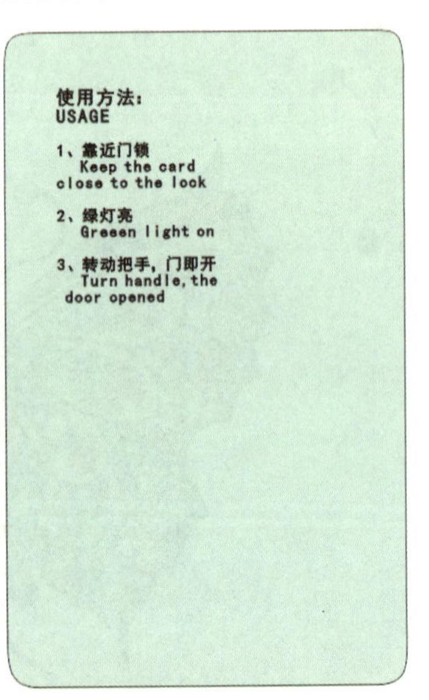

图 7-37　房卡背面文字编辑 1

（2）选择工具箱中的“文本”工具，用 黑体 6.903 pt 的中、英两种语言在中间输入“退卡方法”。用钢笔工具绘制一条直线，将轮廓线样式改为虚线并放置到合适的位置。再用 黑体 5.795 pt 在卡片最下面写出酒店的地址、电话、传真、邮编，并为它们添加黑色轮廓线，得到如图 7-38 所示的文字编辑效果。

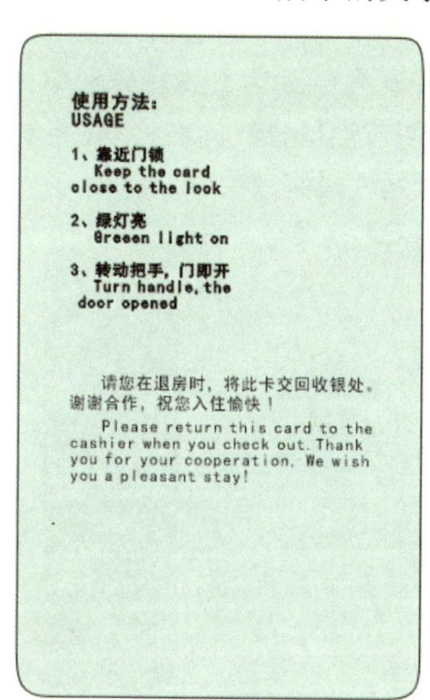

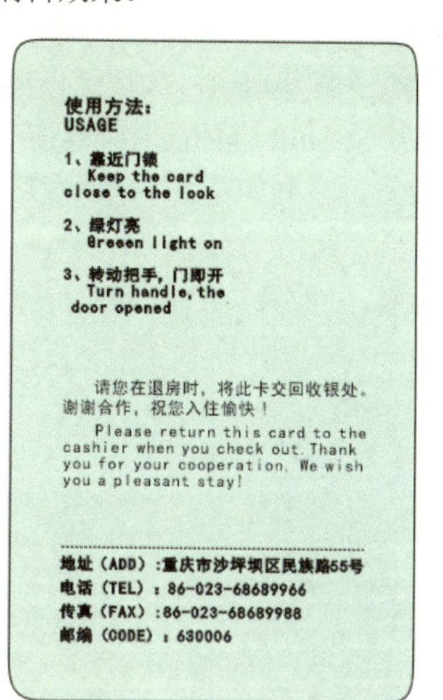

图 7-38 房卡背面文字编辑 2

（3）选择工具箱中的“矩形”工具，绘制一个 15mm 宽、62mm 高的矩形，并填充为（C：0，M：0，Y：0，K：30），如图 7-39 所示。选择“阴影”工具组中的“封套”工具，双击删除封套虚线矩形两条水平线中间的节点，如图 7-40 所示。分别右击左下角与右上角的节点，执行“到直线” 到直线(L) 命令将矩形的两条水平线更改为直线，如图 7-41 所示。分别单击右上角与右下角的节点并向上拖动，按 Shift 键的同时继续拖动使节点呈直线向上移动，得到如图 7-42 所示的封套处理最终效果。

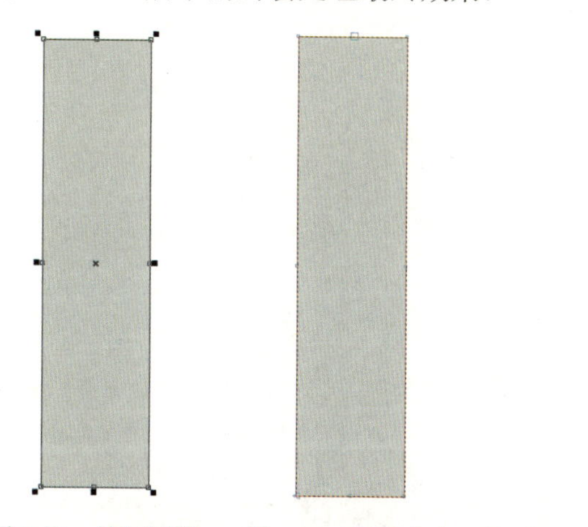
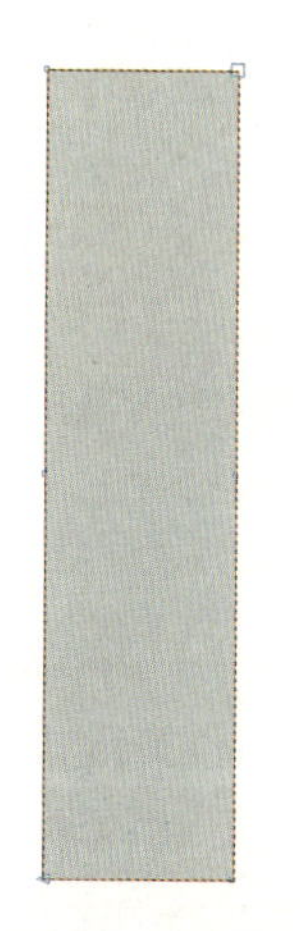
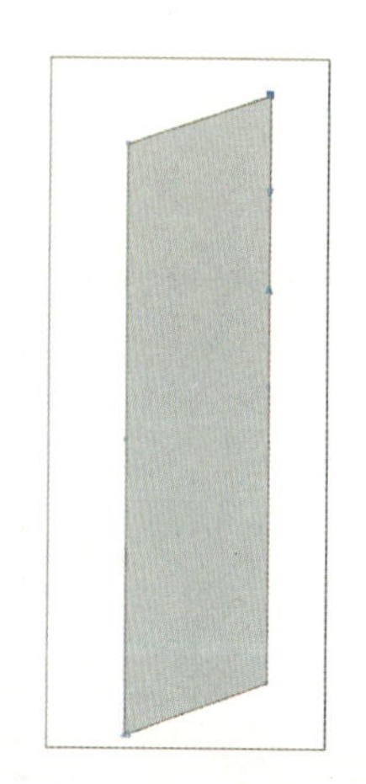

图 7-39 绘制矩形　图 7-40 取消节点　图 7-41 执行“到直线”命令　图 7-42 封套处理最终效果

（4）选择工具箱中的“矩形”工具，绘制一个 3mm 宽、62mm 高的矩形，并填充为（C：0，M：0，Y：0，K：20）。选择“封套”工具，双击删除封套虚线矩形两条水平线中间的节点。分别右击左下角与右上角的节点，执行“到直线” 到直线(L)命令将矩形的两条水平线更改为直线。分别单击右上角与右下角的节点并向下拖动，按 Shift 键的同时继续拖动，使节点呈直线向下移动，得到如图 7-43 所示的封套处理最终效果。选择工具箱中的“矩形”工具，绘制一个 16mm 宽、3mm 高的矩形，并填充为（C：0，M：0，Y：0，K：20）。选择“封套”工具，双击删除封套虚线矩形两条垂直线中间的节点。分别右击左上角与右下角的节点，执行“到直线” 到直线(L)命令将矩形的两条垂直线更改为直线。分别单击左下角与右下角的节点并向右拖动，按 Shift 键的同时继续拖动，使节点呈直线向右移动，将其旋转 18 度 18.0 ° 后放置到合适的位置，得到如图 7-44 所示的封套处理最终效果。

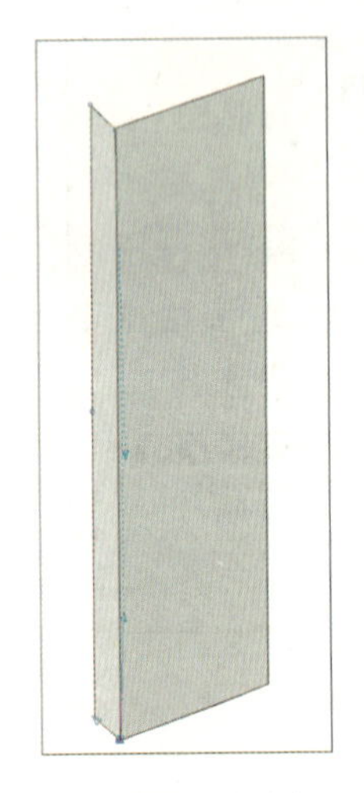

图 7-43　左侧面矩形封套处理效果

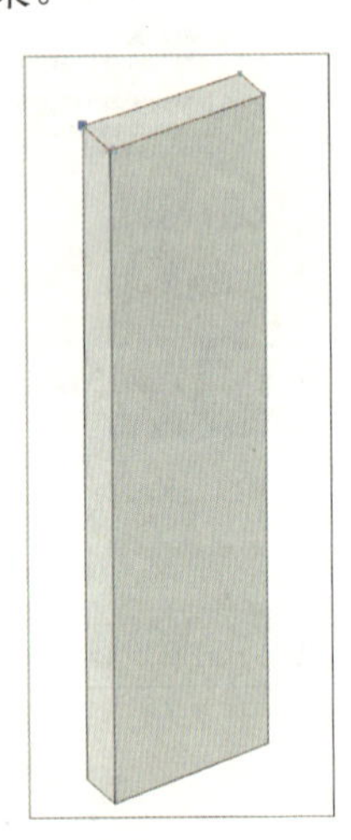

图 7-44　上面矩形封套处理效果

（5）选择椭圆形工具，在合适的位置拖动出一个椭圆形，无填充，轮廓线为发丝。选择“封套”工具，双击删除椭圆形四周封套虚线矩形中心处的四个节点。将四周的四个节点向合适的方向拖动，形成如图 7-45 所示的锁眼外圈图形。用同样的方法绘制锁眼内圈图形，得到如图 7-46 所示的图形。

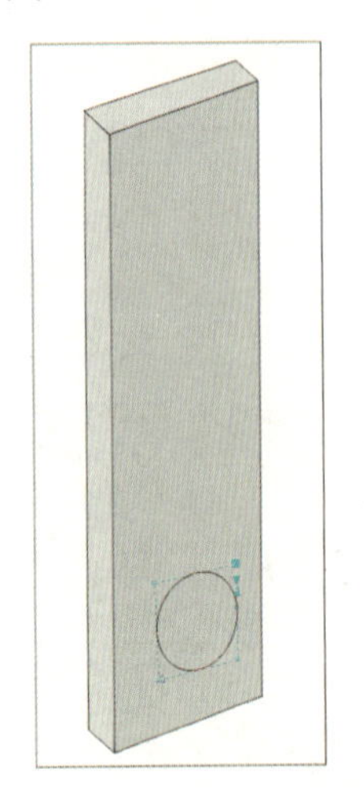

图 7-45　锁眼外圈的绘制

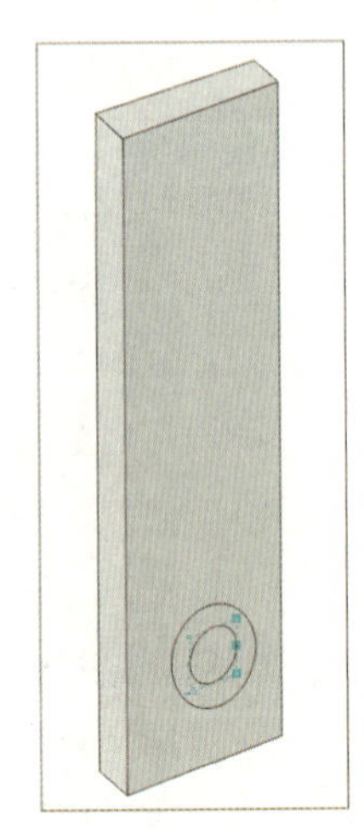

图 7-46　锁眼内圈的绘制

（6）选择贝塞尔工具在锁眼中心画出两个封闭的区域，并填充为（C：0，M：0，Y：0，

K：100），如图 7-47 所示。选择工具箱中的“矩形”工具，绘制一个 12mm 宽、13.5mm 高的矩形，并填充为（C：0，M：0，Y：0，K：90）。选择“封套”工具，双击删除封套虚线矩形两条水平线中间的节点。分别右击左下角与右上角的节点，执行“到直线” 到直线(L) 命令将矩形的两条水平线更改为直线。分别单击右上角与右下角的节点并向上拖动，按 Shift 键的同时继续拖动，使节点呈直线向上移动，得到如图 7-48 所示的房卡感应窗的图形最终效果。

图 7-47 锁心的绘制

图 7-48 房卡感应窗的绘制

（7）选择贝塞尔工具画出如图 7-49 所示的门锁把手的造型，并填充为（C：0，M：0，Y：0，K：10）。再用贝塞尔工具画出如图 7-50 所示的门锁把手配件的造型，并填充为（C：0，M：0，Y：0，K：50）。

（8）选择贝塞尔工具勾勒出如图 7-51 所示的门锁把手上曲线的造型，曲线宽度为发丝。再用贝塞尔工具画出如图 7-52 所示的门锁把手向下拖动的方向指示箭头的造型，并填充为（C：0，M：0，Y：0，K：100）。

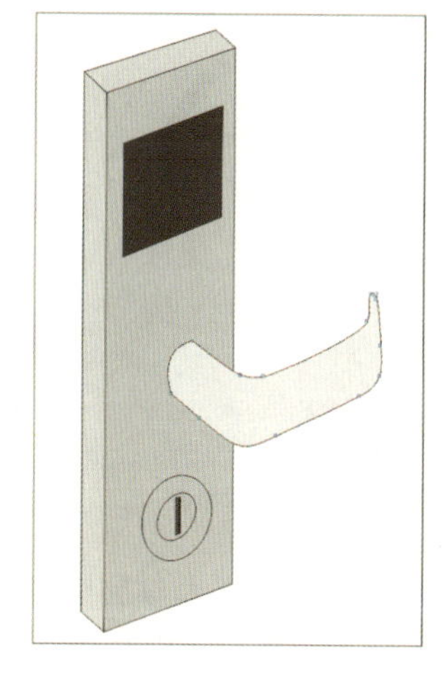

图 7-49 门锁把手的绘制

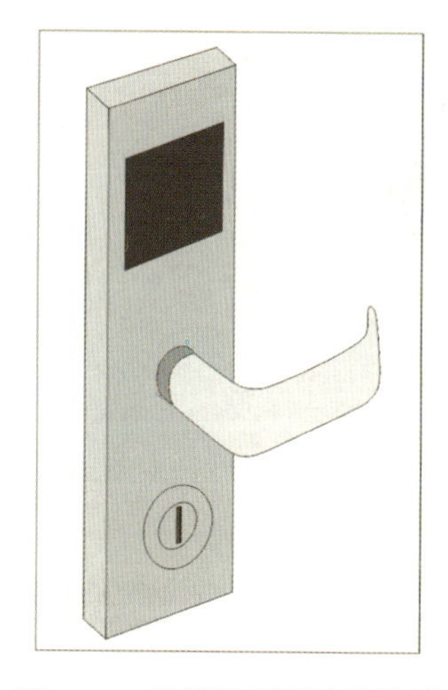

图 7-50 门锁把手配件的绘制

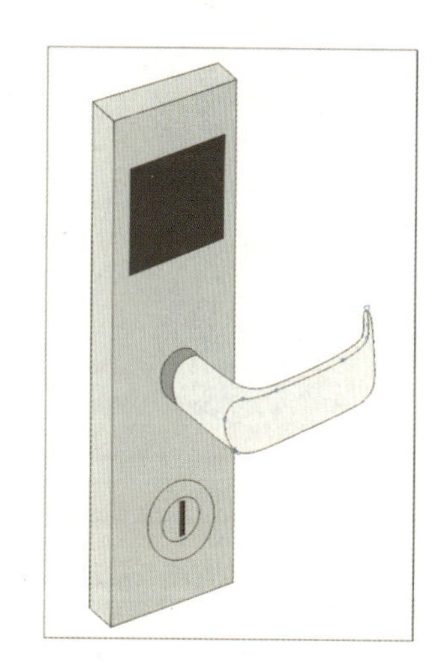

图 7-51 门锁把手上曲线的绘制

（9）选择贝塞尔工具画出如图 7-53 所示的手的造型，并填充为（C：0，M：0，Y：0，K：0）。再用矩形工具画出手腕处西装袖口的造型，并填充为（C：0，M：0，Y：0，K：100），得到如图 7-54 所示的封套处理最终效果。

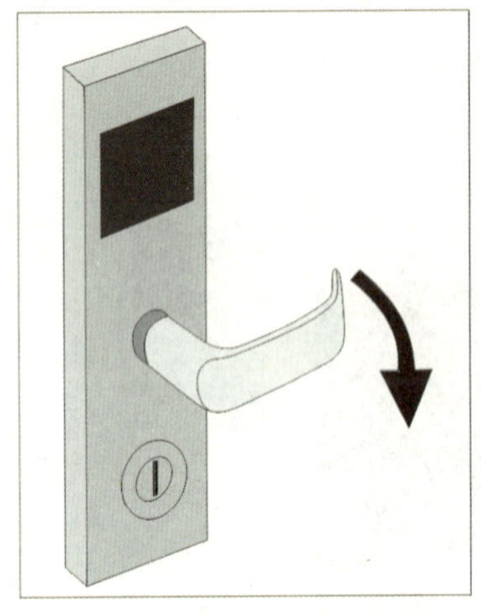

图 7-52　方向指示箭头的绘制

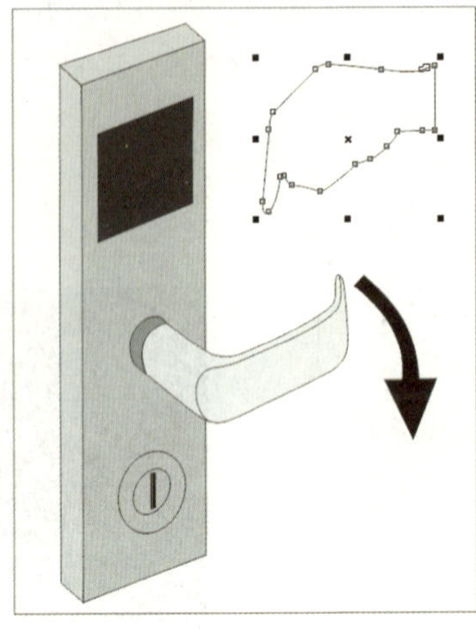

图 7-53　手的绘制

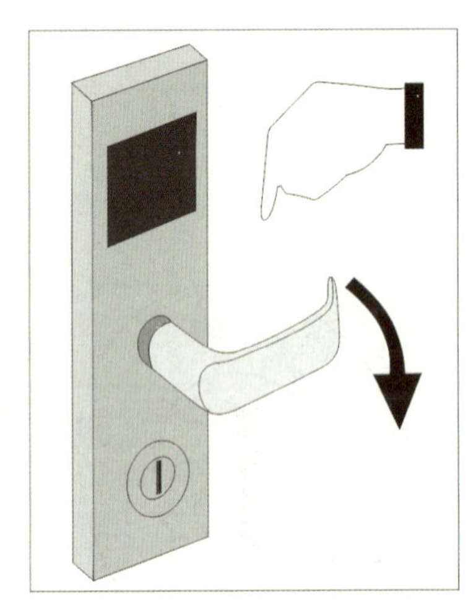

图 7-54　手腕处西装袖口的绘制

（10）选择贝塞尔工具勾勒出如图 7-55 所示的手部细节的曲线。再用矩形工具画一个 21mm 宽、13mm 高的矩形。用形状工具调整转角半径为 0.6mm，并填充颜色（C：7，M：2，Y：5，K：0），再用“封套”工具进行适当调整，得到如图 7-56 所示的房卡图形的效果。

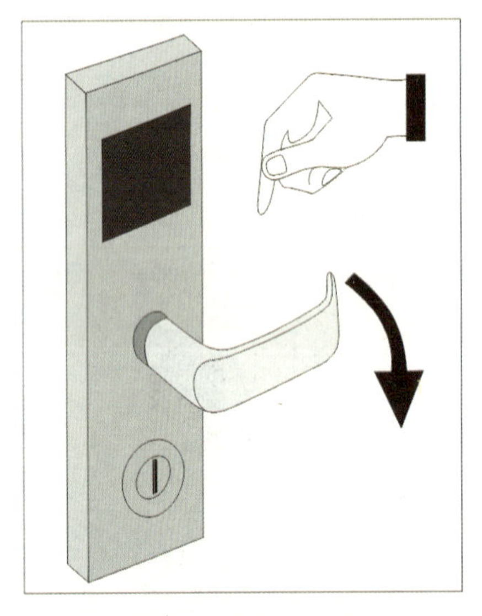

图 7-55　手部细节曲线的绘制

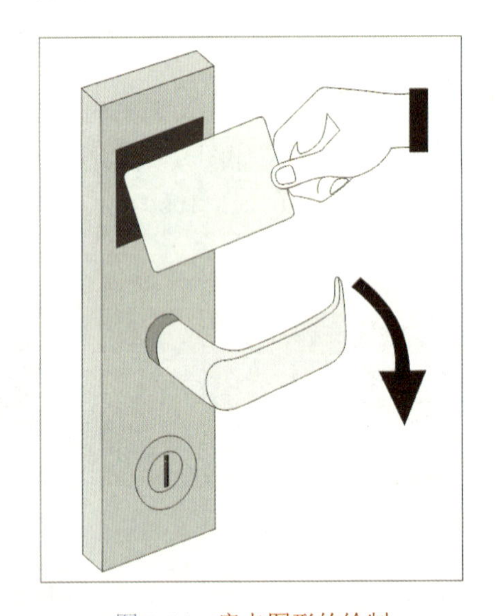

图 7-56　房卡图形的绘制

（11）将上面绘制的所有图形进行适当缩小后放置到房卡背面的合适位置，得到如图 7-57 所示的房卡正面与背面最终效果。

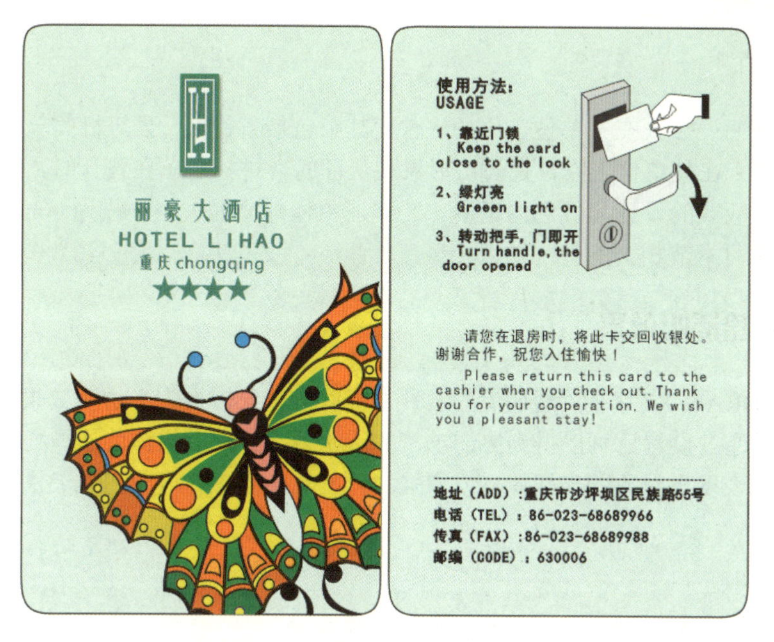

图 7-57 丽豪大酒店房卡正面与背面最终效果

7.2 “恒峰电器有限责任公司工作证”的设计

做什么

本节要运用透明度工具，使图像产生不同的美化效果，以制作如图 7-58 所示的恒峰电器有限责任公司的工作证。工作证上应该具有企业相关的文字与图片信息；留出的照片粘贴区域必须符合登记照的尺寸比例；中间的彩虹色条代表工作证持有者工作的热情，透明化处理后气泡的排列效果预示着其工作的活力。

图 7-58 恒峰电器有限责任公司的工作证

知识准备

工作证是证明一个人在某单位工作的证件。其中包括省、市、县等机关单位和企事业单位等，主要表明某人在某单位工作，是公司形象和认证的一种标志。在设计时，除体现企业的理念之外，要注意版式的设计和颜色的运用。工作证主体部分的大小一般为 60mm×90mm。

下面先来学习本节相关的基础知识。

7.2.1 创建透明效果

使用 CorelDRAW X7 中的“透明度”工具可以将对象转换为半透明效果，也可以拖动为渐变透明效果，通过设置还可以得到更加丰富的透明效果。在对物体的造型处理上，应用透明度工具可很好地表现出对象的光滑质感，增强对象的真实效果，可应用于矢量图形、文本和位图图像。

1. 均匀透明度

均匀透明度工具是均匀地对图像进行透明操作的工具。它可以使原本清晰的图像得到朦胧的效果。用“选择”工具选中图片后，再选择工具箱中的“透明度”工具，在属性栏中选择均匀透明度工具，即可得到如图 7-59 所示的效果。

图 7-59　均匀透明度的运用

2. 线性渐变透明度

线性渐变透明度是渐变透明度工具组中的第一个透明度工具。它可以使对象产生线性自然过渡的效果。用“选择”工具选中图片后，再选择工具箱中的“透明度”工具，在属性栏中选择“渐变透明度”，再在属性栏中间选择“线性渐变透明度”。将光标移到图形上，拖动鼠标调整透明度的方向和角度，即可创建出线性渐变透明度效果。

（1）打开名为“黄山毛峰茶”的 CDR 文件，可以看到如图 7-60 所示的黄山毛峰茶与茶叶园的图形。用选择工具选中“黄山毛峰茶盒”图片，为它添加如图 7-61 所示的线性渐变透明。

（2）用选择工具选中“茶杯”图片，为它添加如图 7-62 所示的线性渐变透明。将这两张处理好的图片放置到“茶园”图片中，得到如图 7-63 所示的最终处理效果。

图 7-60 打开的文件

图 7-61 线性渐变透明处理后的茶盒图片效果

图 7-62 线性渐变透明处理后的茶杯图片效果

图 7-63 图片最终处理效果

3. 矩形渐变透明度

矩形渐变透明度是渐变透明度工具组中的第四个透明度工具。它可以使对象产生如图 7-64 所示的矩形自然过渡的效果。

图 7-64 矩形渐变透明度的运用

4. 椭圆形渐变透明度

椭圆形渐变透明度是渐变透明度工具组中的第二个透明度工具。它可以使对象产生椭圆形自然过渡的效果。

（1）打开名为“五子棋”的 CDR 文件，看到如图 7-65 所示的五子棋棋盘图片。选择椭圆形工具，在按住 Ctrl 键的同时，画出一个直径为 5.5mm 的正圆形。单击调色板上方的图标，去掉轮廓线，并填充为白色。选中这个圆形，并按 Ctrl+C 和 Ctrl+V 组合键实现原位置的复制和粘贴，并填充为黑色。选中这个黑色的圆形，选择“透明度”工具组中的“渐变透明度”中的“椭圆形渐变透明度”工具，拖动出如图 7-66 所示的渐变透明度效果，得到一个黑棋棋子的造型。

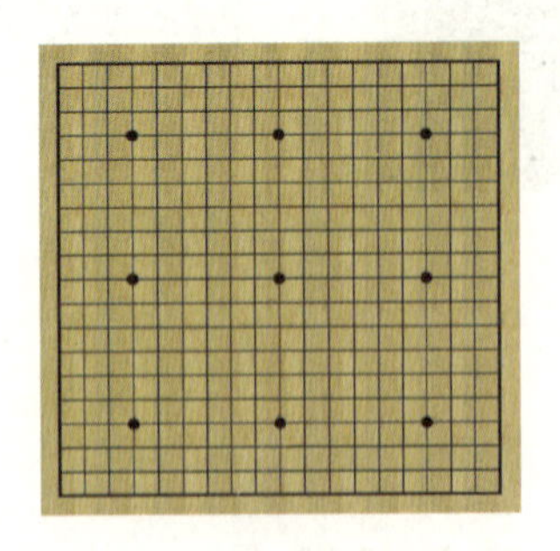

图 7-65　打开的五子棋棋盘图片

图 7-66　黑棋的绘制

（2）按照同样的方法绘制如图 7-67 所示的白棋棋子的效果。将绘制好的白棋和黑棋复制后放置到如图 7-68 所示的棋盘相应的位置，即可实现椭圆形渐变透明度效果。

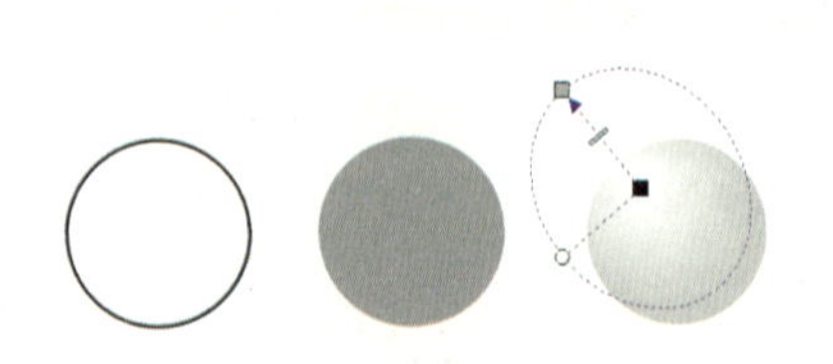

图 7-67　白棋的绘制

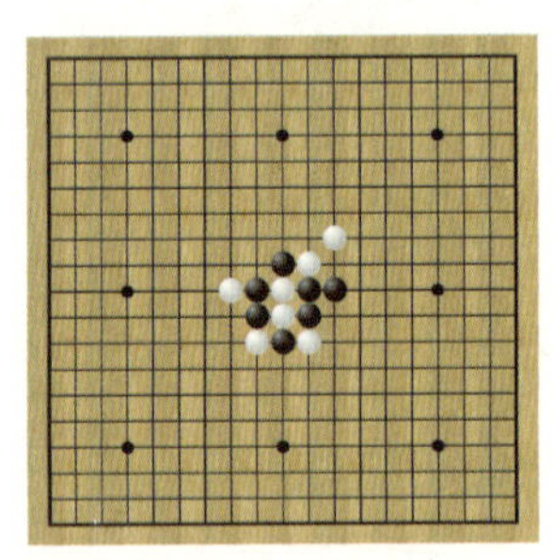

图 7-68　棋子放置的效果

5. 锥形渐变透明度

锥形渐变透明度是渐变透明度工具组中的第三个透明度工具。它可以使对象产生如图 7-69 所示的锥形自然过渡的效果。

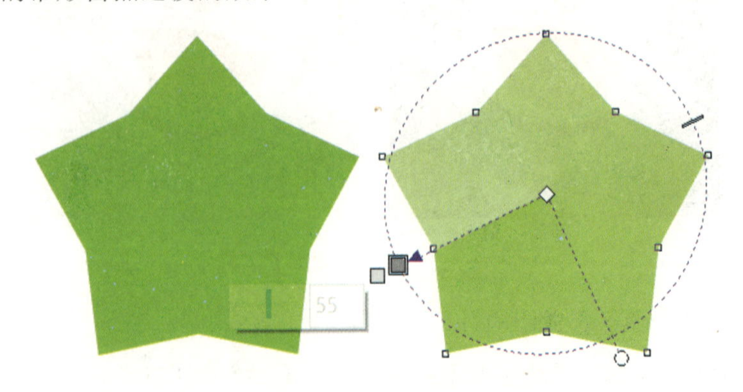

图 7-69　锥形渐变透明度的运用

6．双色图样透明度

用“选择”工具选中图片后，再选择工具箱中的“透明度”工具，在属性栏中选择双色图样透明度。单击属性栏上方的透明度选择器右侧的下拉按钮，选择第四行第六列的双色图样，单击属性栏中的“编辑透明度”按钮，在弹出的如图 7-70 所示的“编辑透明度”面板中，将“变换”选项组中的“透明度宽度和高度”都改为 7.0mm，单击“确定”按钮即可得到如图 7-71 所示的图形效果。

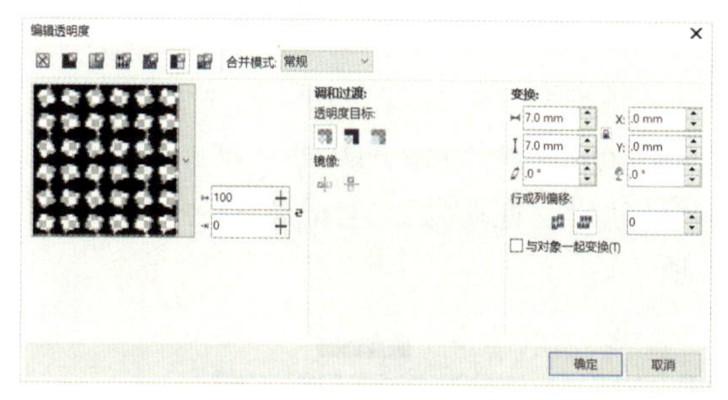

图 7-70　“编辑透明度”面板

图 7-71　双色图样透明度的运用

7．底纹透明度

用“选择”工具选中图片后，再选择工具箱中的“透明度”工具，在属性栏中选择底纹透明度。单击属性栏中的“编辑透明度”按钮，在弹出的如图 7-72 所示的“编辑透明度”面板中，单击透明度选择器右侧的下拉按钮，选择第一行第三列的，即“雪花石膏”底纹，将“变换”选项组中的“透明度宽度和高度”都改为 7.0mm，单击“确定”按钮即可得到如图 7-73 所示的图形效果。

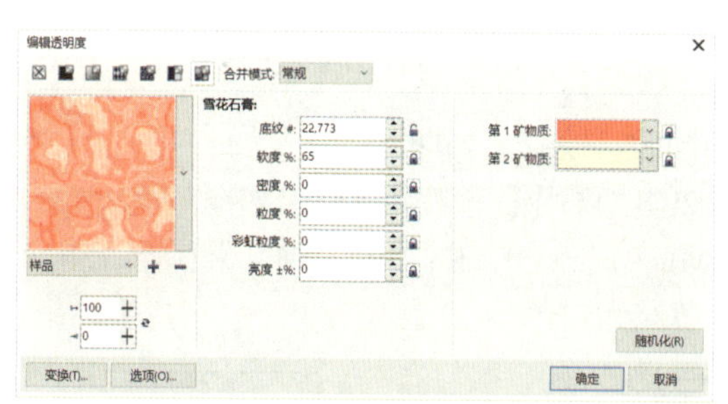

图 7-72　“编辑透明度”面板

图 7-73　底纹透明度的运用

7.2.2　“恒峰电器有限责任公司工作证”的制作

跟我来

制作恒峰电器有限责任公司的工作证，先要设计好工作证的正面的恒峰电器有限责任公司的标志。该公司的标志采用抽象的凤凰的造型来表达企业的精神和特征，在色彩的运用上以蓝色为主色调，体现出该企业稳重、发展的寓意。工作证的正面底纹的气泡装饰用“透明度”工具来制作。工作证的正面中间的照片是以登记照的尺寸比例来制作的，方便放入持证人的照片。整个制作过程还需要用到前面学过的渐变填充、文本工具等知识。

现在来完成恒峰电器有限责任公司工作证的具体制作。

1．绘制工作证的正面

（1）启动 CorelDRAW X7 后，新建一个文档，并以“恒峰电器有限责任公司工作证”为文件名保存到自己需要的位置。

（2）选择矩形工具，绘制出一个宽 75mm、高 102mm 的矩形，设置填充颜色为白色。用“形状”工具将转角半径拖动为 5mm，得到一个圆角矩形。再在圆角矩形中间绘制出一个宽 60mm、高 90mm 的直角矩形，然后由顶部到上半部分拖动出一条从（R：4，G：1774，B：200）到（R：255，G：255，B：255）的线性渐变，得到如图 7-74 所示的图形效果。选择矩形工具，在圆角矩形的最上方绘制出一个宽 34mm、高 6mm 的矩形，设置填充颜色为黑色，作为工作证上的穿孔处。用“形状”工具将转角半径拖动为 2.245mm，得到一个小圆角矩形，此时工作证设计如图 7-75 所示。

图 7-74　为矩形添加渐变

图 7-75　绘制工作证上的穿孔处

（3）选择“钢笔”工具，在按住 Shift 键的同时，绘制出如图 7-76 所示的工作证连接绳的金属头，并填充为（C：0，M：0，Y：0，K：20）。再用钢笔工具绘制出如图 7-77 所示的装订孔的图形，去掉轮廓线，并填充为（C：0，M：0，Y：0，K：50）。选择椭圆形工具，绘制出如图 7-78 所示的椭圆形，去掉轮廓线，并填充为白色。

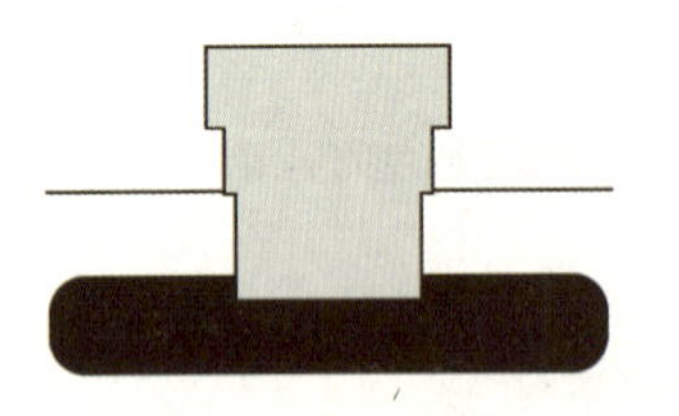

图 7-76　绘制金属头

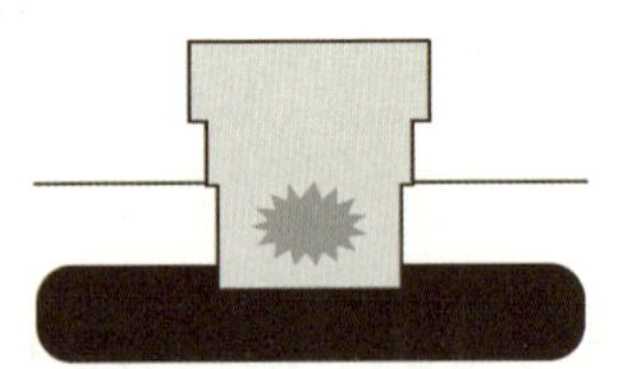

图 7-77　绘制装订孔

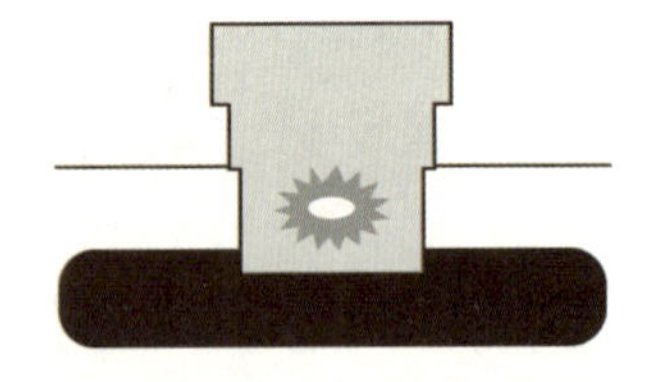

图 7-78　绘制中间的椭圆形

（4）选择“钢笔”工具，绘制出工作证连接绳的部分区域，并填充为（R：4，G：174，B：200），得到如图 7-79 所示的工作证外部形状的效果。

（5）选择贝塞尔工具或者三点曲线工具绘制如图 7-80 所示的标志图形，去掉轮廓线，对其从上到下填充上从 （R：0，G：61，B：122）到（R：4，G：174，B：200）的渐变。

图 7-79 工作证外部形状的效果

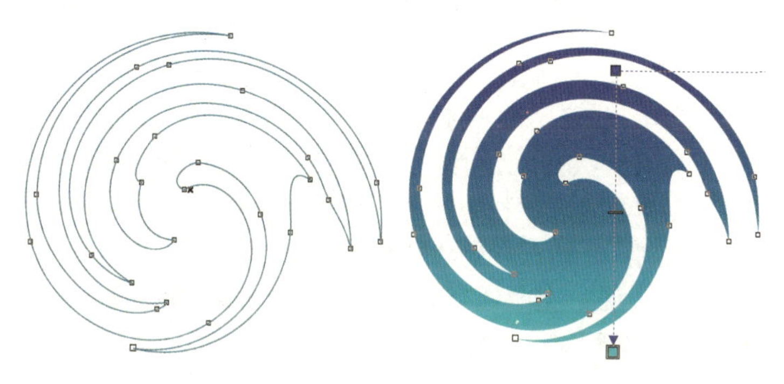

图 7-80 标志图形

（6）选择工具箱中的“文本”工具，在标志图形右上方使用 黑体 10.247 pt 输入“恒峰电器有限责任公司”几个字，填充颜色为（R：0，G：61，B：122）。再在其下方用 Arial Unicode MS 4.696 pt 输入公司的英文全名，填充颜色为（R：0，G：61，B：122），得到如图 7-81 所示的效果。用 Ctrl+G 快捷键将整个标志“组合”起来，将其拖动到工作证的上部的中间位置，得到如图 7-82 所示的效果。

图 7-81 绘制恒峰电器有限责任公司的标志

图 7-82 将标志放入工作证图片

（7）选择贝塞尔工具或者三点曲线工具绘制如图 7-83 所示的六个封闭区域，作为彩虹的造型。调整好图层顺序，使从上到下的彩虹带的图层越来越靠前。再从上到下依次均匀填充颜色（C：0，M：100，Y：0，K：0）、（C：0，M：100，Y：100，K：0）、（C：0，M：40，Y：80，K：0）、（C：0，M：0，Y：100，K：0）、（C：40，M：0，Y：100，K：0）、（C：70，M：0，Y：0，K：0），得到如图 7-84 所示的填充效果。

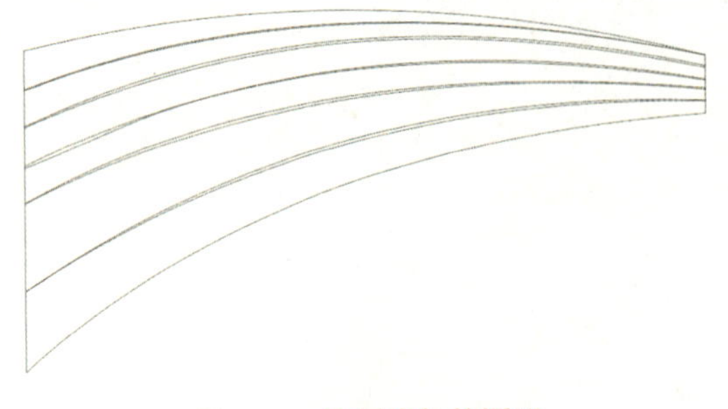

图 7-83　绘制彩虹的图形

图 7-84　填充彩虹的图形

（8）将所有彩虹带用 Ctrl+G 组合键“组合”起来并放置在工作证的合适位置，得到如图 7-85 所示的图形效果。选择椭圆形工具，在按住 Ctrl 键的同时，画出一个直径为 8.654mm 的正圆形，使用黑色轮廓线，填充为白色。选择工具箱中的“透明度”工具，在属性栏中选择均匀透明度，将属性栏中的透明度改为76，得到一个透明的正圆形。对这个透明的圆形进行复制，并粘贴多次，得到数个透明圆形，将它们分散地放置在工作证的中间区域。有些透明圆形重叠了，重叠处会出现透明度加深的效果。有些透明圆形靠近矩形的边框，应先单击矩形，再单击透明圆形，然后单击属性栏中的“相交”按钮，删除原来的透明正圆形，得到半个透明圆形。删除所有透明圆形的轮廓线，分散放置后的效果如图 7-86 所示。

图 7-85　放入彩虹带组合

图 7-86　添加数个透明圆形

（9）选择工具箱中的“矩形”工具，绘制出一个宽 21mm、高 26mm 的矩形，设置填充颜色为白色，再用“形状”工具，拖动矩形四周的任一节点，将“转角半径”设置为 2.0mm。双击界面右下角的 “轮廓笔”图标 C: 0 M: 0 Y: 0 K: 100 .200 mm，在弹出的如图 7-87 所示的“轮廓笔”对话框中，设置轮廓线颜色为黑色，宽度为 0.2mm，样式为从上向下数的第九种虚线，得到一个虚线轮廓的圆角矩形。再用工具箱中的“矩形”工具，绘制出一个宽 16mm、高 23mm 的矩形，设置为无填充，轮廓线粗细为发丝。选择工具箱中的“文本”

工具 字，在中间位置输入“照片”两个字。在按住 Shift 键的同时先后选中两个矩形和文字，单击属性栏上方的“对齐与分布” 按钮，进行“水平居中对齐” 与“垂直居中对齐” 操作，得到如图 7-88 所示的图形效果。

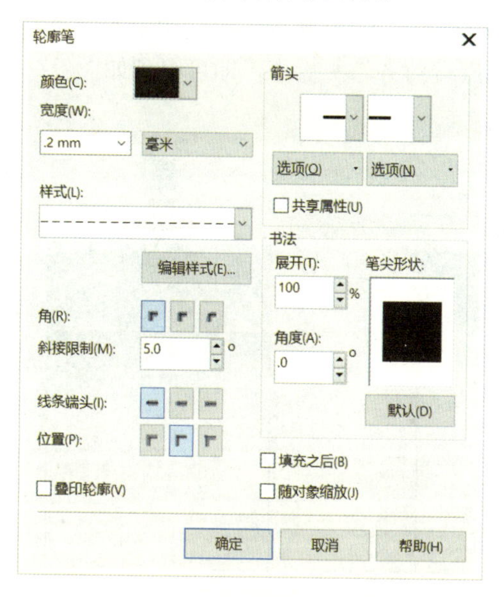

图 7-87 圆角矩形“轮廓笔”对话框的设置

照片

图 7-88 绘制照片区域

（10）选择工具箱中的“文本”工具 字，用 黑体 10.314 pt 输入姓名、职务和编号等信息。用钢笔工具 绘制出一条轮廓宽度为 0.25mm .25 mm 的黑色直线。用 黑体 5.375 pt 输入括号和几个英文单词。对每一行文字与直线都分别用 Ctrl+G 组合键进行“组合”，单击属性栏上方的“对齐与分布” 按钮，进行“顶部分散排列” 操作，得到如图 7-89 所示的文字效果。将它们放置到合适的位置，得到如图 7-90 所示的工作证正面的最终效果。

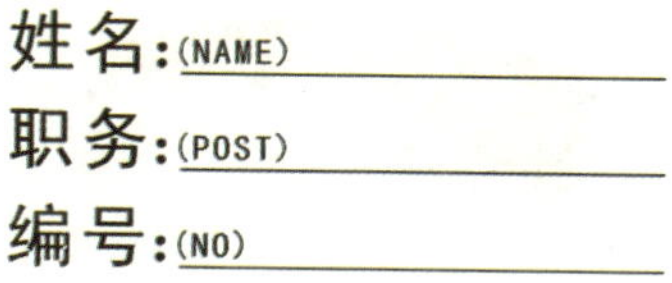

姓名:(NAME)

职务:(POST)

编号:(NO)

图 7-89 文字的编辑

图 7-90 工作证正面最终效果

2. 绘制工作证的背面

（1）在按住 Shift 键的同时，分别选中工作证正面的气泡、彩虹带、底图等图形，再在按住 Shift 键的同时，将这些图形元素向工作证正面的右侧拖动，拖动到合适的位置后右击，进行快速复制的确认，得到如图 7-91 所示的图形效果。选中蓝色的渐变底色矩形，并按 Ctrl+C 和 Ctrl+V 组合键实现原位置的复制和粘贴操作。将上面一个矩形的高度设置为 67.798mm，按“Enter”键予以确认，得到如图 7-92 所示的效果。再在按住 Shift 键的同时选中上下两个矩形，单击属性栏上方的“对齐与分布”按钮，进行“底端对齐”操作，即可得到如图 7-93 所示的图形效果。

图 7-91　复制正面的图形

图 7-92　复制矩形高度的更改

图 7-93　底端对齐

（2）单击工作界面的空白处，脱离两个矩形的选中状态。再单击最上面的矩形，执行“排列”菜单中“顺序”子菜单中的“置于此对象后”命令。再单击后面的矩形，得到如图 7-94 所示的图形效果。再次单击前面的矩形，并按 Ctrl+C 和 Ctrl+V 组合键实现原位置的复制和粘贴操作。将上面一个矩形的高度设置为 18.654mm，按 Enter 键予以确认。再在按住 Shift 键的同时选中上、下两个矩形，单击属性栏上方的“对齐与分布”按钮，进行“顶端对齐”操作，即可得到如图 7-95 所示的图形效果。

图 7-94　更改矩形的图层顺序

图 7-95　顶端对齐

（3）单击工作界面的空白处，脱离两个矩形的选中状态。再单击位于彩虹带下面的较大的矩形，执行“排列”菜单中“顺序”子菜单中的“向后一层”命令，得到如图 7-96 所示的图形效果。按住 Shift 键，选中所有的彩虹带并用 Ctrl+G 组合键进行“组合”。再在按住 Shift 键的同时将它们向上垂直提升至合适的位置，得到如图 7-97 所示的图形效果。

图 7-96 更改大矩形的图层顺序

图 7-97 更改彩虹带的图层顺序

（4）单击位于彩虹带上面的较小的矩形，执行“排列”菜单中“顺序”子菜单中的“置于此对象后”命令，选中“彩虹带组合”，得到如图 7-98 所示的图形效果。单击彩虹带下方的较大的矩形，单击调色板上的☒图标，将其填充色去掉，执行“排列”菜单中的“顺序”子菜单中的“置于此对象前”命令，选中“圆角矩形”的边缘，得到如图 7-99 所示的图形效果。

图 7-98 更改小矩形的图层顺序

图 7-99 更改大矩形的图层顺序

（5）选中彩虹带上方的小矩形，为其填充颜色（R：4，G：174，B：200），选择工具箱中的“透明度”工具，在属性栏中选择渐变透明度工具组中的椭圆形渐变透明度，旋转角度为-90 -90.0°，在小矩形上拖动出渐变透明，即可得到如图 7-100 所示的效果。选中彩虹带下方的大矩形，为其填充颜色（R：13，G：90，B：163），选择工具箱中的“透明度”工具，在属性栏中选择渐变透明度工具组中的线性渐变透明度，旋转角度为-61.9 -61.9°，在大矩形上拖动出渐变透明，即可得到如图 7-101 所示的效果。

图 7-100　为小矩形添加渐变

图 7-101　为大矩形添加渐变

（6）选择工具箱中的“文本”工具，使用 隶书 28.753 pt 输入“工作证”三个字，再用 Arial Unicode MS 10.941 pt 输入“WORKING PERMIT”字样，得到如图 7-102 所示效果。使用 隶书 12.976 pt 输入“工作证使用须知：”字样，再用 Arial Unicode MS 6.589 pt 输入“具体的使用规范，得到如图 7-103 所示效果。

图 7-102　添加文字 1

图 7-103　添加文字 2

（7）调整所有的图形与文字元素的色彩及图层顺序，得到如图 7-104 所示的“恒峰电器有限责任公司工作证”的最终效果。

图 7-104 最终效果

总结与回顾

本章通过对房卡和工作证两个实例的制作，主要学习了阴影工具、封套工具、透明度工具的使用方法，也学习了 VI 应用系统的相关知识。

要想对 VI 应用系统有更进一步的了解，并能制作出完整的一套 VI，设计者在制作时需要将企业的理念元素运用到设计中，因此应注意收集该方面的资料。

知识拓展

1. 变形工具

“变形”工具可以将图形通过拖动的方式进行不同效果的变形，CorelDRAW X7 提供了“推拉变形”、“拉链变形”和“扭曲变形”三种变形方法，以丰富变形的效果。

（1）“推拉变形”。在按住 Ctrl 键的同时，选择“星形”工具，在属性栏中设置“点数或边数”为 7，画出一个如图 7-105 所示的等边七角星形。选择“变形”工具，单击属性栏上方的“推拉变形”按钮，并将光标移动到星形的中心，向左推拉即可得到如图 7-106 所示的轮廓边缘向内推进的花朵形状；将光标移动到星形的中心，向右推拉即可得到如图 7-107 所示的轮廓边缘从中心向外拉出的效果。

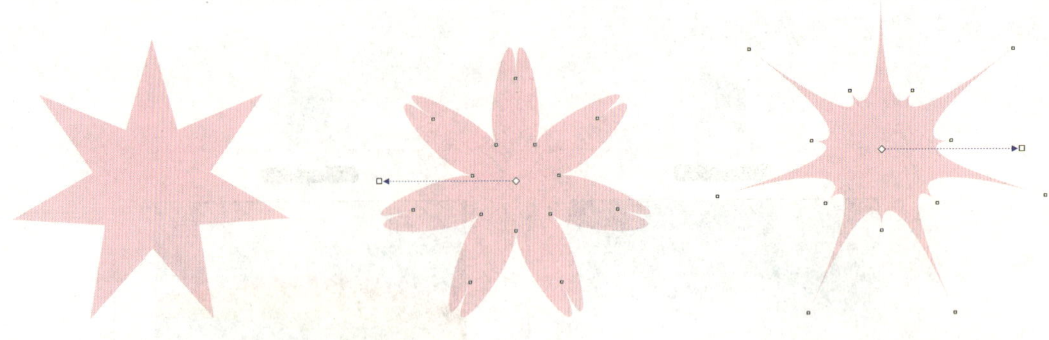

图 7-105　绘制等边七角星形　　图 7-106　向左推拉变形　　图 7-107　向右推拉变形

使用同样的等边七角星形，选择在不同的位置进行“推拉变形”，会有不同的效果，如图 7-108 所示。

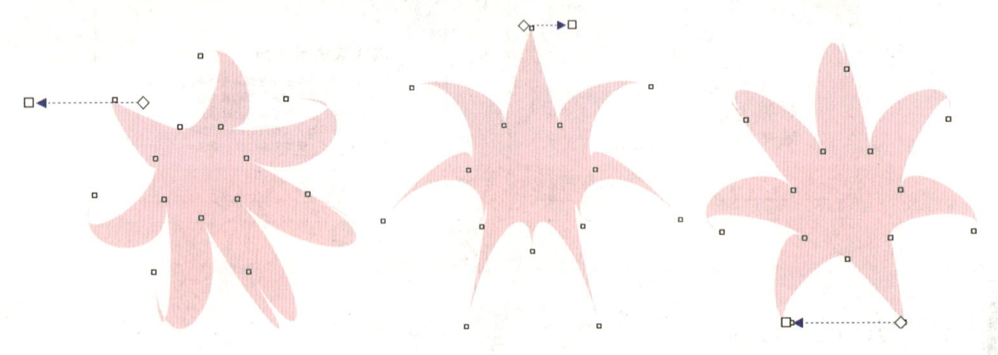

图 7-108　不同位置的推拉效果

（2）“拉链变形”。“拉链变形”效果可以通过手动拖动的方式，将对象边缘调整为尖锐锯齿的效果，还可以通过移动拖动线上的滑块来增加锯齿的个数。绘制一个“点数或边数”为 9 的多边星形，选择“变形”工具，再单击属性栏上方的“拉链变形”按钮，将光标移动到圆的中间，按住鼠标左键向外拖动，出现蓝色实线并进行预览变形，并松开鼠标左键完成变形。还可以在属性栏上方通过输入具体的“拉链振幅”和“拉链频率”数值来进行变化，“拉链振幅”和“拉链频率”的最高上限为 100。一个对象可以进行多次拉链变形，得到图 7-109～图 7-117 所示的具体效果。

图 7-109　九点多边星形

图 7-110　振幅 9 频率 5 效果

图 7-111　振幅 9 频率 44 效果

图 7-112 振幅 32 频率 5 效果

图 7-113 振幅 32 频率 27 效果

图 7-114 振幅 100 频率 5 效果

图 7-115 振幅 100 频率 17 效果

图 7-116 两次拉链变形后的效果

图 7-117 增加拉链频率后的效果

不同的位置进行“拉链变形”会得到不同的效果，先画一个正圆形，再在圆的右上方向外拖动，得到一个拉链变形效果。还可以在属性栏上方更改其拉链频率，以得到新的效果，如图 7-118、图 7-119、图 7-120 所示。

图 7-118 绘制正圆形

图 7-119 右上方变形效果

图 7-120 更改拉链频率

(3)“扭曲变形”。“扭曲变形”效果可以使对象绕变形中心进行旋转，产生螺旋状的效果。绘制一个正五角星形，选择“变形”工具，再单击属性栏上方的“扭曲变形”按钮，

将光标移动到星形的中间，按住鼠标左键向外进行拖动，出现蓝色实线并进行预览，最后松开鼠标左键完成扭曲变形，在扭曲变形之后还可以添加扭曲变形，使扭曲效果更加丰富，得到如图 7-121～图 7-123 所示的具体效果。

图 7-121　绘制正星形

图 7-122　扭曲变形效果

图 7-123　再次添加扭曲变形效果

2. 立体化工具

使用 CorelDRAW X7 绘制的任何矢量图形、文字都可以进行立体化处理。

（1）选择工具箱中的“阴影”工具，再选择“立体化”工具，会弹出“立体化”工具的属性栏，如图 7-124 所示。

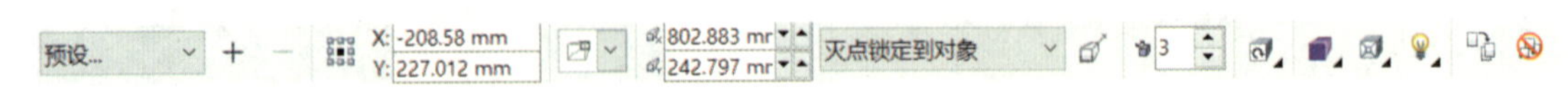

图 7-124　立体化工具属性栏

（2）在绘图页面上绘制一个图形，并将该图形选中。在工具箱中选择“立体化”工具，在所选的对象上拖动，即可得到图形的立体化效果，如图 7-125 所示。还可以通过拖动蓝色虚线尾部的“X”形来改变立体化的方向；拖动蓝色虚线上的矩形块可调节立体化的纵深感，如图 7-126 所示。

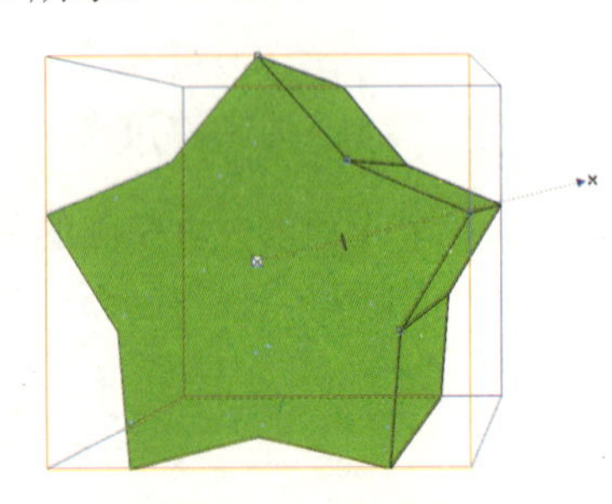

图 7-125　立体化效果

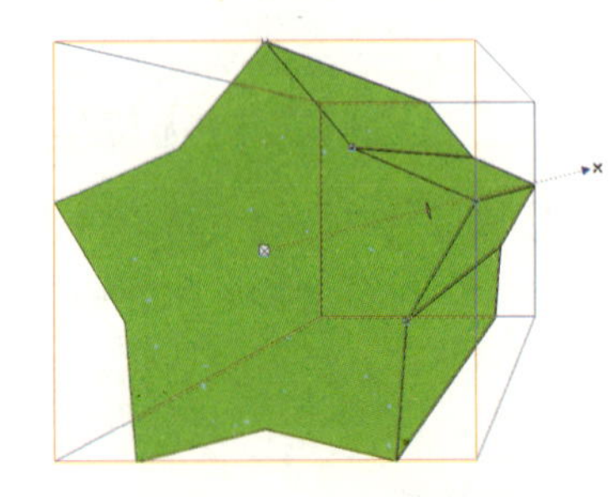

图 7-126　调节纵深感

（3）单击“立体化”工具属性栏中的“立体化颜色”按钮，在其下拉列表中选择“颜色”选项组中的“使用递减的颜色”选项，单击“投影到立体色”按钮，在弹出的颜色面板中选择比原本的颜色稍深一些的颜色，得到如图 7-127 所示的图形效果。若不需要立体化效果，则单击属性栏中的“清除立体化”按钮即可，如图 7-128 所示。

（4）选中立体化的图形，在其属性栏中单击“照明”按钮，在弹出的面板中设置光源的位置和强度，在该面板中单击“光源 1”按钮、“光源 2”按钮、“光源 3”按钮，即可调整光源的位置和强度，如图 7-129 所示。

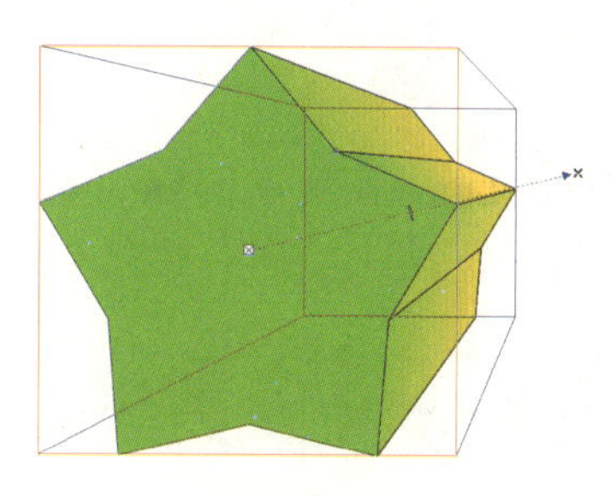

图 7-127 设置立体化颜色

图 7-128 清除立体化的效果

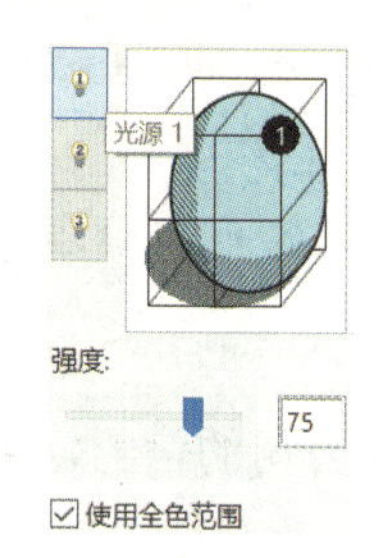

图 7-129 设置光源的位置和强度

（5）也可以运用属性栏上方的“预设列表”来绘制逼真的立体化效果。用钢笔工具绘制如图 7-130 所示的图形，并填充颜色（C：55，M：87，Y：100，K：40）。使用“立体化”工具属性栏中“预设列表”中的“立体右上”效果。拖动蓝色虚线上的矩形块，适当调节立体化的纵深感，得到如图 7-131 所示的图形效果。右击该立体化图形，在弹出的快捷菜单中执行“拆分立体化群组” 拆分立体化群组(B) Ctrl+K 。命令，选择“选择”工具，并再次用选择工具单击页面的空白处，使光标脱离立体化群组对象的全选状态。右击，执行“取消组合所有对象” 取消组合所有对象(N) 命令。再单击每一个面，分别填充为（C：0，M：0，Y：0，K：0）、（C：0，M：0，Y：0，K：0）、（C：0，M：0，Y：0，K：0），即可得到如图 7-132 所示的逼真效果。

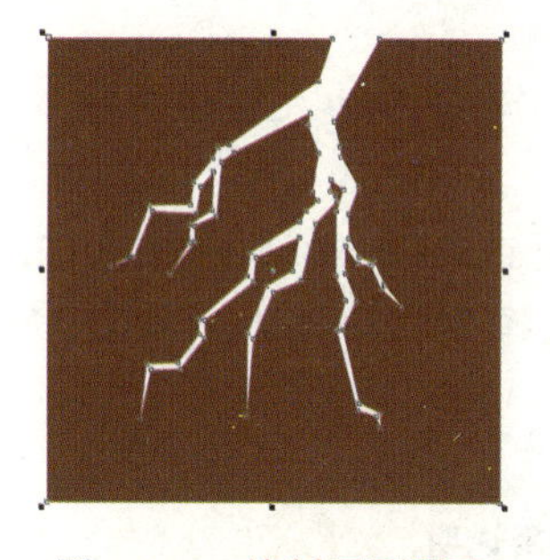

图 7-130 绘制平面图形

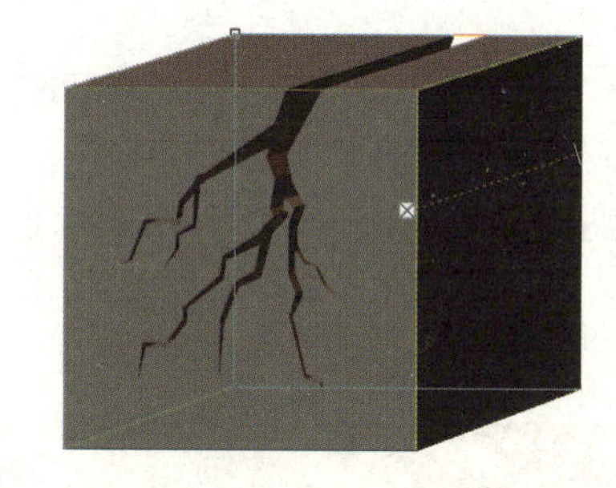

图 7-131 运用预设列表的效果

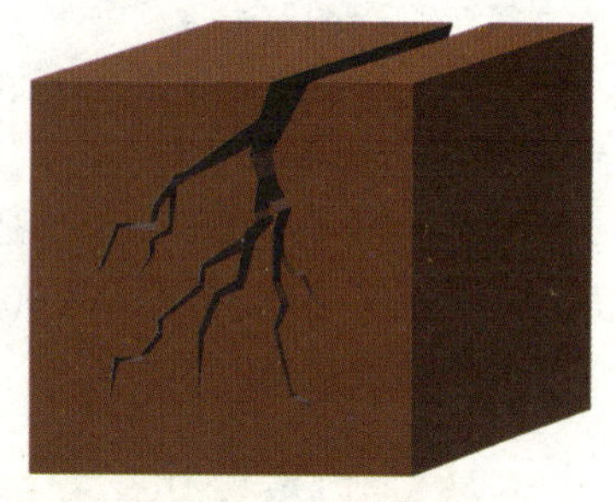

图 7-132 设置立体化的颜色

课后实训与习题

课后实训 1

用 CorelDRAW X7 软件设计制作丽豪大酒店的金卡，参考效果如图 7-133 所示。

操作提示

（1）用“矩形”工具结合“形状”工具画一个宽度为135mm、高度为215mm的圆角矩形。

（2）用“钢笔”工具在其中画出数个三角形以填满整个圆角矩形，组合所有三角形，用圆角矩形减去圆角矩形外面的多余部分。

（3）取消“组合”三角形，为每一个三角形分别填充（C：0，M：0，Y：100，K：0）到（C：0，M：60，Y：100，K：0）的渐变色。

（4）用“星形”工具画出一个八角星形，填充为白色。使用“形状”工具向中心拖动中间的节点至合适的位置。再用“选择”工具，拖动左右两边的控制点对其宽度进行压缩，形成闪烁的星形。

（5）金卡背面的底色为正面底色，复制后进行“均匀透明”处理，“透明度”数值为2。

课后实训2

用CorelDRAW X7软件设计制作恒峰电器有限责任公司的信封，参考效果如图7-134所示。

操作提示

（1）用“矩形”工具画一个宽度为220mm、高度为115mm的矩形，填充为白色。

（2）用“贝塞尔”工具画出右边的信封的封口形状，填充由（R：0，G：61，B：122）到（R：4，G：174，B：200）的颜色渐变。

（3）用“矩形”工具画两个小矩形并放置在信封下方，分别填充颜色（R：0，G：61，B：122）和（R：4，G：174，B：200）。右击，将其转换为曲线后，用形状工具分别对其右下角和左上角的节点位置进行调整。

（4）复制工作证中的彩虹带，用选择工具拖动对角线上的控制点进行等比扩大后放置在合适的位置，再执行由左上至右下的“渐变透明”命令。

（5）复制公司图标，用选择工具拖动对角线上的控制点进行等比扩大后，执行由左上至右下的“渐变透明”命令。

（6）用“矩形”工具绘制6个宽为8.701mm、高为10.62mm、轮廓线为大红色的矩形，形成邮编输入框的形状。

（7）用“矩形”工具画一个边长为20mm的正方形，填充颜色为白色。轮廓线宽度为0.2mm，轮廓线颜色为（C：0，M：100，Y：100，K：0），轮廓线样式选择第12种虚线样式，并作为贴邮票处的虚线图。

图7-133 丽豪大酒店的金卡

图 7-134 恒峰电器有限责任公司的信封

课后习题

一、填空题

（1）VI 指的是________。

（2）VI 即以________、标准字、标准色为核心展开的完整的、系统的视觉表达体系。

（3）VI 视觉识别系统中包括应用要素和________两方面。

二、选择题

（1）在设置阴影的透明程度时，数值________，阴影颜色________。

A. 越大、越深 B. 越大、越浅 C. 越小、越深 D. 不变、不变

（2）“变形”工具可以将图形通过拖动的方式进行不同效果的变形，CorelDRAW X7 提供了“推拉变形”、________和________三种变形方法。

A. “椭圆变形”“扭曲变形” B. “拉链变形”“扭曲变形”

C. “拉链变形”“方形变形” D. “方形变形”“椭圆变形”

（3）椭圆形渐变透明度是渐变透明度工具中的________透明度工具。它可以使对象产生椭圆形自然过渡的效果。

A. 第二个 B. 第一个 C. 第三个 D. 第四个

（4）________可使阴影产生柔和的边缘效果。

A. 阴影颜色 B. 渐变填充 C. 阴影不透明性 D. 阴影羽化

三、简答题

（1）VI 应用要素有哪些？

（2）简述封套的四种模式。

（3）简述透明度工具的使用方法。

第 8 章

滤镜的应用

知识要点

1. 掌握位图的编辑和处理，了解和熟悉 VI 应用系统。

2. 用“艺术笔触”制作 VI 应用系统中的名片、光盘和水杯，用“模糊”工具制作信签。

CorelDRAW X7 尽管是矢量图形处理软件，但仍然可以处理位图，可以为位图添加特殊滤镜效果，位图菜单栏如图 8-1 所示。光标所指到的每一个滤镜效果组后面都有可以展开的具体滤镜效果，如图 8-2 所示。

图 8-1　位图菜单栏

图 8-2　滤镜效果组与具体滤镜效果

运用具体滤镜效果可以使位图图片呈现出新的视觉效果，图 8-3 所示为位图图片运用了“创造性”滤镜组中的“彩色玻璃”滤镜前后的对比效果。

图 8-3　运用“彩色玻璃”滤镜前后效果对比图

知识难点、重点分析

本章主要讲解编辑、剪裁位图，以及艺术笔触效果、模糊效果的应用；同时，要了解和熟悉 VI 应用系统中其他用品的标准尺寸，以符合制作要求。

8.1　升威房地产公司光盘的设计

做什么

本节要用创造性滤镜效果来制作升威房地产股份有限公司的光盘。光盘上企业标志简洁明了；中间的图形进行了创造性滤镜效果处理，使得图形摆脱了单一的照片写实效果，而更具有艺术美感；该光盘整体运用了淡雅的色调，时尚大气，具体效果如图 8-4 所示。

图 8-4　升威房地产股份有限公司的光盘

知识准备

VI 包括了应用要素和应用系统，其中应用系统又包括办公用品和用于宣传企业形象的光盘等，如图 8-5 所示。

图 8-5　VI 应用系统——光盘

光盘属于应用系统中企业宣传品的一种，用于企业形象或信息的宣传。普通标准 120 型光盘的尺寸：外径 120mm，内径 15mm，厚度 1.2mm。小团圆盘 80 型光盘，尺寸：外径 80mm，内径 21mm，厚度 1.2mm。名片光盘的尺寸：外径 56mm×86mm，60mm×86mm，内径 22mm，厚度 1.2mm。双弧形光盘尺寸：外径 56mm×86mm，60mm×86mm，内径 22mm，厚度 1.2mm。

下面先来学习本节相关的基础知识。

8.1.1　编辑位图

（1）转换为位图。在 CorelDRAW X7 中出现的图形对象有两种情况：第一种情况是图形对象是导入的图片，它们是位图格式，在选中该图片的情况下，在“位图”菜单中可以直接运用各种滤镜效果；第二种情况是图形对象是用 CorelDRAW X7 软件中的诸如“贝塞尔”工具等绘制的“矢量图形”，这种“矢量图形”需要先转换成“位图图像”，才能顺利进行滤镜效果的运用。将矢量图转换为位图时，首先要选中矢量图形，然后执行“位图”菜单中的“转换为位图”命令，此时将弹出如图 8-6 所示的“转换为位图”对话框。选中“光滑处理”复选框是为了让矢量图转换为位图的时候图片质量更加清晰；选中“透明背景”复选框是为了使矢量图转换为位图的时候背景为透明，否则对于那些整体显示不是“方形”的矢量图，“转换为位图”后的背景将以纯白色填充的方形背景的形式显示，后期的滤镜也将对这个方形的白色背景一并进行处理，如图 8-7 所示。

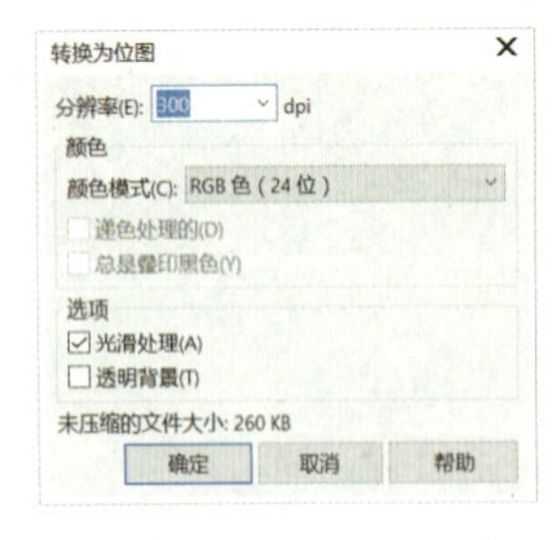

图 8-6　“转换为位图”对话框

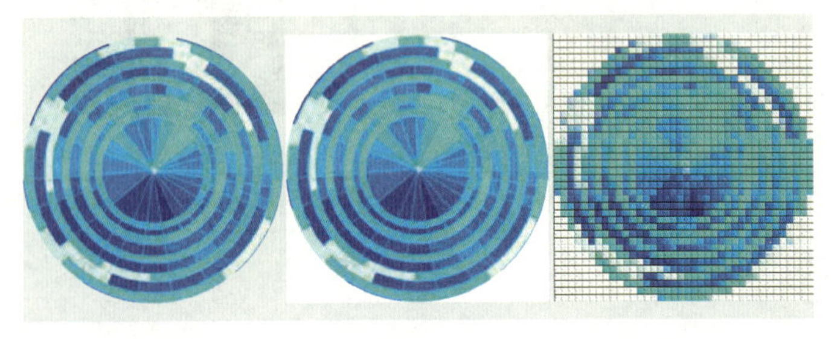

图 8-7　不选中“透明背景”复选框转换为位图后的滤镜处理效果

（2）剪裁位图。使用“剪裁”工具可以去掉位图中不需要的部分。首先导入名为“金鸡报晓”的图片，选择工具箱中的“剪裁”工具，画出需要留出的区域，可以调节四周的控制点来调整保留区域的大小。双击框中的区域，得到如图 8-8 所示的剪裁效果。这种剪裁位图的方法的缺点就是只能剪裁出矩形和正方形，样式单一。

图 8-8　用“剪裁”工具剪裁位图

还可以用属性栏中的“对象运算”的方法来进行剪裁。打开名为“快乐母亲节”的图片，用“贝塞尔”工具画出任一图形，选择“选择”工具，在按住 Shift 键的同时先单击画出的图形，再单击下面的位图图形，单击属性栏上方的“相交”按钮，得到如图 8-9 所示的效果。注意：在按住 Shift 键的同时单击图形的顺序如果颠倒了，则结果会完全不一样，得到的将是一个和绘制的形状一模一样的图形。

图 8-9　用“对象运算”的方法剪裁位图

8.1.2　创造性滤镜效果

“创造性”滤镜效果为设计者提供了丰富的底纹和形状，包括“工艺”“晶体化”“织物”“框架”“玻璃砖”“儿童游戏”“马赛克”“粒子”“散开”“茶色玻璃”“彩色玻璃”“虚光”“旋涡”“天气”等 14 种图形处理效果。执行“位图”菜单中的“创造性”命令，可弹出如图 8-10 所示的“创造性”子菜单。其中，重点介绍彩色玻璃、虚光、玻璃砖、工艺等滤镜效果。

（1）彩色玻璃——使用“彩色玻璃”命令，可以使位图图像具有类似于彩色玻璃拼贴的画面效果。选择如图 8-11 所示的“莲莲有鱼（年年有余）”剪纸图片后，执行“位图”菜单中“创造性”子菜单中的“彩色玻璃”命令，弹出如图 8-12 所示的“彩色玻璃”对话框。在对话框中设置玻璃的大小为 5，光源强度为 6，焊接宽度为 3，焊接颜色为白色，得到如图 8-13 所示的“彩色玻璃”处理的最终效果。

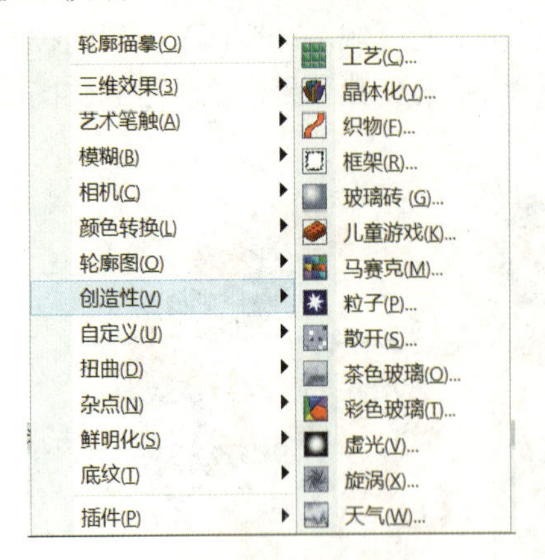

图 8-10 “创造性”子菜单

图 8-11 “莲莲有鱼（年年有余）”剪纸图片

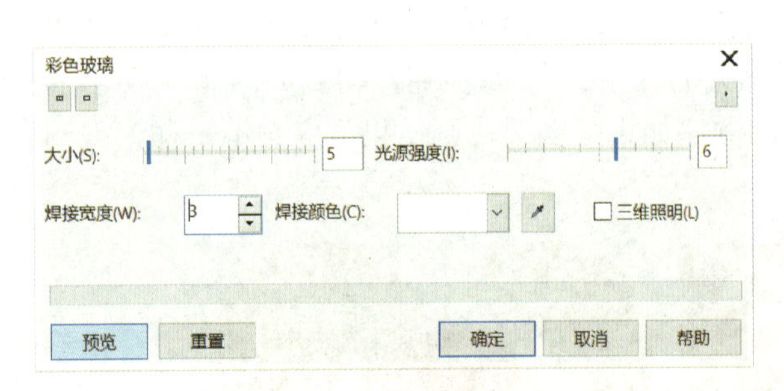

图 8-12 “彩色玻璃”对话框

图 8-13 “彩色玻璃”效果

（2）虚光——使用“虚光”命令，可以使位图图像具有类似于虚拟光线照射出的立体感的画面效果。选择如图 8-14 所示的“玉兔呈祥”剪纸图片后，执行“位图”菜单中“创造性”子菜单中的“虚光”命令，弹出如图 8-15 所示的“虚光”对话框。在对话框中设置虚光颜色为黑色，形状为圆形，偏移和褪色均为 100，单击“确定”按钮，得到如图 8-16 所示的“虚光”处理最终效果。

图 8-14 “玉兔呈祥”剪纸图片

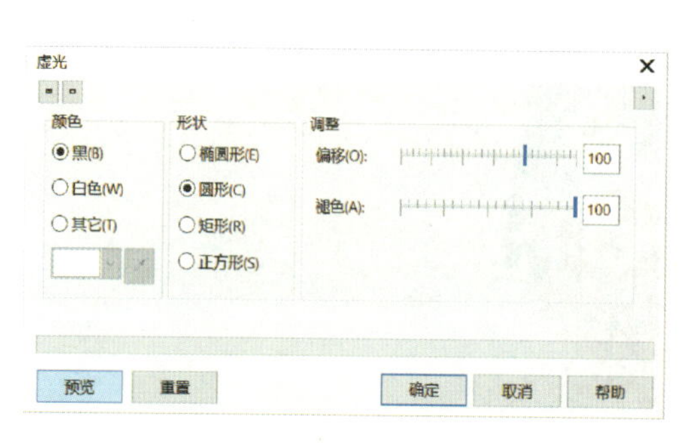

图 8-15 “虚光”对话框

图 8-16 “虚光”效果

（3）玻璃砖——使用“玻璃砖”命令，可以使位图图像具有类似于玻璃砖粘贴的画面效果。选择如图 8-17 所示的“花开富贵”刺绣图片后，执行“位图”菜单中“创造性”子菜单中的“玻璃砖”命令，弹出如图 8-18 所示的“玻璃砖”对话框。在对话框中设置玻璃砖的块宽度和块高度均为 36，单击“确定”按钮，得到如图 8-19 所示的“玻璃砖”最终效果。

图 8-17 “花开富贵”刺绣图片

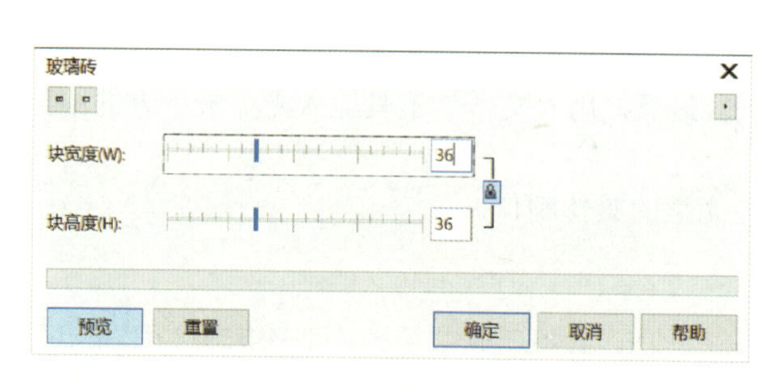

图 8-18 “玻璃砖”对话框

图 8-19 “玻璃砖”效果

（4）工艺——使用“工艺”命令，可以使位图图像具有类似于“拼图板”“齿轮”“弹珠”“糖果”“瓷砖”“筹码”的画面效果。选择如图 8-20 所示的“玉兔迎春”剪纸图片后，执行“位图”菜单中“创造性”子菜单中的“工艺”命令，弹出如图 8-21 所示的“工艺”对话框。在对话框中设置样式为“筹码”，大小为 10，完成为 100，亮度为 100，旋转 180 度，得到如图 8-22 所示的“工艺”处理最终效果。

图 8-20　“玉兔迎春”剪纸图片

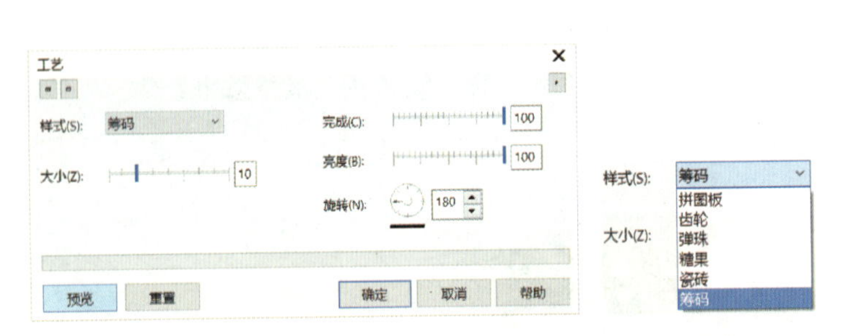

图 8-21　工艺筹码设置

图 8-22　工艺筹码的效果

8.1.3　升威房地产股份有限公司光盘的制作

跟我来

在制作光盘前，首先，要设计升威房地产股份有限公司的标志，此标志运用抽象的图形来表达该公司的经营范围和公司特征。其次，用“创造性”中的“彩色玻璃”滤镜效果处理楼盘的图片，用“图框精确剪裁”命令制作光盘表面的图形效果，再用“椭圆形”工具结合属性栏中的“修剪”按钮制作出光盘的中心区域。最后，用“文本”工具输入光盘最下方的中英文公司名称即可完成制作。

现在来完成升威房地产股份有限公司光盘的具体制作。

1．绘制公司标志

（1）启动 CorelDRAW X7 后，新建一个文档，并以“升威房地产股份有限公司光盘”为文件名保存。

（2）选择钢笔工具，在多次按住 Shift 键的同时绘制出如图 8-23 所示的形状，单击调色板上方的☒图标，去掉轮廓色，并填充颜色（C：100，M：58，Y：28，K：0），得到如图 8-24 所示的图形。

（3）使用钢笔工具，在多次按住“Shift”键的同时绘制出如图 8-25 所示的形状，单击调色板上方的☒图标，去掉轮廓色，并分别填充颜色（R：7，G：162，B：197）和（C：100，M：58，Y：28，K：0），得到如图 8-26 所示的图形。

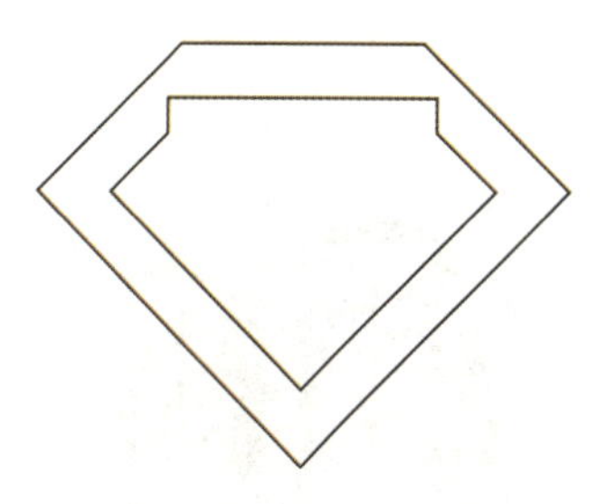

图 8-23 使用“钢笔”工具绘制轮廓 1

图 8-24 填充色彩后的效果 1

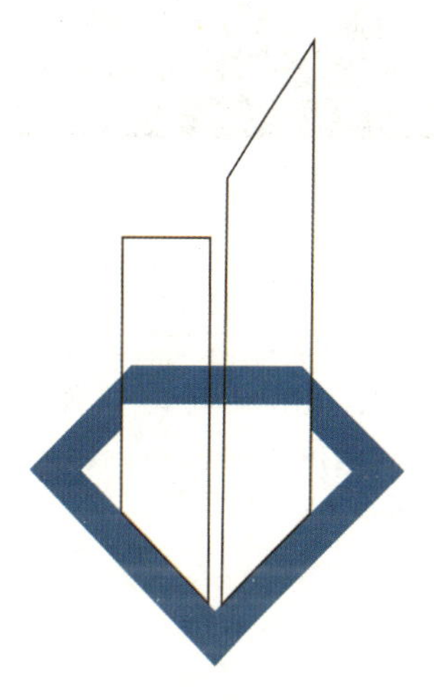

图 8-25 使用“钢笔”工具绘制轮廓 2

图 8-26 填充色彩后的效果 2

（4）选择贝塞尔工具绘制标志图形下方如图 8-27 所示的“升威房产”字样图形，并填充为黑色。选择工具箱中的“文本”工具，使用输入“升威房产”的拼音，并填充为黑色，得到如图 8-28 所示的标志最终图形。

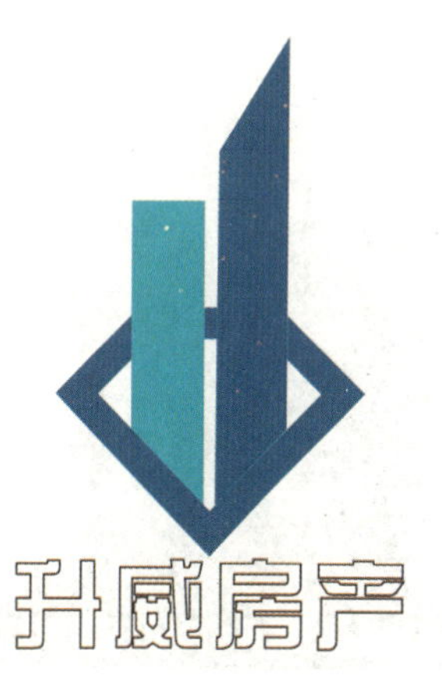

图 8-27 绘制轮廓

图 8-28 填充色彩、输入文字后的效果

2. 用“位图”处理光盘上图片的效果

（1）导入一张名为“楼盘”的图片，选择工具箱中的“矩形”工具，在上面绘制一个如

图 8-29 所示的矩形。用“选择”工具拖动出虚框的形式全选楼盘图片和绘制的矩形，单击属性栏上方的“相交”按钮，得到如图 8-30 所示的图形剪切后的效果。

图 8-29　绘制矩形

图 8-30　相交后的效果

（2）用“选择”工具选择剪切图片后，执行“位图”菜单中“创造性”子菜单中的“彩色玻璃”命令，弹出如图 8-31 所示的“彩色玻璃”对话框。设置“大小”为 1，“光源强度”为 2，“焊接宽度”为 1，“焊接颜色”为（R：0，G：161，B：230），单击“确定”按钮，即可得到如图 8-32 所示的图形处理效果。选择工具箱中的“透明度”工具，由图片中上部位到顶端拖动出一条透明度线条，得到如图 8-33 所示的最终效果。

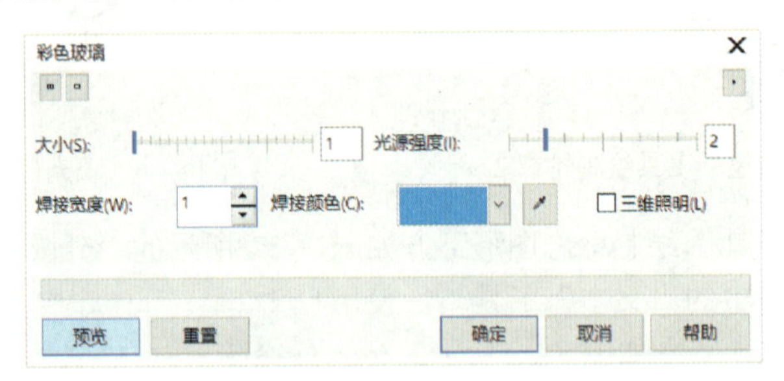

图 8-31　“彩色玻璃”对话框

图 8-32　“彩色玻璃”处理后的效果

图 8-33　透明度效果

3. 绘制光盘

（1）选择椭圆形工具，在按住 Ctrl 键的同时，画出一个如图 8-34 所示的直径为 120mm 的正圆形，轮廓线宽度为 0.2mm，颜色为（C：0，M：0，Y：0，K：30）。选择工具箱中的“交互式填充”工具，选择渐变填充中的“圆锥形渐变填充”，单击属性栏中的“编辑填充”按钮，在弹出的“编辑填充”对话框的渐变条上方，通过双击增加圆锥形渐变的色彩节点至六个，并将0%、40%、80%的节点颜色设置为白色，20%、60%、100%的节点颜色设置为（C：0，M：0，Y：0，K：40）。单击“确定”按钮，即可得到如图 8-35 所示的光盘底色填充图。

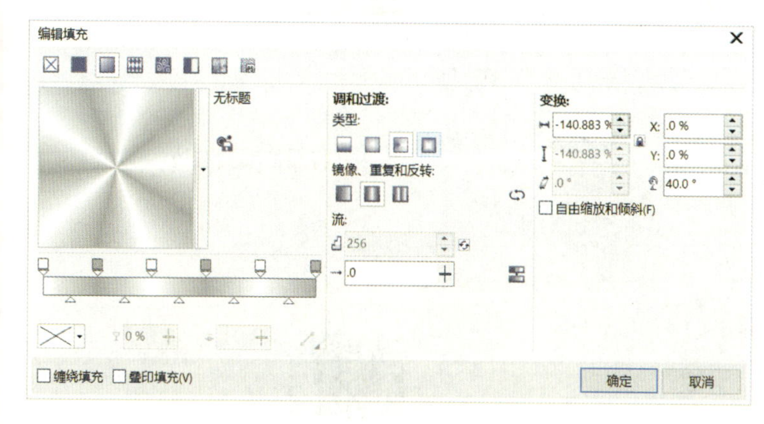

图 8-34 “编辑填充”对话框

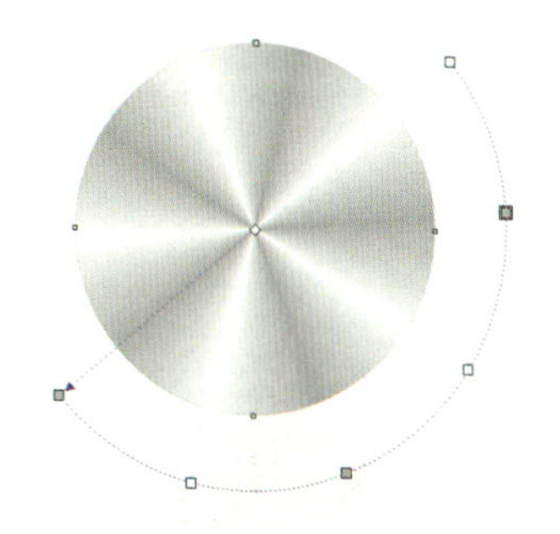

图 8-35 光盘底色填充图

（2）在该底色填充层的上方使用椭圆形工具，在按住 Ctrl 键的同时，画出一个如图 8-36 所示的直径为 118mm 的正圆形，并填充颜色（C：6，M：4，Y：4，K：0）。将前面步骤处理好的图片等比缩放到 46mm 宽、36mm 高。同时选中两个圆形和图片，单击属性栏上方的“对齐与分布”按钮，对它们进行“水平居中对齐”和“垂直居中对齐”操作。用“选择”工具选中图片，执行“效果”菜单中“图框精确剪裁”子菜单中的“置于图文框内部”命令，当出现一个指向右的黑色箭头时，单击光盘上的一个圆，得到如图 8-37 所示效果。

图 8-36 绘制正圆形

图 8-37 图框精确剪裁

（3）在光盘右侧的合适位置，用椭圆形工具，在按住 Ctrl 键的同时，画出一个如图 8-38 所示的直径为 39mm 的正圆形。选择“选择”工具，按住鼠标右键将光盘下面的被填充为圆锥形渐变的大圆拖动至右边 39mm 的小圆上，如图 8-39 所示，松开鼠标右键，在弹出的快捷菜单（图 8-40）中执行“复制所有属性”命令，即可得到如图 8-41 所示的填充效果。

图 8-38　在右边绘制一个圆

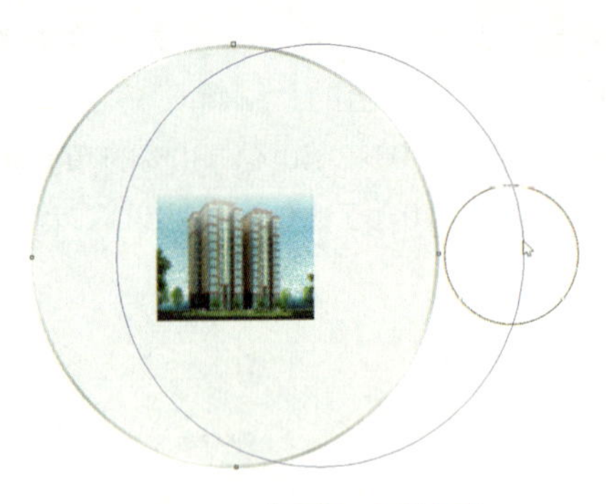

图 8-39　将圆拖动到右边

图 8-40　松开鼠标右键后弹出快捷菜单

图 8-41　执行“复制所有属性”命令的效果

（4）在右边小圆的上方，使用椭圆形工具，在按住 Ctrl 键的同时，画出一个如图 8-42 所示的直径为 37mm 的正圆形，并与大圆进行“中心对齐”。选择“选择”工具，用拖动出虚框的方式同时框选两个圆，单击属性栏上方的“移除前面的对象”按钮，得到如图 8-43 所示的图形效果。

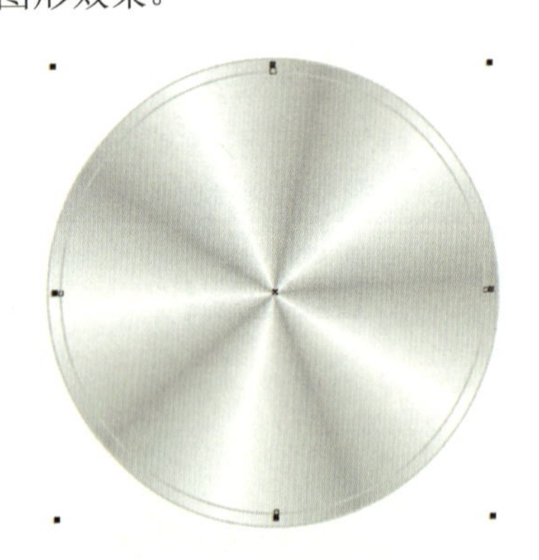

图 8-42　绘制一个小圆

图 8-43　执行“移除前面的对象”命令的效果

（5）使用椭圆形工具，在按住 Ctrl 键的同时，画出一个如图 8-44 所示的直径为 33.5mm、轮廓线宽度为 0.2mm、颜色为（C：0，M：0，Y：0，K：30）、无填充效果的正圆形。在上面图层上再绘制一个直径为 14mm、轮廓线宽度为 0.2mm、颜色为（C：0，M：0，Y：0，K：30），并填充为白色的正圆形。单击属性栏上方的“对齐与分布”按钮，对它们与下面的圆环进行“水平居中对齐”和“垂直居中对齐”操作，得到如图 8-45 所示的效果。

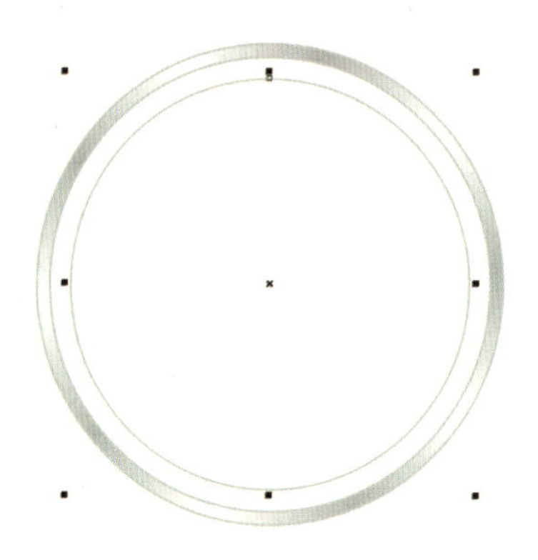

图 8-44　绘制 33.5mm 的圆形

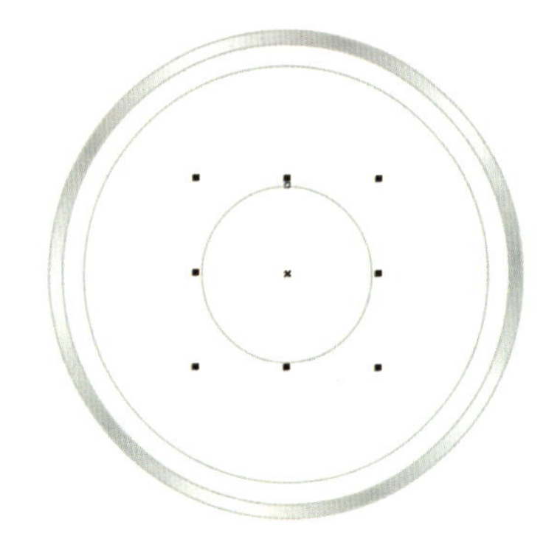

图 8-45　绘制 14mm 的圆形

（6）用贝塞尔工具绘制如图 8-46 所示的月牙形，轮廓线宽度为 0.2mm，轮廓颜色为（C：0，M：0，Y：0，K：30），并填充为（C：0，M：0，Y：0，K：30），即可得到如图 8-47 所示的效果。

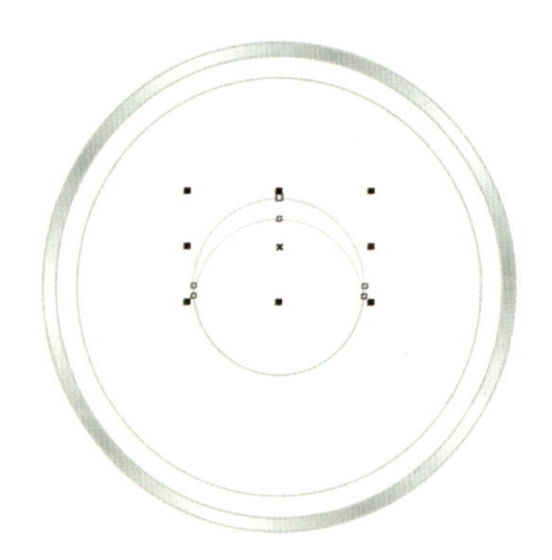

图 8-46　绘制月牙形

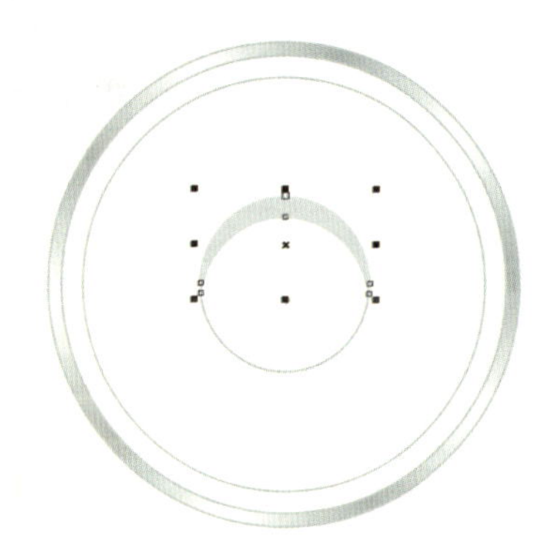

图 8-47　填充灰色后的效果

（7）将这些小圆形用 Ctrl+G 组合键进行“组合”，并放置到光盘背景图层的上方，应用“对齐与分布”命令与背景图层进行中心对齐，得到如图 8-48 所示的效果。将绘制好的企业标志放置到合适的位置，并进行与背景图层的“水平居中对齐”操作。再选择工具箱中的“文本”工具 字，用 黑体 9.895 pt 输入“重庆升威房地产股份有限公司”字样，用 Arial 6.072 pt 输入公司的英文名称。两行文字都进行与背景图层“水平居中对齐”的操作，得到如图 8-49 所示的企业光盘制作最终效果。

图 8-48　小圆形组放置到光盘背景层上方

图 8-49　企业光盘制作最终效果

8.2 新资源电器公司水杯的设计

做什么

图 8-50 所示的新资源电器公司的水杯设计时运用了该企业的标准色，进行图片的“艺术笔触”滤镜效果的处理，体现了该企业简约时尚的外部形象。

图 8-50　新资源电器公司水杯

知识准备

水杯是公共关系用品中的一种，是企业对外交往的形象媒介。企业水杯有一次性使用的“纸水杯”，也有耐久使用“陶瓷水杯”，如图 8-51 所示。

图 8-51　水杯

企业常用的一次性纸水杯容量为 250ml，口部直径为 77mm，底部直径为 52mm，纸杯高度为 94mm。水杯表面有企业的标志等图形元素，纸杯杯口与杯身之间 15mm 内及杯底与杯身之间 10mm 内均不能印刷图案。陶瓷水杯的一般尺寸如图 8-52 所示，也可以按照企业的要求制作异形的陶瓷水杯。

产品尺寸		
口径：7.6cm	高度：9cm	脚径：6.8cm
口径：8.8cm	高度：11cm	脚径：8.2cm
口径：8.7cm	高度：12cm	脚径：6.3cm
口径：9.7cm	高度：10.7cm	脚径：8.5cm
口径：8.7cm	高度：9.4cm	脚径：5.2cm
口径：7.3cm	高度：10.2cm	脚径：7.1cm
口径：8.5cm	高度：10.2cm	脚径：5.9cm
口径：7.2cm	高度：9.6cm	脚径：6.2cm
口径：8.9cm	高度：9.2cm	脚径：4.5cm
口径：7.2cm	高度：8cm	脚径：4cm
口径：8.4cm	高度：11cm	脚径：8.3cm
口径：8.1cm	高度：9.3cm	脚径：6.5cm
口径：8.6cm	高度：11cm	脚径：7cm

图 8-52　陶瓷水杯的尺寸

下面先来学习本节相关的基础知识。

8.2.1　艺术笔触效果

“艺术笔触”功能可以使用艺术笔触滤镜为位图添加一些特殊的美术技法效果。该组滤镜中包含了炭笔画、单色蜡笔画、蜡笔画、立体派、印象派、调色刀、彩色蜡笔画、钢笔画、点彩派、木版画、素描、水彩画、水印画及波纹纸画等 14 种艺术笔触效果。执行“位图”菜单中的“艺术笔触”命令，可弹出如图 8-53 所示的“艺术笔触”子菜单。其中，重点介绍素描、点彩派、单色蜡笔画、彩色蜡笔画等艺术笔触效果。

（1）素描——使用“素描”命令，可以使位图图像具有类似于素描的色彩黑白相间、线条虚实结合的画面效果。选择如图 8-54 所示的“福寿双全”剪纸图片后，执行“位图”菜单中“艺术笔触”子菜单中的“素描”命令，弹出如图 8-55 所示的“素描”对话框。在对话框中设置素描的铅笔类型为“碳色”，样式为 50，笔芯为 50，轮廓为 92，单击“确定”按钮，得到如图 8-56 所示的“碳色素描”处理最终效果。

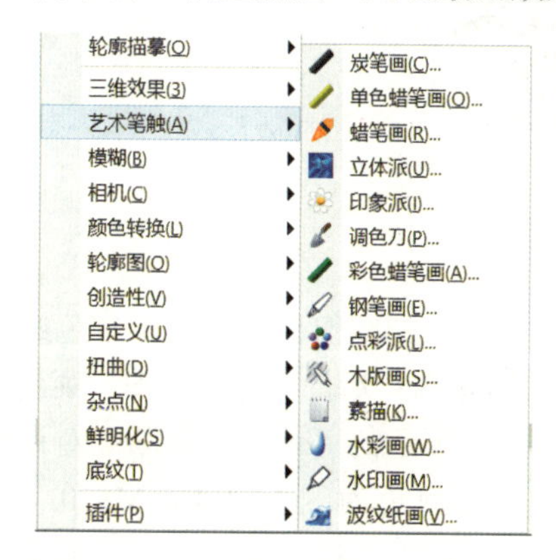

图 8-53　“艺术笔触”子菜单

图 8-54　“福寿双全”剪纸图片

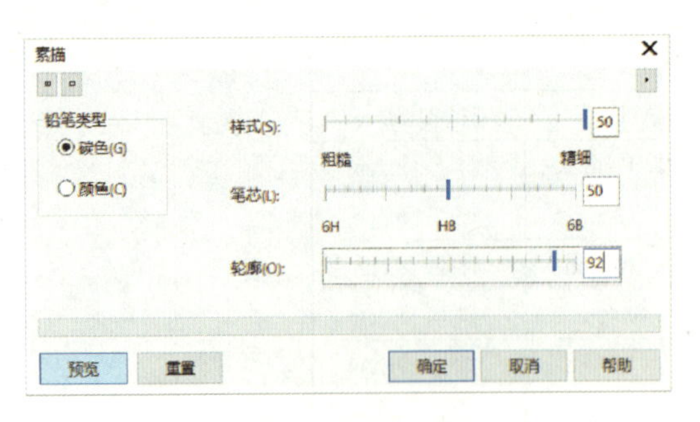

图 8-55　“素描”对话框

图 8-56　“碳色素描”效果

（2）点彩派——使用“点彩派”命令，可以使位图图像具有类似于“点彩”的画面效果。选择如图 8-57 所示的“灵猴祝寿”剪纸图片后，执行“位图”菜单中“艺术笔触”子菜单中的“点彩派”命令，弹出如图 8-58 所示的“点彩派”对话框。在对话框中设置大小为 1，亮度为 8，单击“确定”按钮，得到如图 8-59 所示的“点彩派”处理最终效果。

图 8-57　“灵猴祝寿”剪纸图片

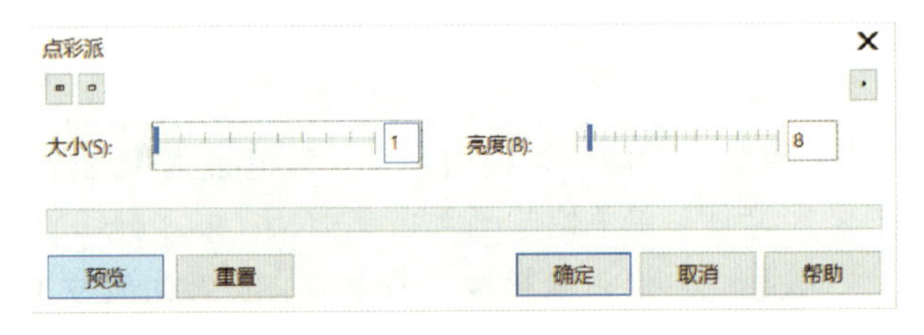

图 8-58　“点彩派”对话框

图 8-59　“点彩派”效果

（3）单色蜡笔画——使用“单色蜡笔画”命令，可以使位图图像具有类似于单色蜡笔画的画面效果。选择如图 8-60 所示的“葫芦（福禄）满堂”国画图片后，执行“位图”菜单中“艺术笔触”子菜单中的“单色蜡笔画”命令，弹出如图 8-61 所示的“单色蜡笔画”对话框。在对话框中，取消选中单色中的黑白色，选中其他色彩，纸张颜色为（C：100，M：0，Y：0，K：0），压力为 100，底纹为 10，单击“确定”按钮，得到如图 8-62 所示的“单色蜡笔画”处理最终效果。

（4）彩色蜡笔画——使用“彩色蜡笔画”命令，可以使位图图像具有类似于彩色蜡笔画的丰富画面效果。选择如图 8-63 所示的“飞龙在天”剪纸图片后，执行“位图”菜单中“艺术笔触”子菜单中的“彩色蜡笔画”命令，弹出如图 8-64 所示的“彩色蜡笔画”对话框。在对话框中设置彩色蜡笔的类型为“柔性”，笔触大小为 1，色度变化为 20，单击“确定”按钮，得到如图 8-65 所示的“彩色蜡笔画”处理最终效果。

图 8-60　“葫芦（福禄）满堂”国画图片

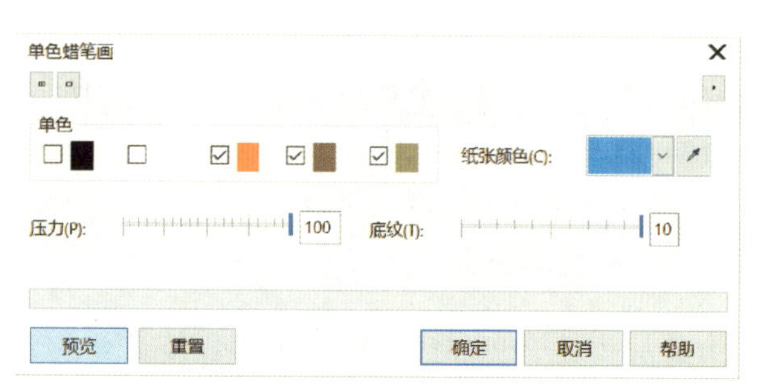

图 8-61　“单色蜡笔画”对话框

图 8-62　“单色蜡笔画”效果

图 8-63　“飞龙在天”剪纸图片

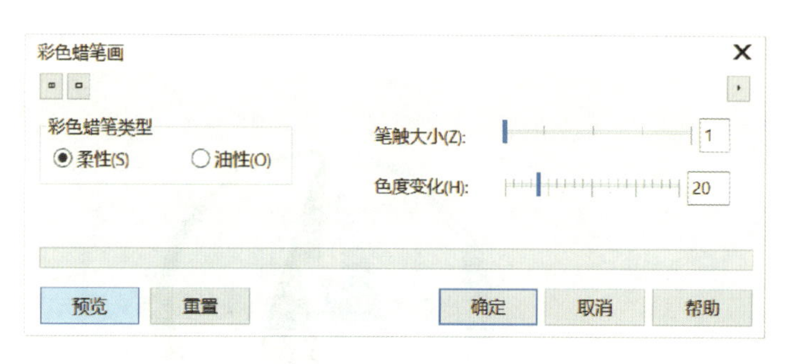

图 8-64　“彩色蜡笔画”对话框

图 8-65　“彩色蜡笔画”效果

8.2.2 新资源电器公司水杯的制作

跟我来

在制作水杯之前，首先，要设计出新资源电器公司的标志。此标志运用两座“山形”之间出现一个“闪电符号”的图形来表达该公司的特征。蓝色代表科技与理性，绿色代表安全与环保，它们都代表着该公司的良好形象。其次，用文本工具输入公司名称并放置在标志图形的下面。再次，运用模糊滤镜效果处理后面的蓝色环形抽象图片，使图片产生特殊效果。最后，使用矩形工具、椭圆形工具和贝塞尔工具绘制杯子的形状并为它添加阴影，新资源电器公司的水杯即可设计好。

现在来进行新资源电器公司水杯的具体制作。

1. 绘制新资源电器公司的标志

（1）启动 CorelDRAW X7 后，新建一个文档，并以“新资源电器公司水杯”为文件名进行保存。

（2）选择贝塞尔工具绘制出如图 8-66 所示的标志的左边图形的轮廓，单击调色板上方的☒图标，去掉轮廓线，并为其填充颜色（C：100，M：0，Y：0，K：0），得到如图 8-67 所示的图形效果。

图 8-66　使用贝塞尔工具绘制左边轮廓图形

图 8-67 填充色彩后的效果

（3）选择贝塞尔工具绘制出如图 8-68 所示的标志右边的图形轮廓，单击调色板上方的☒图标，去掉轮廓线，并为其填充颜色（C：71，M：0，Y：100，K：0），得到如图 8-69 所示的标志图形的整体效果。

图 8-68　使用贝塞尔工具绘制右边轮廓图形

图 8-69　标志图形的整体效果

（4）选择贝塞尔工具绘制出如图 8-70 所示的标志下方的“新资源电器”文字的轮廓，单击调色板上方的☒图标，去掉轮廓线，并为其填充黑色。全选标志的图形与文字，用 Ctrl+G 组合键将它们“组合”起来，得到如图 8-71 所示的公司标志的最终效果。

图 8-70 绘制文字图形

图 8-71 公司标志最终效果

2. 处理蓝色环形抽象图片

（1）执行“文件”菜单中的“导入”命令，导入名为“新资源电器”的图片。选择椭圆形工具，按住 Ctrl 键的同时，在如图 8-72 所示的位置画出一个直径为 14mm 的正圆形。执行“效果”菜单中“图框精确剪裁”子菜单中的“置于图文框内部”命令，此时会出现指向右的黑色箭头➡，单击正圆形的内部，即可将导入图片的多余部分剪裁掉，得到如图 8-73 所示效果。

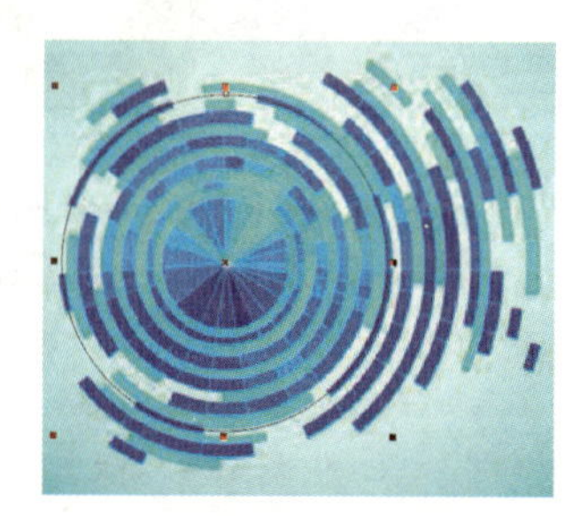

图 8-72 在导入图片上画正圆形

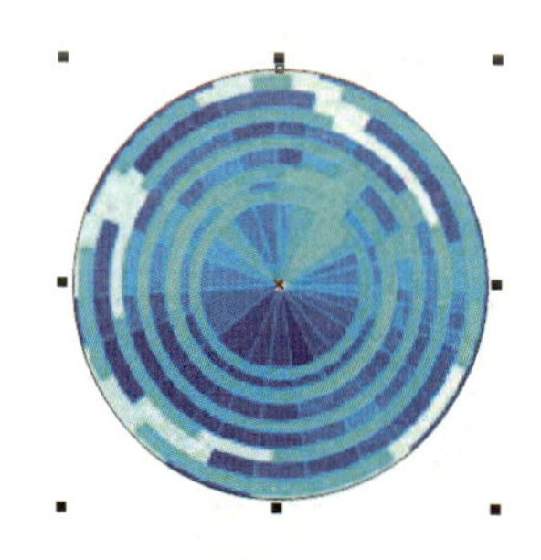

图 8-73 “图框精确剪裁”后的效果

（2）执行“位图”菜单中的“转换为位图”命令，在弹出的如图 8-74 所示的“转换为位图”对话框中选中“光滑处理”和“透明背景”复选框，单击“确定”按钮，得到如图 8-75 所示效果。

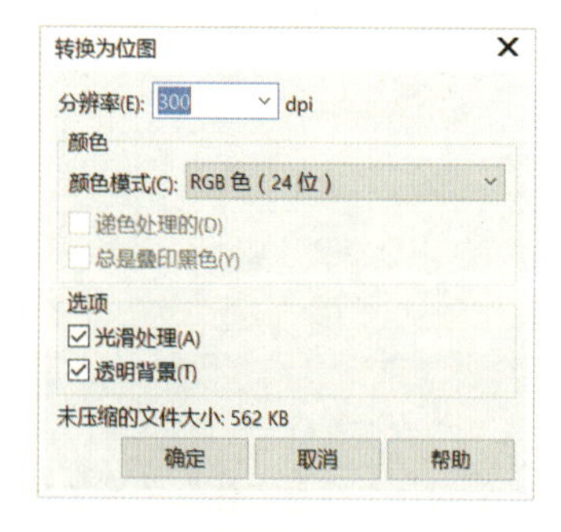

图 8-74 “转换为位图”对话框

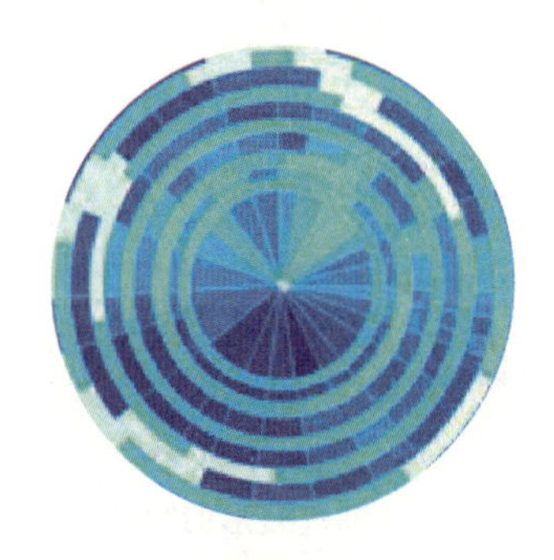

图 8-75 转换为位图后的效果

（3）执行“位图”菜单中“艺术笔触”子菜单中的“素描”命令，在弹出的如图 8-76 所示的“素描”对话框中选中“颜色”单选按钮，样式为 5，压力为 40，轮廓为 13，单击“确定”按钮，得到如图 8-77 所示的素描滤镜处理后的效果。

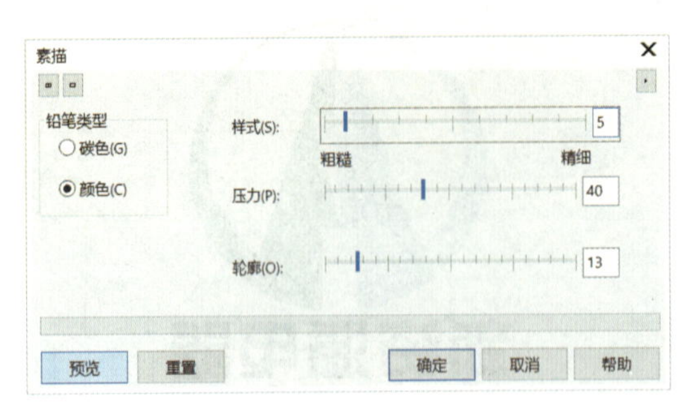

图 8-76 “素描”对话框

图 8-77 素描滤镜处理后的效果

（4）将处理后的图形放置到企业标志的下方，单击属性栏上方的“对齐与分布”按钮，对它们进行“水平居中对齐”和“垂直居中对齐”操作，得到如图 8-78 所示的图形效果。

图 8-78 位图图像与标志的结合

3. 绘制杯身与添加阴影

（1）使用工具箱中的“矩形”工具画一个 39mm 宽、51mm 高的矩形，如图 8-79 所示。选择“形状”工具，右击这个矩形，在弹出的快捷菜单中执行“转换为曲线”命令。右击矩形左下角的节点，在弹出的快捷菜单中执行“到曲线”命令，将矩形最下方的直线转换为曲线。在最下方的直线的“中点”处单击并向下拖动，形成如图 8-80 所示的“杯身主体”图形。

图 8-79 矩形的绘制

图 8-80 “杯身主体”图形效果

（2）将“杯身主体”图形的轮廓线改为“发丝”宽度，颜色为（C：0，M：0，Y：0，K：

20）。选择工具箱中的“交互式填充”工具，在属性栏上方选择“渐变填充”中的“线性渐变填充”，单击属性栏中的“编辑填充”按钮，弹出如图 8-81 所示的“编辑填充”对话框，在渐变色条上双击以添加渐变色节点，为 0%和 100%节点填充颜色（R：235，G：235，B：235），为 15%和 85%节点填充颜色（R：245，G：245，B：245），为 30%和 70%节点填充颜色（R：255，G：255，B：255），单击“确定”按钮，得到如图 8-82 所示的图形效果。

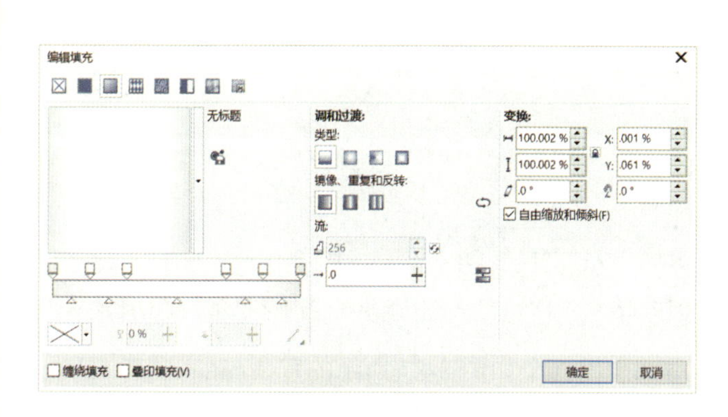

图 8-81 “编辑填充”对话框的设置

图 8-82 “渐变填充”后的图形效果

（3）选择椭圆形工具，在杯身主体顶部画出一个如图 8-83 所示的宽 39mm、高 7mm 的大椭圆形，单击属性栏上方的“对齐与分布”按钮，对它们进行“水平居中对齐”操作。将椭圆形的轮廓线改为“发丝”宽度，颜色为（C：0，M：0，Y：0，K：10），得到如图 8-84 所示效果。

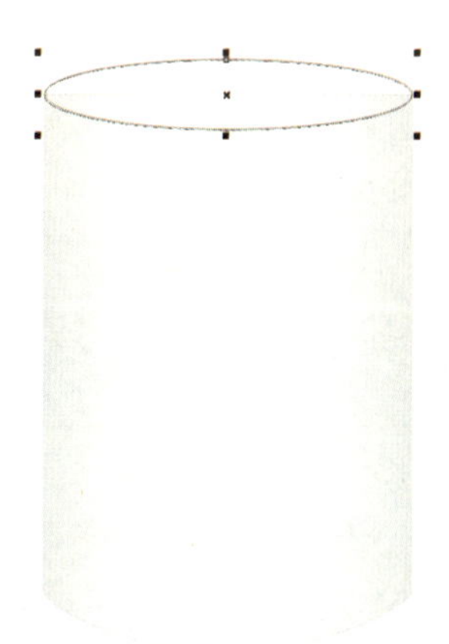

图 8-83 绘制大椭圆形

图 8-84 更改轮廓线

（4）选择工具箱中的“交互式填充”工具，在属性栏上方选择“渐变填充”中的“线性渐变填充”，单击属性栏中的“编辑填充”按钮，弹出如图 8-85 所示的“编辑填充”对话框，在渐变色条上双击以添加渐变色节点，为 0%和 100%节点填充颜色（R：255，G：255，B：255），为 15%和 85%节点填充颜色（R：245，G：245，B：245），为 30%和 70%节点填充颜色（R：235，G：235，B：235），单击“确定”按钮，得到如图 8-86 所示的图形效果。

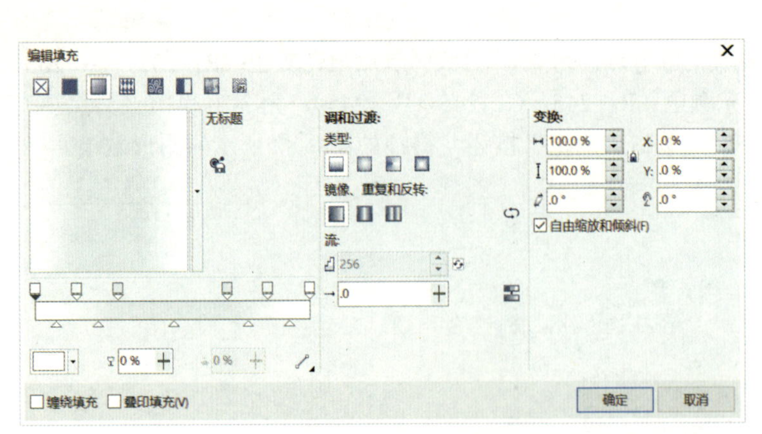

图 8-85 “编辑填充”对话框的设置

图 8-86 “渐变填充”后的图形效果

（5）选择椭圆形工具，在杯身主体顶部画出一个如图 8-87 所示的宽 36.6mm、高 5.5mm 的小椭圆形，单击属性栏上方的“对齐与分布”按钮，对它们进行“水平居中对齐”操作。将椭圆形的轮廓线改为“发丝”宽度，颜色为（C：0，M：0，Y：0，K：10），得到如图 8-88 所示效果。

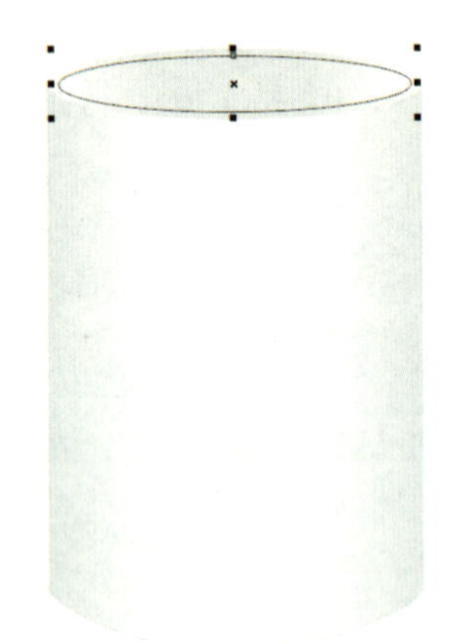

图 8-87 绘制小椭圆形

图 8-88 更改轮廓线

（6）选择工具箱中的“交互式填充”工具，在属性栏上方选择“渐变填充”中的“线性渐变填充”，单击属性栏中的“编辑填充”按钮，弹出如图 8-89 所示的“编辑填充”对话框，在渐变色条上双击以添加渐变色节点，为 0%和 100%节点填充颜色（R：2，G：53，B：77），为 50%节点填充颜色（R：136，G：196，B：234），为 23%和 77%节点填充颜色（R：0，G：130，B：191），单击“确定”按钮，得到如图 8-90 所示的图形效果。

（7）选择贝塞尔工具绘制出如图 8-91 所示的杯子手柄，绘制时要注意手柄与杯身的接头处必须与杯身有重叠区域，执行“排列”菜单中的“顺序”子菜单中的“到页面背面”命令，将手柄完好地与杯身交接。把手柄的轮廓线改为“发丝”宽度，颜色为（C：0，M：0，Y：0，K：20），得到如图 8-92 所示效果。

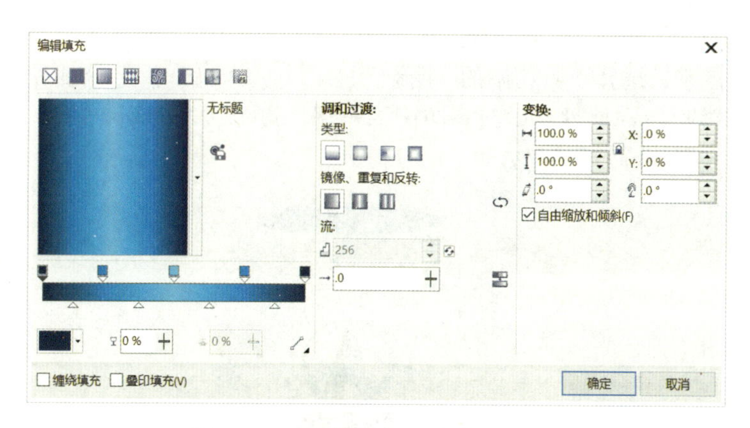

图 8-89 “编辑填充”对话框的设置

图 8-90 “渐变填充”后的图形效果

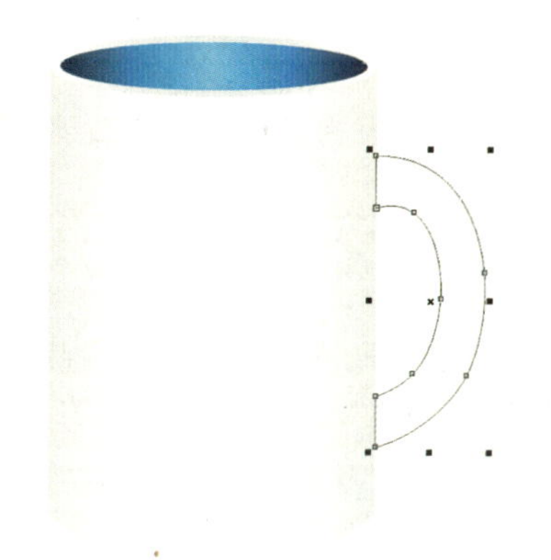

图 8-91 绘制杯子手柄

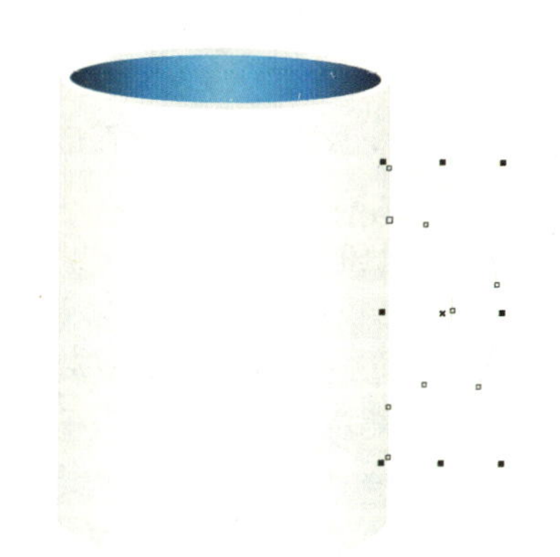

图 8-92 更改轮廓线宽度与颜色

（8）选择工具箱中的“交互式填充”工具，在属性栏上方选择“渐变填充”中的“椭圆形渐变填充”，单击属性栏中的“编辑填充”按钮，弹出如图 8-93 所示的“编辑填充”对话框，在渐变色条上双击以添加渐变色节点，为 0%的节点填充颜色（R：245，G：245，B：245），为 22%和 40%节点填充颜色（R：255，G：255，B：255），为 28%和 33%节点填充颜色（R：250，G：250，B：250），为 100%的节点填充颜色（R：230，G：230，B：230），单击“确定”按钮，得到如图 8-94 所示的图形效果。

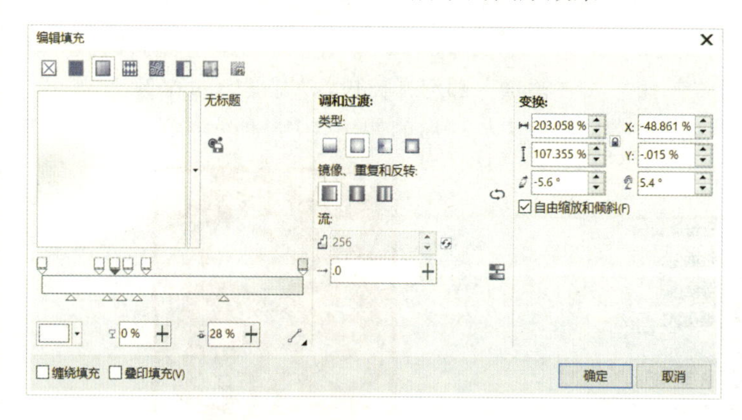

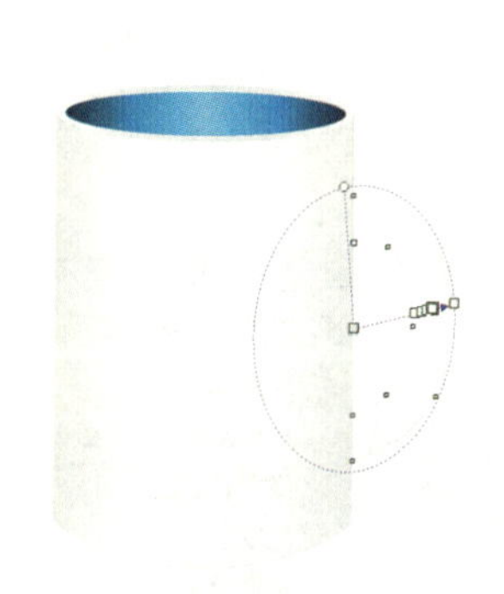

图 8-93 “编辑填充”对话框的设置

图 8-94 “渐变填充”后的图形效果

（9）将绘制好的标志和处理后的位图图形放置到杯身图形中，用 Ctrl+G 快捷键将它们“组合”起来，得到如图 8-95 所示的图形。选择工具箱中的“阴影”工具，为整个杯子添加“预设列表”中的“透视右上”阴影效果，在属性栏中设置阴影的不透明度为 22，“羽化值”为 8 22 8，颜色为黑色，得到如图 8-96 所示的效果。

图 8-95 放置标志和位图图形

图 8-96 为杯子添加阴影效果

总结与回顾

本章通过对企业光盘和水杯设计两个实例的制作，主要学习了位图的编辑处理、创造性滤镜以及艺术笔触滤镜效果的使用方法。在实际制作中，还需了解 VI 应用系统中的其他部分。制作出一套完整的 VI 需要大量的资料收集与提炼，在平时的学习中要多看多想，努力从各方面提高自身的审美能力与艺术修养。

知识拓展

1. 三维效果

“三维效果”滤镜可以为图像添加三维立体化的效果。此滤镜组包含了三维旋转、柱面、浮雕、卷页、透视、挤远/挤近、球面共 7 种滤镜效果。执行“位图”菜单中的“三维效果”命令，可弹出如图 8-97 所示的“三维效果”子菜单。其中，重点介绍“卷页”滤镜效果。

卷页指可使图像产生如同二维画面“卷起来”的立体效果。选择如图 8-98 所示的“喜气洋洋”剪纸图片后，执行“位图”菜单中“三维效果”子菜单中的“卷页”命令，弹出如图 8-99 所示的“卷页”对话框。在对话框中单击“右下角卷页”图标，“定向”选择“垂直的”，“纸张”选择“不透明”，“颜色”中的“卷曲”和“背景”都选择白色，“宽度”为 65%，“高度”为 50%，单击“确定”按钮，即可得到“卷页”效果处理后的如图 8-100 所示的效果。

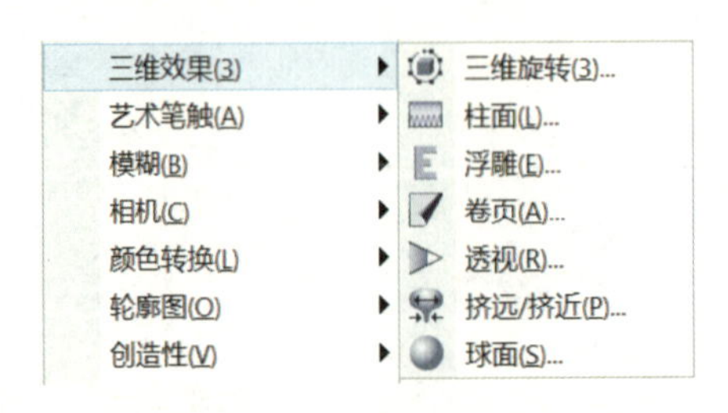

图 8-97 “三维效果”子菜单

图 8-98 “喜气洋洋”剪纸图片

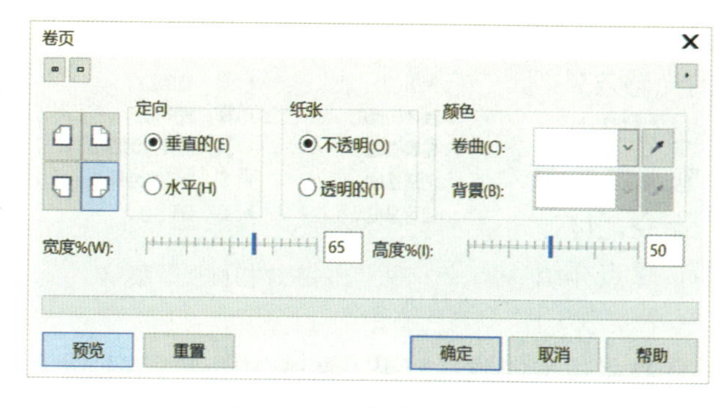

图 8-99 “卷页”对话框

图 8-100 “卷页”处理后的效果

2. 高斯式模糊效果

使用“模糊”命令，可以使位图产生像素柔化、边缘平滑、颜色渐变，并具有运动感的画面效果。此滤镜组中包含了定向平滑、高斯式模糊、锯齿状模糊、低通滤波器、动态模糊、放射式模糊、平滑、柔和、缩放和智能模糊共 10 种滤镜效果。执行“位图”菜单中的“模糊”命令，可弹出如图 8-101 所示的“模糊”子菜单。其中，重点介绍高斯式模糊滤镜效果。

高斯式模糊可使图像按照高斯分布变化来产生模糊效果。选择如图 8-102 所示的“荷荷（和和）美美”中国年画图片后，执行“位图”菜单中“模糊”子菜单中的“高斯式模糊”命令，弹出如图 8-103 所示的“高斯式模糊”对话框。在对话框中通过拖动滑块来设置高斯模糊的“半径”为 4 像素，得到如图 8-104 所示的梦幻唯美的图片效果。

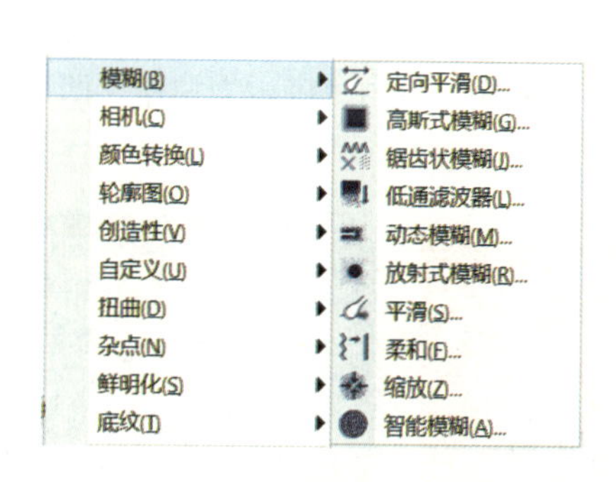

图 8-101 “模糊”子菜单

图 8-102 “荷荷（和和）美美”中国年画图片

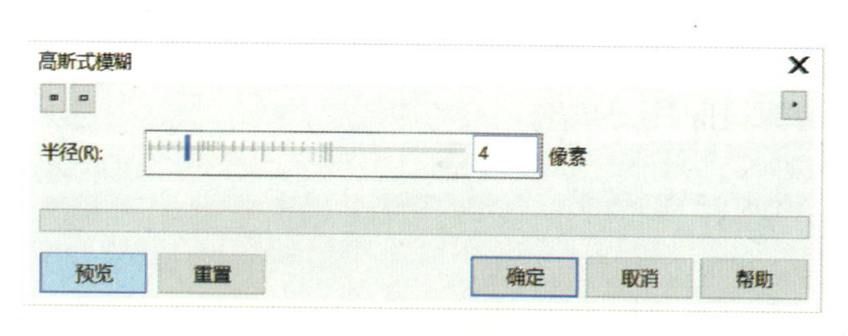

图 8-103 “高斯式模糊”对话框

图 8-104 “高斯式模糊”效果

3. 相机效果

“相机”滤镜可以为图像添加相机产生的光感效果，为图像进行着色和调整图片色调等操作。此滤镜组中包含着色、扩散、照片过滤器、棕褐色色调、延时共 5 种滤镜效果。执行“位图”菜单中的“相机”命令，可弹出如图 8-105 所示的“相机”子菜单。其中，重点介绍“延时”滤镜效果。

图 8-105　“相机”子菜单

延时可使图像产生不同年代的摄影方法和技术生成的照片效果。选择如图 8-106 所示的“多姿（子）多彩”中国年画图片后，执行“位图”菜单中“相机”子菜单中的“延时”命令，弹出如图 8-107 所示的“延时”对话框。

图 8-106　“多姿（子）多彩”中国年画图片

图 8-107　“延时”对话框

在对话框中选中“照片边缘”复选框，可以为图片添加各种年代摄影效果的边框，通过拖动滑块设置“强度”为 55，选择对话框中的任一摄影效果，单击“确定”按钮，即可得到“延时”效果处理后的如图 8-108 所示的图片效果。

图 8-108　“延时”处理后的效果

课后实训与习题

课后实训 1

使用 CorelDRAW X7 软件制作企业名片，参考效果如图 8-109 所示。

操作提示

名片是企业和个人的自我介绍，在社会交往和业务交往中担当着传递企业形象的角色。统一规范的名片设计有利于建立良好的企业印象。名片标准尺寸：90mm × 54mm、90mm × 50mm、90mm × 45mm，纸张一般选用白色或浅色底纹纸，也可自行设计。设计名片时要注意交代清楚个人信息，色彩和版式应简洁大方。

（1）用矩形工具绘制一个宽 90mm，高 54mm 的矩形，填充颜色（C：6，M：4，Y：4，K：0）。再用矩形工具画三个矩形，分别填充颜色（R：1，G：96，B：128）、（R：7，G：162，B：197）。

（2）导入位图图片，用剪裁工具剪裁出一个矩形，并放置到名片中的合适位置，用“位图”菜单中“艺术笔触”子菜单中的“蜡笔画”进行图片处理，在弹出的“蜡笔画”对话框中设置“大小”为 3，“轮廓”为 36。

（3）用黑体输入名片持有者的姓名、职位、公司名称以及具体地址、电话、传真、手机、邮件等信息，用 Arial 字体输入公司的英文名称。

（4）用钢笔工具画出名片的部分直线线条。

（5）分别将名片的正面与背面所有图形与文字进行组合，为其添加“小型辉光”投影。

课后实训 2

使用 CorelDRAW X7 软件制作企业办公用品（便笺），参考效果如图 8-110 所示。

操作提示

便笺可随时方便企业工作人员和顾客记录一些资料，一般的便签纸标准尺寸为 210mm × 285mm 或者 210mm × 297mm，而且最好使用 210mm × 297mm 的尺寸，因为该尺寸是 A4 纸张的大小，既不用人工裁切，又最大限度地利用了纸张。

（1）用矩形工具画出一个宽 210mm、高 297mm 的矩形，再在上面画一个宽 210mm、高 127.2mm 的矩形，两个矩形都填充白色。再在小矩形顶部画一个宽 210mm、高 2.4mm 的矩形，填充颜色（R：1，G：168，B：236）。

（2）导入位图图片，在图片的合适位置画一个正圆形，用选择工具选中图片，执行“效果”菜单中“图框精确剪裁”子菜单中的“置于图文框内部”命令，此时会出现指向右的黑色箭头，用箭头单击正圆形的内部即可剪切出一个正圆形的图片。

（3）将剪切好的图片放置到便签纸右上角的合适位置，执行“位图”菜单中“模糊”子菜单中的“高斯式模糊”命令，模糊的半径为 3 像素。

（4）选择“透明”工具，由右上至左下对图片进行透明处理。

（5）执行“效果”菜单中“图框精确剪裁”子菜单中的“置于图文框内部”命令，此时会出现指向右的黑色箭头，用箭头单击最上面一层小矩形的内部，即可剪切出一边是圆弧形，一边是直角形的图形，并放于信签纸的右上角。

（6）将“新资源电器有限责任公司”的标志放置到信签纸的左下角，用文本工具在标志的下面输入相应的文字信息。

图 8-109　升威房地产股份有限公司名片

图 8-110　新资源电器有限责任公司的便笺

课后习题

一、填空题

（1）使用________命令可以剪裁位图中不需要的部分。

（2）________命令，可以使位图产生像素柔化、边缘平滑、颜色渐变，并具有运动感的画面效果。

（3）使用“素描”命令，可以使位图图像具有类似于素描的色彩黑白相间、线条虚实结合的画面效果。其方法是执行________菜单中________子菜单中的“素描”命令。

二、选择题

（1）使用__________命令，可以将图像制作成蜡笔画的效果。

A．炭笔画　　B．蜡笔画　　C．木版画　　D．油画

（2）“创造性”为设计者提供了丰富的底纹和形状，其中包括“工艺”“晶体化”“织物”等在内的__________种图形处理效果。

A．12　　B．14　　C．10　　D．15

（3）“三维效果”滤镜可以为图像添加三维立体化的效果。此滤镜组中包含了三维旋转、

柱面、浮雕、卷页等____________滤镜功能。

A．7 种　　B．10 种　　C．8 种　　D．11 种

三、简答题

（1）简述“相机”滤镜的作用与使用方法。

（2）简述剪裁位图的方法。

综合练习实例

9.1 雅依女装手提袋设计

手提袋的设计，在整体形象上要注意突出品牌的特性，起到产品形象推广的作用；在形式内容上，尽量对品牌的标志或代表品牌的形象图案进行衍生、变形、重构；在色彩上，一定要使用品牌的标准色；在文案上，要使用品牌的口号或最能彰显品牌的语言，并尽可能简洁。购物袋的制作尺寸，要符合纸张开数，以利于经济效益，如图 9-1 所示。

手提袋设计规格尺寸如下。

（1）超大号手提袋尺寸：430mm（高）×320mm（宽）×100mm（侧面）。

（2）大号手提袋尺寸：390mm（高）×270mm（宽）×80mm（侧面）。

（3）中号手提袋尺寸：330mm（高）×250mm（宽）×80mm（侧面）。

（4）小号手提袋尺寸：320mm（高）×200mm（宽）×80mm（侧面）。

（5）超小号手提袋尺寸：270mm（高）×180mm（宽）×80mm（侧面）。

高50mmX宽320mm
高50mmX宽320mm
高430mmX宽320mm
高430mm X 宽100mm
高430mmX宽320mm
高430mm X 宽100mm
高90mmX宽320mm
高90mmX宽320mm

图 9-1 手提袋平面设计尺寸图

9.1.1 任务描述

雅依女装手提袋最终效果如图 9-2 所示。

图 9-2 “雅依女装手提袋”最终效果

9.1.2 任务分析

完成“雅依女装手提袋”（图 9-2）的绘制时，首先需要创建一个新文档，并保存文档，接着运用几何形状工具绘制出手提袋的基本形状，再用贝塞尔工具、文本工具绘制形象图案，运用排列、重复、剪切等手法组合图案，最后调整、修饰、生成雅依女装手提袋的最终效果。

为了体现出产品的特性，本设计方案在形象上以曲线造型为主，对中国传统图案进行变形，体现出品牌的文化特性。其标准色以紫红色为主，标志是由“雅依”的拼音字母变形而来的，标志的色彩为黄色，正好与紫红色的形象色形成补色关系，使标志在视觉上更加醒目。

9.1.3 雅依女装手提袋的制作

现在来完成“雅依女装手提袋”的具体制作。

1．创建并保存文档

（1）启动 CorelDRAW X7，新建一个文件。

（2）执行“文件”菜单中的“另存为”命令，以“雅依女装手提袋”为文件名保存到自己需要的位置。

小提示

在制作实例的过程中，为了防止因电脑故障或其他原因导致辛苦制作好的文件丢失，设计者可以边制作文件边保存。单击工作页面上方的“保存” 按钮或按 Ctrl+S 组合键即可完成文件的存储操作。

2. 绘制出手提袋的平面形状

（1）选择工具箱中的矩形工具，在绘图区域中按住鼠标左键并向另一方向拖动，即可绘制出一个长方形。在属性栏上方的“对象大小”处设置矩形的宽和高分别为200mm和320mm。在工作页面右下方的“填充”图标后双击“无填充”图标，选择“均匀填充”，设置颜色为（C：0，M：100，Y：0，K：0），单击“确定”按钮。

（2）选择已绘制的长方形，将光标放置在矩形下方中间的矩点上，待光标变成上下箭头时按住鼠标左键向上拖动，拖动到矩形的中间位置时，保持鼠标左键不松开的同时右击，这样就绘制好了另一个矩形，为这个矩形填充白色。用同样的方法绘制第三个矩形，设置颜色为（C：0，M：100，Y：0，K：0），单击“确定”按钮。调整这两个矩形的高度并放置在合适的位置。

（3）同时选中上方的两个矩形，右击工作页面右方调色板上方的图标，删除轮廓线。此时，图形如图9-3所示。

3. 绘制图案及标志

（1）选择手绘工具组中的贝塞尔工具，绘制出图案的大轮廓，并填充为（C：0，M：0，Y：100，K：0）。此时，图案绘制如图9-4所示。

图9-3　绘制平面的底板图形

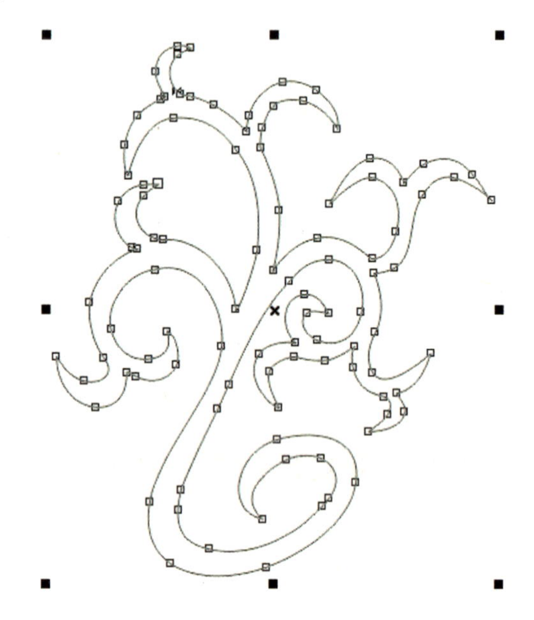

图9-4　花卉图案的绘制

小提示

利用贝塞尔工具绘制直线与折线更简便。选择贝塞尔工具以后，将鼠标指针移动到另一个位置，单击即可获得一条直线。若要绘制折线，则只需在下一个适当的位置单击。

（2）运用椭圆形工具绘制一个大的正圆形，双击这个圆形，使其显现出圆心。在标尺上拖动出横竖两条辅助线，交叉中心就是其圆心。在这个圆的上方绘制一个小的正圆形。双击小圆，使小圆的中心点与大圆的中心线重合。执行“对象”菜单中“变换”子菜单中的“旋转”命令，在弹出的对话框中输入旋转角度60，“副本”处输入数值1，单击“应用”按钮，此时再制了一个旋转后的圆，多次单击“应用”按钮，可绘制出需要的图形。

复制多个花朵图形，将各个小组的花朵旋转至合适的角度，并放置在恰当的位置，花卉图形就绘制完成了，如图 9-5 所示。

图 9-5 基本图形绘制完成

（3）选择文本工具字，输入“yayi”字样，在字体列表中选择使用字体。将以上所画图案与文字组合起来，填充为（C：0，M：100，Y：0，K：0），则可以得到如图 9-6 所示的“标志效果”图案。再复制一次标志，移动到右下方一些的位置，填充为白色，得到如图 9-6 所示的效果。

图 9-6 标志效果

4. 绘制手提袋最终平面图形和透视图形

（1）将以上所画图案放在底板图案的下方，调整其大小，并填充为（C：0，M：81，Y：0，K：0），进行复制组合，执行“剪裁”命令，则绘制出如图 9-7 所示的底纹效果。再将基本形复制翻转，放在顶上并填充为相同的颜色，进行复制组合并执行“剪裁”命令，如图 9-8 所示。选择文本工具，用“幼圆”字体输入“雅依女装”的中文字样，组合排列。复制一个相同的字样，放置在右下角处，填充为（C：0，M：61，Y：0，K：0），并为它添加“小型辉光”

的相同色彩的投影，得到如图 9-9 所示的效果。最后用一个填充为白色的花朵形状，执行“剪裁”命令，并将其放置到合适的位置，得到最终效果，如图 9-10 所示。

图 9-7　底纹效果

图 9-8　剪裁效果

图 9-9　投影效果

图 9-10　最终效果

小提示

利用工具箱中的“形状”工具，可以对曲线的节点进行编辑。单击某一节点，该节点就处于选中状态。此时，按住鼠标左键并拖动即可移动节点，完成曲线形状的编辑。

（2）用平面效果图绘制出相应的手提袋平面展开图，如图 9-11 所示。

（3）选中“雅依”标志字下方一层带有阴影的文字，选择工具箱中的“阴影”工具，在带阴影文字的图层处右击，执行“拆分阴影群组” 拆分阴影群组(B)　Ctrl+K 命令。将所绘的“所有矢量图形”选中，执行“组合对象”命令，再选择封套工具，此时在图形周围会出现一个虚线框，选择虚线框上、下、左、右中间的矩点，将其删除，保留四个角上的矩点，同时选中这四个矩点，画出透视效果，如图 9-12 所示。

图 9-11 手提袋平面展开图

图 9-12 透视效果

（4）选择矩形工具，以前面图形的右下角为基点绘制矩形，选择该矩形并将其转换为曲线，选择形状工具，同时选中右边的两个矩点，向上拖动，选择左上角的矩点，调整变化的矩形位置，第一个矩形填充为（C：29，M：100，Y：25，K：0），如图 9-13 所示；选择变形后的矩形，将光标移动到图形左边中间的矩点上，当光标变成左右箭头的时候按住鼠标左键向右拖动，保持鼠标左键不松开的同时右击，即可复制另一个变形的矩形，再一次选择形状工具，同时选中右边的两个矩点，向上拖动，第二个矩形填充为（C：0，M：100，Y：0，K：0），如图 9-14 所示；用贝塞尔工具在图形的右下方绘制三角形，三角形填充为（C：44，M：100，Y：42，K：0），得到如图 9-15 所示的效果；继续使用贝塞尔工具在图形的上方绘制具有透视的矩形，用形状工具调整其位置，再在形状的左边增加一个节点，用形状工具调整其位置；用贝塞尔工具在图形中绘制两个三角形，然后分别为这几个图形填色，分别填充为（C：0，M：100，Y：0，K：0）、（C：20，M：15，Y：14，K：0）、（C：9，M：7，Y：6，K：0），得到如图 9-16 所示的效果。

图 9-13 第一个矩形填充颜色

图 9-14 第二个矩形填充颜色

图 9-15　三角形填充颜色

图 9-16　填色最终效果

（5）用“贝塞尔”工具绘制手提袋带子，填充为黑色，调整其位置，得到如图 9-17 所示的最终效果。

图 9-17　最终效果

小提示

利用“形状”工具双击曲线中的任一节点，则可以删除该节点。而双击曲线上任意一个没有节点的位置，则可以在该曲线上增加一个节点。

总结与回顾

本节通过“雅依女装手提袋”实例的制作，主要复习了使用几何图形工具绘制几何图形、利用贝塞尔工具绘制线段及曲线、使用文本工具为图形添加文字以及艺术笔工具的使用等知识。

利用类似方法，可以运用本节中使用的工具非常容易地设计出富有个性的图形。需要注意的是，在运用“贝塞尔”工具和“钢笔”工具进行路径描绘时，一定要有耐心，熟悉工具是有一个过程的。同时，各种图形怎样才能恰当地搭配在一起共同创作出美丽的图画，还需要大家在实践中不断总结经验。

9.2 女式 T 恤衫设计

T 恤衫的设计关键是 T 恤衫上图案的设计，T 恤衫的图案在形象上有具象和抽象之分，也有卡通形象和文字排列等。本节就是以“花朵与蝴蝶”形象为主体图案进行女式 T 恤衫的设计的，如图 9-18 所示。

9.2.1 任务描述

女士 T 恤衫的最终效果如图 9-18 所示。

图 9-18 “女式 T 恤衫”最终效果

9.2.2 任务分析

本实例的重点在于 T 恤衫样式的绘制和“花朵与蝴蝶”图案的绘制，在绘制的过程中会用到贝塞尔工具和形状工具；在绘制“花朵与蝴蝶”图案时，要注意图层的关系。

9.2.3 女式 T 恤衫的制作

现在来完成“女式 T 恤衫”的具体制作。

1. 创建并保存文档

（1）启动 CorelDRAW X7，出现新建文件“未命名-1”。

（2）执行“文件”菜单的“另存为”命令，以“女式 T 恤衫”为文件名保存到自己需要的位置。

2. 绘制出 T 恤衫的形状

（1）选择工具栏中的贝塞尔工具，在绘图区域中按住鼠标左键并向另一方向拖动鼠标开始绘制，用 0.2mm 的、颜色为（C：73，M：86，Y：7，K：0）的轮廓线先画出 T 恤左前片的大体框架，并填充为（C：0，M：18，Y：0，K：0）。用 0.2mm 的轮廓线画出袖子的形状，再用贝塞尔工具画出衣袖上的皱褶，去掉轮廓线并填充为（C：73，M：86，Y：7，K：0）。再用 0.1mm 的“虚线”轮廓画出衣袖和 T 恤衫下方的辑明线，得到如图 9-19 所示的图形效果。

图 9-19　绘制左前片与左衣袖

（2）选择工具栏中的贝塞尔工具，在左前片的上方衣领处用 0.2mm 的轮廓线绘制 T 恤衫左后片的封闭区域，并填充为（C：0，M：18，Y：0，K：0）。用 0.2mm 的轮廓线画出前片衣领口与后片衣领口的封闭形状，并填充为（C：0，M：18，Y：0，K：0）。用 Ctrl+G 组合键将它们“组合”起来，并按 Ctrl+C 和 Ctrl+V 组合键实现原位置的复制粘贴操作。单击属性栏上的“镜像”按钮，打开“对象”中“变换”中的“位置”面板，执行“相对位置”为“右中”的位置移动。将两片组合的图形全部“取消组合”。分别对两个半边“前片”和“后片”以及前后片上的“衣领”区域进行焊接，得到如图 9-20 所示的图形效果。

图 9-20　焊接前片与后片

（3）选择工具栏中的贝塞尔曲线工具，用 0.2mm 的、颜色为（C：73，M：86，Y：7，K：0）的轮廓线先在衣领处画一根直线，再选中这根直线，将其圆心移动到顶部。执行“变换”命令，设置角度为 1.5 度，副本为 10 个，多次单击“应用”按钮，得到一个由线段组成的扇形。

“组合”这些直线，用选择工具在按住 Shift 键的同时，先单击前片上的衣领口封闭区域，再单击群组的直线，执行“相交”命令。用同样的方法绘制出后片的衣领效果，得到如图 9-21 所示的图形。

图 9-21　绘制前片衣领的效果

（4）用同样的方法绘制后片衣领的效果，得到如图 9-22 所示的图形。用 0.2mm 的轮廓线画出 T 恤衫腰间皱褶效果的形状，去掉轮廓线并填充为（C：73，M：86，Y：7，K：0），得到如图 9-23 所示的图形效果。

图 9-22　绘制后片衣领的效果

图 9-23　绘制腰间皱褶

小提示

利用贝塞尔工具绘制自由曲线的时候要注意控制节点的多少，节点越少，曲线越平滑。同时，形状一定要封闭，这样才能填充颜色。

3. 绘制“花与蝴蝶”图案

（1）选择椭圆形工具，绘制一个宽度为 45mm、高度为 63mm 的椭圆形。在属性栏中将轮廓宽度改为 0.3mm，填充颜色（C：67，M：75，Y：83，K：45），轮廓颜色为（C：73，M：86，Y：7，K：0），得到如图 9-24 所示的绘制效果。用“贝塞尔”工具绘制出树叶的形状，在属性栏中将轮廓宽度改为 0.1mm，填充颜色（C：69，M：82，Y：0，K：0），轮廓颜色为（C：0，M：0，Y：0，K：100）。复制多个树叶图形，将它们旋转后放置在不同的位置，得到如图 9-25 所示的图形效果。

图 9-24 绘制椭圆形

图 9-25 绘制底部树叶形状

（2）用“贝塞尔”工具，绘制出扶桑花花瓣的各个区域，删除轮廓线后分别填充颜色（C：29，M：75，Y：0，K：0）、（C：31，M：76，Y：0，K：0）、（C：35，M：82，Y：0，K：0）、（R：250，G：109，B：232）、（R：253，G：169，B：243）。再绘制花蕊的主干，由左到右地填充由白色到（C：12，M：100，Y：100，K：0）的线性渐变。用椭圆形工具和贝塞尔工具画出花蕊上的细节部分，填充（C：0，M：0，Y：100，K：0）的黄色与（C：40，M：0，Y：100，K：0）的绿色，得到如图 9-26 所示的花朵绘制效果。（请使绘制的花朵部分超出底部的深色椭圆形，然后将它们组合起来后执行与底部椭圆的相交命令，这样将有助于使画面更完美。）绘制出香雪兰花的花瓣，轮廓宽度为细线，填充黄色，轮廓颜色为（C：0，M：20，Y：100，K：0）。绘制花托后，轮廓宽度为 0.1mm，由中间到右边填充从（C：0，M：0，Y：100，K：0）到（R：210，G：151，B：21）的线性渐变，轮廓颜色为（C：0，M：20，Y：100，K：0）。用椭圆形工具和贝塞尔工具画出花蕊上的细节部分，填充颜色（C：0，M：20，Y：100，K：0）和（C：100，M：0，Y：100，K：0）。绘制出花杆，并填充为（C：100，M：0，Y：100，K：0）。复制多个香雪兰的花朵与花杆，旋转后放置在不同的位置，调整绘制目标的图层顺序，得到如图 9-27 所示的绘制效果。

（3）继续用贝塞尔曲线工具绘制其他的花杆与花叶，轮廓宽度为细线，填充为（C：40，M：0，Y：0，K：0），轮廓颜色为（C：100，M：20，Y：0，K：0）。调整绘制目标的图层顺序，得到如图 9-28 所示的图形效果。绘制出香雪兰花的花叶，轮廓宽度为“发丝”，填充颜色为（C：100，M：0，Y：100，K：0），轮廓颜色为（C：40，M：0，Y：100，K：0）。调整绘制目标的图层顺序，得到如图 9-29 所示的图形效果。

图 9-26 绘制扶桑花图形

图 9-27 绘制香雪兰花图形

图 9-28 绘制蓝色花叶

（4）继续绘制蓝色蝴蝶的翅膀，填充颜色（C：38，M：13，Y：0，K：0）和（C：40，

M：0，Y：0，K：0）。翅膀上的花纹填充（C：78，M：85，Y：0，K：0）、（C：69，M：82，Y：0，K：0）和黑色。蝴蝶须用椭圆形工具和贝塞尔工具绘制，全部填充白色。组合并复制一只蓝色蝴蝶，旋转并放置到底部椭圆的右上方。将它与底部椭圆形进行相交，得到如图 9-30 所示的图形效果。再绘制橙色蝴蝶的翅膀，填充颜色（C：0，M：20，Y：100，K：0）和（C：0，M：40，Y：80，K：0）。身体填充为（C：0，M：100，Y：100，K：0）。翅膀上的花纹填充为（C：0，M：60，Y：100，K：0）。蝴蝶须用椭圆形工具和贝塞尔工具绘制，分别填充为（C：10，M：20，Y：100，K：0）和（C：0，M：0，Y：60，K：0）。组合并复制一只橙色蝴蝶，旋转放置到合适的位置，得到如图 9-31 所示的图形效果。

图 9-29 绘制绿色花叶

图 9-30 绘制蓝色蝴蝶

图 9-31 绘制橙色蝴蝶

4．完成最终效果的设计

将以上所绘制的花朵与蝴蝶图案全部组合起来，将其放在最开始所画的 T 恤衫上，调整为合适大小。整个带“花朵与蝴蝶”图案的女士 T 恤衫就设计完成了。当然，还可以对 T 恤衫的颜色、花朵和蝴蝶的颜色及复制数量进行调整，得到如图 9-32 所示的两件 T 恤衫设计的最终效果。

图 9-32 女士 T 恤衫最终设计效果

总结与回顾

本节通过“女士 T 恤衫”实例的制作，重点复习了使用贝塞尔工具绘制曲线的方法。在实际的运用中，贝塞尔曲线工具很常用，基本上每个实例都会使用到此工具，它是绘制形象的主要工具，初学者一定要多练习，并熟练掌握。

9.3 旗袍设计

女士服装设计要体现出产品的本质属性，服装的设计风格多样，有高贵型，有调皮可爱型，也有运动型等。既然这里是一种设计练习，那么在构思的时候就应该充分发挥自己的想象空间，大胆创新。

9.3.1 任务描述

旗袍设计的最终效果如图 9-33 所示。

图 9-33 “旗袍设计”最终效果

9.3.2 任务分析

完成该旗袍设计的绘制时，首先需要创建一个新文档，并保存文档，用贝塞尔工具绘制旗袍大轮廓和盘扣，再运用矩形工具绘制旗袍布料的条纹，最后调整、修饰、生成旗袍的最终设计效果。

9.3.3 旗袍的设计

1. 创建并保存文档

（1）启动 CorelDRAW X7，出现新建文件“未命名-1”。

（2）执行“文件”菜单中的“另存为”命令，以“旗袍设计”为文件名保存到自己需要的位置。

2. 绘制旗袍大轮廓

（1）选择手绘工具组中的“贝塞尔”工具，先绘制出旗袍的左前片的封闭区域，再复制一个左前片，单击属性栏中的“左右镜像”按钮，进行镜像。执行“对象”菜单中“变换”子菜单中的“位置”命令，应用“相对位置”的“右中”选项，得到如图 9-34 所示的图形效果。将左右前片焊接在一起得到前片的整体效果，轮廓宽度为“细线”，颜色为（R：152，G：204，B: 49）。在原位置复制一个前片作为后片，并用贝塞尔添加左右下角的旗袍的开叉的封闭区域，将这两个封闭区域与后片焊接成整体，如图 9-35 所示。

图 9-34　绘制与复制左前片

图 9-35　焊接前片与绘制后片

（2）用贝塞尔工具绘制旗袍领口的效果，填充颜色（R：233，G：255，B：186）。绘制领口边的封闭区域，填充颜色（R：251，G：255，B：242），轮廓线为细线，颜色为（R：152，G：204，B：49），得到如图 9-36 所示的图形效果。再绘制出左右立领的封闭区域，轮廓线为细线，轮廓颜色为（R：152，G：204，B：49），如图 9-37 所示。

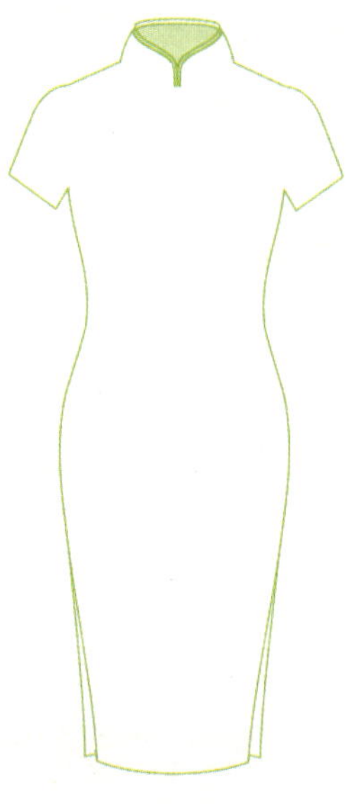

图 9-36　绘制领口

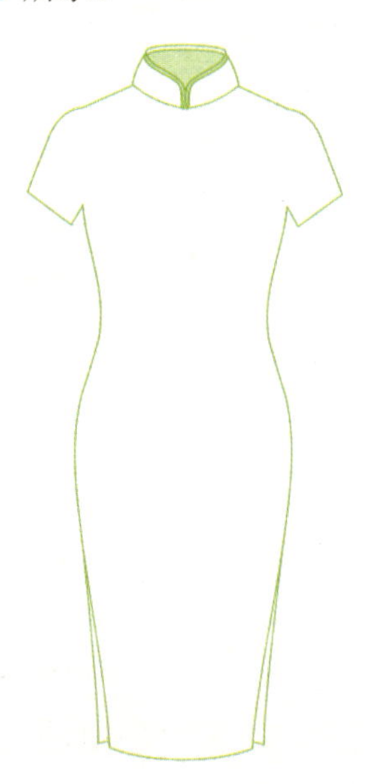

图 9-37　绘制左右立领

（3）用贝塞尔工具绘制左右衣袖处的两条条纹以及前胸的装饰区域。这些区域均无轮廓线，但需填充颜色（R：152，G：204，B：49），如图 9-38 所示。绘制左右开叉处以及裙子下方的封闭区域，去掉轮廓线，填充颜色（R：153，G：205，B：47），得到如图 9-39 所示的效果。

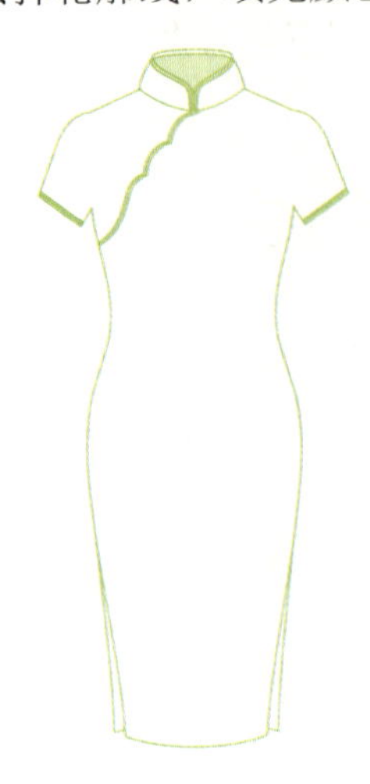

图 9-38　绘制袖口装饰

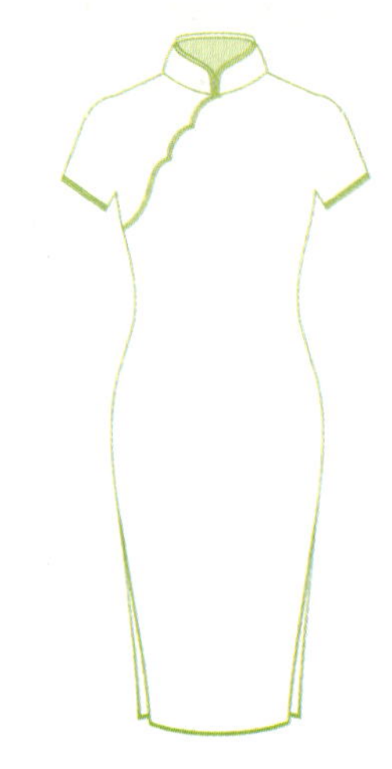

图 9-39　绘制开叉处及下方区域

3．绘制旗袍的盘扣

（1）用贝塞尔工具绘制如图 9-40 所示图形。轮廓线宽度为 0.075，填充颜色为（R：253，G：255，B：243），轮廓色为（R：163，G：219，B：51）。再用“变换”中的“位置”功能将其复制后进行镜像，得到如图 9-41 所示的图形。再绘制一条中间的折线，轮廓线宽度为 0.075，轮廓色为（R：163，G：219，B：51），得到如图 9-42 所示的图形效果。

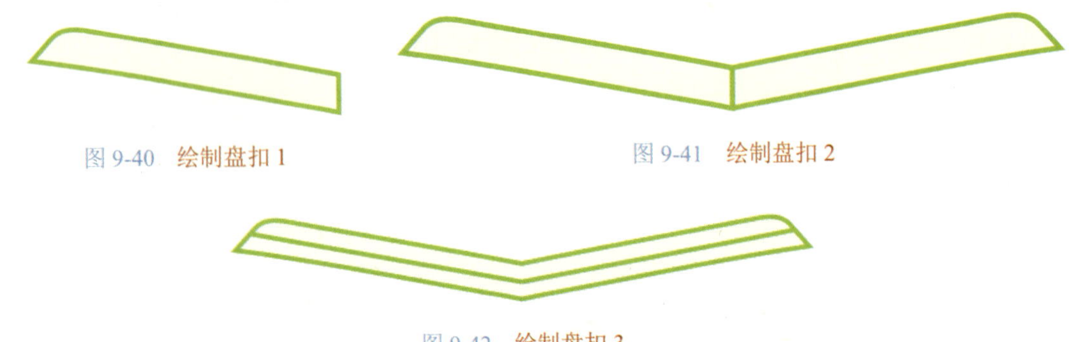

图 9-40　绘制盘扣 1

图 9-41　绘制盘扣 2

图 9-42　绘制盘扣 3

（2）绘制如图 9-43 所示的四个封闭区域，组成“盘扣”形状。其轮廓线宽度为 0.075，填充颜色为（R：253，G：255，B：243），轮廓色为（R：163，G：219，B：51）。复制几个盘扣，并旋转至合适位置，得到如图 9-44 所示的图形效果。将其再次复制多个，旋转后放置到合适的位置，得到如图 9-45 所示的盘扣效果。

（3）选择其中的一个盘扣图形，复制一次，在其右下方形成另一组“盘扣”的造型，如图 9-46 所示。将这些盘扣放置在合适的位置，形成如图 9-47 所示的图形效果。

图 9-43 绘制盘扣 4

图 9-44 绘制盘扣 5

图 9-45 绘制盘扣 6

图 9-46 绘制盘扣 7

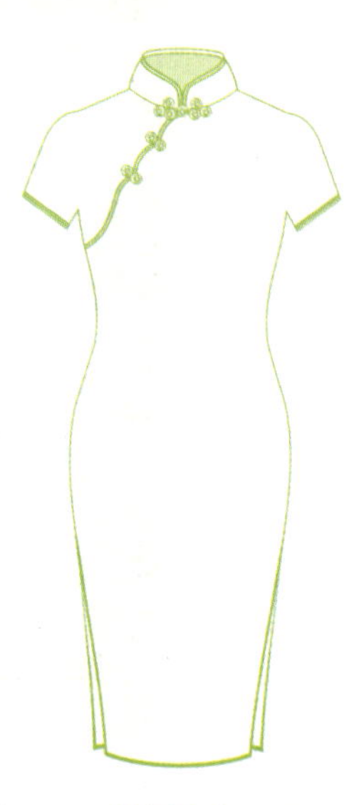
图 9-47 放置盘扣后的效果

4. 绘制旗袍布料的条纹

（1）用矩形工具绘制如图 9-48 所示的 19 个长度为 145mm、宽度为 3mm 的矩形。将这些矩形的轮廓线删除，并分别用 （R：179，G：240，B：57）（R：163，G：219，B：52）（R：204，G：255，B：102）三种颜色填充，得到如图 9-49 所示的效果。

图 9-48 绘制多个矩形

图 9-49 填充颜色

（2）用 Ctrl+G 组合键将这 19 个矩形组合起来。按 Ctrl+C 和 Ctrl+V 组合键实现三次原位置的复制粘贴操作。将原来的“19 个矩形组”和复制并粘贴的“三个矩形组”一起选中，并放置在旗袍下方，与旗袍前片执行水平居中对齐操作，如图 9-50 所示。右击最上面一层矩形组，执行 PowerClip 内部(P)... 命令。在出现黑色箭头形状时单击左边立领的封闭区域，用同样的方法制作右边立领的填色效果，如图 9-51 所示。

图 9-50　矩形组合的放置

图 9-51　执行“PowerClip 内部”命令后的效果

（3）右击最上面一层矩形组，执行 PowerClip 内部(P)... 命令。在出现黑色箭头形状时单击旗袍前片的封闭区域，得到如图 9-52 所示的图形效果。用同样的方法制作后片填色效果，得到如图 9-53 所示的旗袍设计最终效果。

图 9-52　前片的填充

图 9-53　旗袍最终效果

总结与回顾

本节通过“旗袍设计”实例的制作，主要复习了贝塞尔工具的使用方法，同时复习了矩形工具的使用，以及对象的旋转、复制、排列的方法。

9.4 夏日流行音乐节海报设计

海报按其应用不同大致可以分为商业海报、文化海报、电影海报和公益海报等。商业海报是指宣传商品或商业服务的商业广告性海报。商业海报的设计，要恰当地配合产品的格调和受众对象的需求。文化海报是指各种社会文娱活动及各类展览的宣传海报。展览的种类很多，不同的展览有各自的特点，设计师需要了解展览和活动的内容才能运用恰当的方法表现其内容和风格。电影海报是海报的分支，电影海报主要起到吸引观众注意力、刺激电影票房收入的作用，与戏剧海报、文化海报等有些类似。公益海报是带有一定思想性的。这类海报具有特定的对公众的教育意义，其海报主题包括各种社会公益、道德的宣传，或政治思想的宣传，弘扬爱心奉献、共同进步的精神等。

本节通过制作“夏日流行音乐节”海报来进行海报作用的讲解。

9.4.1 任务描述

夏日流行音乐节海报最终效果如图 9-54 所示。

图 9-54 “夏日流行音乐节”海报最终效果

9.4.2 任务分析

完成夏日流行音乐节海报的绘制时，首先需要创建一个新文档，并保存文档。其次，要用贝塞尔工具绘制渐变色火焰的剪影及红色人物的剪影。再次，通过文字处理来凸显主题。最后，用几何工具以及贝塞尔工具来绘制飞扬在空中的焰火般的花朵。

为了体现出夏日的气氛，在背景色彩上运用了交互式填充的方法，将夏日夜空中的那种迷醉的色彩呈现出来，火红的人物剪影展现了热情奔放的青春年华，蓝色和橙色的强烈对比势必会抓住观者的眼球。

9.4.3 夏日流行音乐节海报的制作

现在来进行“夏日流行音乐节”海报的具体设计制作。

1. 创建并保存文档

（1）启动 CorelDRAW X7，出现新建文件“未命名-1”。设置其大小为 846mm×576mm，纵向。

（2）执行“文件”菜单中的“另存为”命令，以“夏日流行音乐节”为文件名保存到自己需要的位置。

2. 绘制背景渐变色火焰的剪影和红色人物的剪影

（1）选择手绘工具组中的贝塞尔工具，先从火焰画起，在画的过程中要做到胸有成竹，火焰的画法很简单（注意：一定要将其画成封闭的曲线，否则无法上色），火焰的边框用“细线”大小的红色轮廓线着色。为火焰填充渐变色，选择“交互式填充”工具，在属性栏中选择“渐变填充”中的“椭圆形渐变填充”，设置由（C：0，M：0，Y：0，K：0）到（C：0，M：38，Y：87，K：0）的颜色渐变，得到火焰完成效果，如图 9-55 所示。

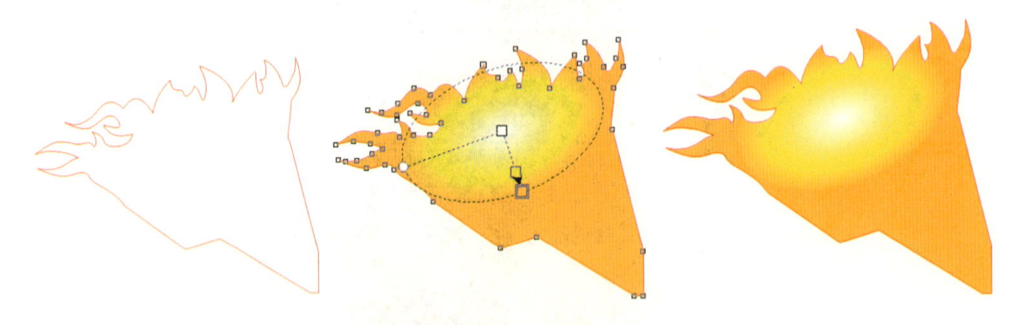

图 9-55　火焰的绘制步骤

（2）用贝塞尔工具绘制人物的剪影图案，先用 0.2mm 粗细的轮廓线绘制出剪影的外框边缘，再填充颜色（C：0，M：100，Y：100，K：0），得到人物剪影绘制的最终效果，如图 9-56 所示。

3. 编辑文字并绘制文字周围的图形

（1）选择文本工具，在界面中输入“重庆夏日流行音乐节”字样，拖动到一定大小，然后为其填充颜色（C：0，M：0，Y：100，K：0）；选择交互式封套工具，在文字的周围会出现一个虚线选框，删除上、下、左、右中间的 4 个节点，保留 4 个角上的节点，同时选中留下的 4 个节点，按住 Ctrl 键的同时选择上面或下面两个节点向右或左拖动；选择已经做好的文字，按住鼠标左键向右移动的同时右击，即可复制好另一行文字，选中该层文字并右击，将这行文字的“顺序”设置在刚才文字的下一层，并为其内部填充（C：0，M：0，Y：100，K：90），得到该文字组的最终效果，如图 9-57 所示。

图 9-56　人物剪影的绘制步骤

图 9-57　文字效果 1

（2）用同样的方法制作“重庆江北观音桥步行街”字样，并填充（C：0，M：100，Y：100，K：0）的文字颜色和（C：100，M：100，Y：0，K：0）的阴影色，得到如图 9-58 所示的文字组效果。再用同样的方法制作“summer”字样，并填充（C：0，M：20，Y：100，K：0）的文字颜色和（C：0，M：0，Y：0，K：90）的阴影色，如图 9-59 所示。最后用同样的方法制作“2017 年 8 月 8 日”字样，并填充（C：0，M：100，Y：100，K：0）的文字颜色和（C：0，M：0，Y：0，K：90）的阴影色，得到如图 9-60 所示的文字组效果。

图 9-58　文字效果 2

summer summer

图 9-59 文字效果 3

2017年8月8日 2017年8月8日

图 9-60 文字效果 4

（3）用贝塞尔工具绘制如图 9-61 所示的图形，然后填充从（C：99，M：23，Y：12，K：0）到（C：38，M：0，Y：18，K：0）的线性渐变色，去掉黑色轮廓线，得到该图形的最终效果。用贝塞尔工具绘制如图 9-62 所示的图形，然后填充从（C：99，M：23，Y：12，K：0）到（C：38，M：0，Y：18，K：0）的线性渐变色，去掉黑色轮廓线，得到该图形的最终效果图。用贝塞尔工具绘制如图 9-63 所示的图形，去掉轮廓线，然后填充颜色（C：100，M：0，Y：0，K：0）。用贝塞尔工具绘制如图 9-64 所示的图形，去掉轮廓线，然后填充颜色（C：0，M：0，Y：30，K：0）。用贝塞尔工具绘制多个如图 9-65 所示的长条形，去掉轮廓线，然后用透明度工具由左到右分别填充（C：0，M：100，Y：100，K：0）（C：50，M：0，Y：100，K：0）（C：0，M：60，Y：100，K：0）（C：0，M：100，Y：0，K：40）（C：90，M：0，Y：0，K：0）（C：0，M：100，Y：100，K：0）的线性透明渐变。

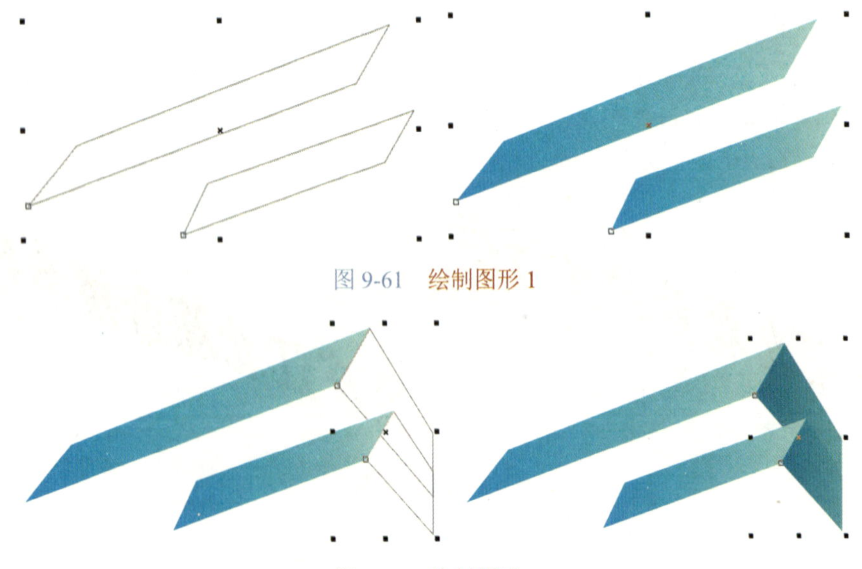

图 9-61 绘制图形 1

图 9-62 绘制图形 2

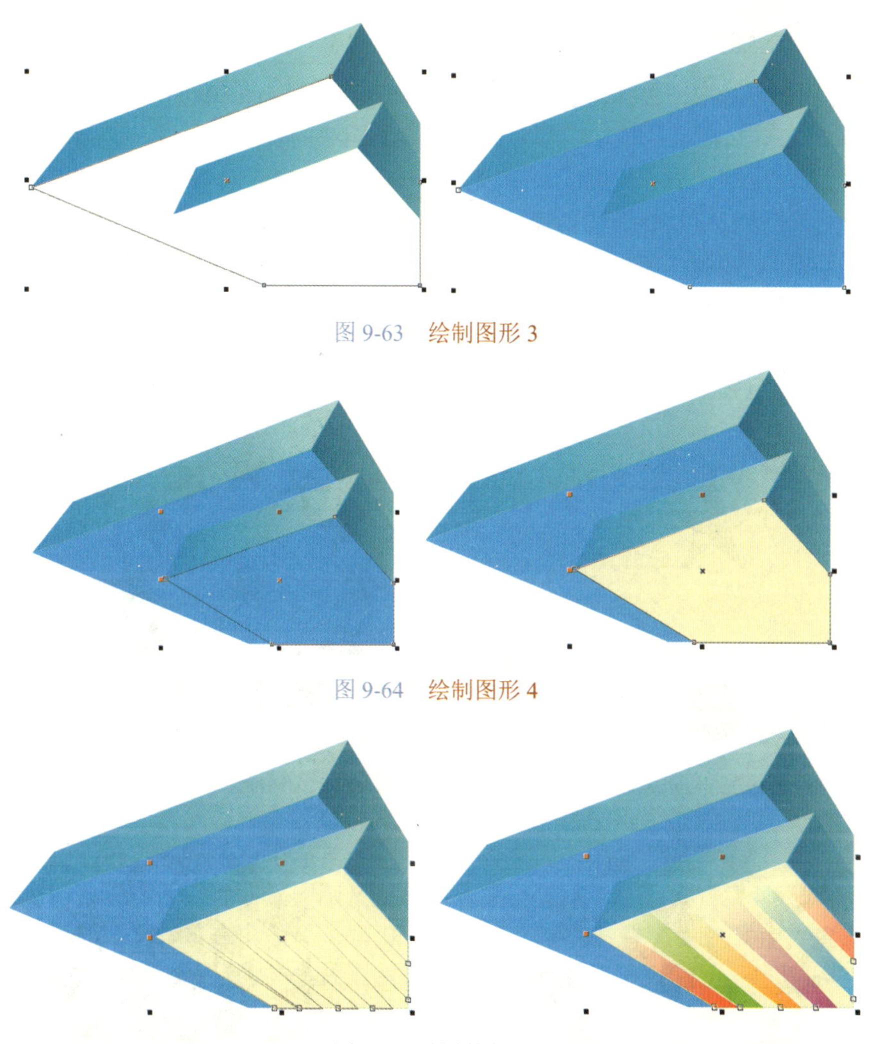

图 9-63 绘制图形 3

图 9-64 绘制图形 4

图 9-65 绘制图形 5

（4）将以上图形群组，和刚开始画好的火焰图、人物剪影图与文字效果组合在一起，组合的时候要注意叠加的顺序，将文字放在最上面，然后放人物剪影图，最后放火焰图，得到如图 9-66 所示的效果。

图 9-66 组合的效果

4. 绘制不同的烟火

（1）先画一个正圆形，去掉轮廓线，并填充为（C：50，M：0，Y：100，K：0），选中该圆，以圆心为中心，从标尺处拖动出横竖两条交叉于圆心的辅助线。再在该圆的上方的合适位置，画一个正五角星形，去掉轮廓线，并填充为（C：50，M：0，Y：100，K：0）。选中五角星形，用鼠标左键将它的圆心拖动到辅助线中心点，与圆的圆心点重合。执行“对象”菜单中“变换”子菜单中的“旋转”命令，设置角度为30度，副本1，单击11次“应用”按钮，得到如图9-67所示效果。复制一个五角星形到合适的位置，将它自身旋转10度，再使其圆心与中间正圆的圆心重合，执行“对象”菜单中的“变换”中角度为45度的“旋转”命令。多次单击“应用”按钮，得到如图9-68所示的烟火的效果。该烟火效果可以填充多个颜色。

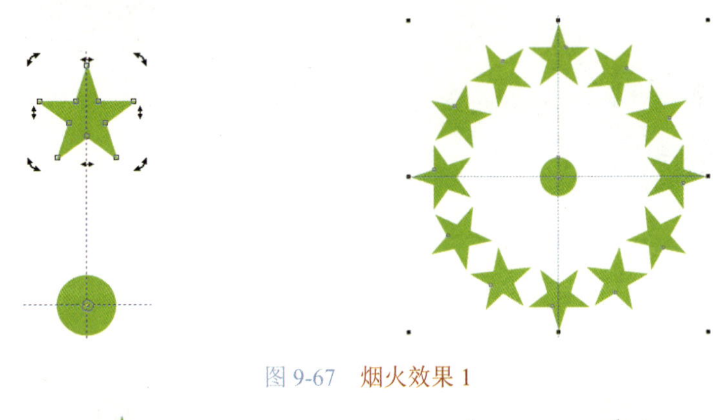

图 9-67 烟火效果 1

图 9-68 烟火效果 2

（2）用贝塞尔工具绘制一个花瓣状的图形，如图 9-69 所示，填充与五角星形球体烟火一样的色彩，同样使用前面的方法，旋转角度为30，副本1，单击11次“应用”按钮，得到如图9-70所示的另一种烟火效果。烟火颜色分别为（C：0，M：20，Y：100，K：0）（C：0，M：38，Y：25，K：0）（C：0，M：0，Y：100，K：0）（C：0，M：0，Y：50，K：0）（C：50，M：0，Y：100，K：0）（C：50，M：0，Y：0，K：0）（C：10，M：0，Y：0，K：0）。

（3）调整烟火的大小，并放置到合适位置，填充颜色分别为（C：0，M：20，Y：100，K：0）（C：0，M：38，Y：25，K：0）（C：0，M：0，Y：100，K：0）（C：0，M：0，Y：50，K：0）（C：50，M：0，Y：100，K：0）（C：50，M：0，Y：0，K：0）（C：10，M：0，Y：0，K：0），得到如图9-71所示的烟火组最终效果。

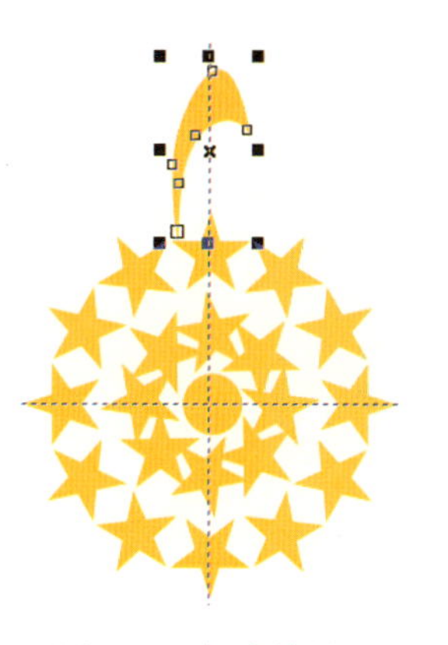

图 9-69 烟火效果 3

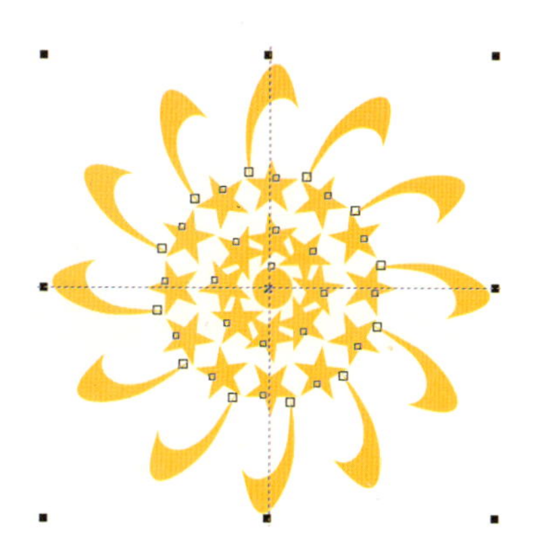

图 9-70 烟火效果 4

图 9-71 烟火效果 5

（4）用矩形工具绘制一个 846mm 高、576mm 宽的纵向矩形，用交互式填充工具由上到下填充由（C：92，M：13，Y：0，K：0）到（C：9，M：0，Y：13，K：0）的线性渐变，如图 9-72 所示。

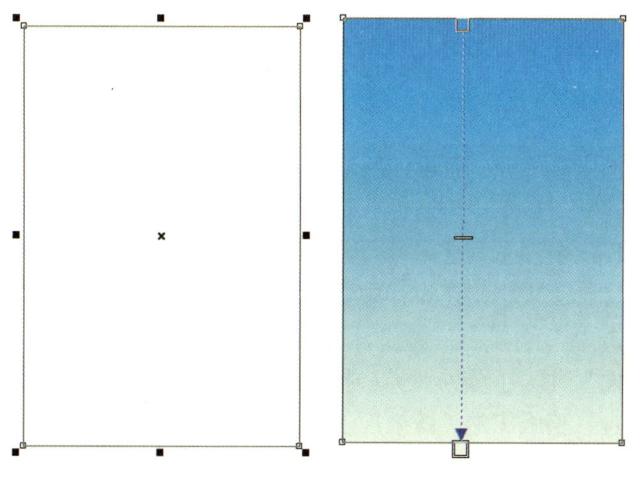

图 9-72 绘制并填充矩形

（5）将以上所有图层组放置到页面的合适位置，并将其群组，得到如图 9-73 所示的“夏日流行音乐节海报设计”最终效果。

图 9-73　最终效果

总结与回顾

本节通过“夏日流行音乐节海报设计”实例的制作，主要复习了贝塞尔工具的使用、文字的编辑、复制、阵列、旋转等。也复习了交互式填充工具和交互式透明工具的使用。在学习的时候一定要熟练运用这些最基本的命令，然后综合使用不同的工具，实现不同的效果。

9.5　伊园地产报纸广告设计

报纸是大家熟悉的宣传媒介。而设计新颖的广告必然会引起读者的关注。在报纸上刊登广告有其自身的特点。其特点如下：广泛性、快速性、连续性、经济性、针对性、突出性。

报纸广告设计表现上要注重其艺术性。这些在前面的广告艺术的构思和表现的讲解中都概括过。但是由于报纸广告面积小，在设计中更要注意文字的精练，每个广告只宣传一个主题，造成比较强的视觉冲击力。

报纸广告按照版面尺寸大小分为 8 类：报花广告、报眼广告、半通栏广告、单通栏广告、双通栏广告、半版广告、整版广告、跨版广告。

1. 报花广告

这类广告版面很小，形式特殊，不具备广阔的创意空间，文案只能做重点式表现，突出品牌或企业名称、电话、地址及企业赞助之类的内容，不体现文案结构的全部，一般采用陈述性的表述。

2. 报眼广告

报眼，即横排版报纸报头一侧的版面。此版面面积不大，但位置十分显著、引人注目。如果是新闻版，则多用来刊登简短而重要的消息或内容提要。这个位置用来刊登广告显然比其他版面广告版的注意值高，并会自然地体现出权威性、新闻性、时效性与可信性。

3. 半通栏广告

半通栏广告一般分为大小两类：约 65mm×120mm 或约 100mm×170mm。由于这类广告版面较小，而且众多广告排列在一起，互相干扰，广告效果容易互相削弱，因此，如何使广告做得超凡脱俗、新颖独特，使之从众多广告中脱颖而出，跳入读者视线，是应特别注意的。

4. 单通栏广告

单通栏广告也有两种类型：约 100mm×350mm 或者 650mm×235mm。这是广告中最常见的一种版面，版面自身有一定的说服力。

5. 双通栏广告

双通栏广告一般有约 200mm×350mm 和约 130mm×235mm 两种类型。在版面面积上，它是单通栏广告的 2 倍。

凡适用于报纸广告的结构类型、表现形式和语言风格都可以在双通栏广告中运用。

6. 半版广告

半版广告一般有约 250mm×350mm 和 170mm×235mm 两种类型，半版、整版和跨版广告，均被称为大版面广告，是广告主雄厚的经济实力的体现。

7. 整版广告

整版广告一般可分为 500mm×350mm 和 340mm×235mm 两种类型，是我国单版广告中最大的版面，给人以视野开阔、气势恢宏的感觉。

8. 跨版广告

跨版广告指一个广告作品，刊登在两个或两个以上的报纸版面上。其一般有整版跨版、半版跨版、1/4 版跨版等几种形式。跨版广告很能体现企业的大气魄、厚基础和经济实力，是大企业乐于采用的。

9.5.1 任务描述

伊园地产报纸广告最终效果如图 9-74 所示。

图 9-74 “伊园地产报纸广告”最终效果

9.5.2 任务分析

完成伊园地产报纸广告的绘制时，首先需要创建一个新文档，并保存文档。再通过导入图片和文字的编辑来完成基本构架，同时运用交互式阴影工具来实现最终效果。

9.5.3 伊园地产报纸广告的制作

现在来完成“伊园地产报纸广告”的具体制作。

1. 创建并保存文档

（1）启动 CorelDRAW X7，出现新建文件“未命名-1”，在属性栏中将其更改为宽 350mm、高 500mm 的自定义文件。

（2）执行“文件”菜单中的“另存为”命令，以“伊园地产报纸广告”为文件名保存到自己需要的位置。

2. 制作广告画面的框架并进行文字编辑

（1）选择矩形工具，在工作界面中画一个宽 350mm、高 500mm 的矩形，填充为（C：64，M：20，Y：11，K：0），再画一个宽 335mm、高 485mm 的矩形并放在上面，填充为（C：0，M：0，Y：0，K：0），最后画一个宽 325mm、高 475mm 的矩形并放在最上面一层，填充为（C：64，M：20，Y：11，K：0）。去掉轮廓线，同时选中这三个矩形，单击属性栏上方的“对齐与分布”按钮，进行“水平居中对齐”和“垂直居中对齐”操作，如图 9-75 所示。

（2）选择工具箱中的“文本”工具，输入 62pt、华文楷体的“安盛花苑”四个字，填充内部以及轮廓线为（C：0，M：100，Y：100，K：0），在文字下面绘制一个圆弧形的线条，执行“文本”菜单中的“使文本适合路径”命令，将文字变化为如图 9-76 所示的造型，双击圆弧形路径线条，按 Delete 键删除。

图 9-75 对齐效果

图 9-76 输入并编辑文字

（3）选择工具箱中的“阴影”工具为该文字组添加阴影，在属性栏的“预设列表”中选择“小型辉光”效果，设置阴影色为（C：0，M：100，Y：0，K：20），如图 9-77 所示。

图 9-77 阴影效果

在该文字下方用宋体、16pt 输入“anshenghuayuan”，并填充为（C：100，M：0，Y：0，K：60）。用贝塞尔工具画一条 0.5mm 宽度的直线，并填充为（C：0，M：100，Y：100，K：0）。复制该线条并移动一些距离，将其放置到该线条图层的后面，填充阴影色为（C：100，M：0，Y：0，K：60）。再用宋体、18pt 输入“一生一栋”四个字，填充为（C：0，M：0，Y：100，K：0），复制该文字组移动一些距离，并放置到该文字图层的后面，填充阴影色为（C：100，M：0，Y：0，K：60）。用黑体、30pt 输入“别样人生”四个字，填充为（C：0，M：0，Y：100，K：0），复制该文字组移动一些距离，并放置到该文字图层的后面，填充阴影色为（C：100，M：0，Y：0，K：60），得到如图 9-78 所示的效果。

（4）用黑体、28pt 输入“好配套”等文字，填充为（C：0，M：100，Y：100，K：0）。用宋体、45pt 输入“咨询热线”等文字，填充为（C：0，M：0，Y：100，K：0）。用黑体、22pt 输入“售楼地址”等文字，填充为（C：0，M：100，Y：100，K：0）。用宋体、18pt 输入“开发商”等文字，填充为（C：0，M：0，Y：100，K：0）。对各个文字组进行复制与粘贴操作，移动一些距离，并放置到该文字图层的后面，填充阴影色为（C：100，M：0，Y：0，K：60）。选中所有文本，执行“文本”菜单中“文本属性”子菜单中的“段落”命令，进行“居中”对齐，得到如图 9-79 所示的效果。

安盛花苑
anshenghuayuan
一生一栋
别样人生

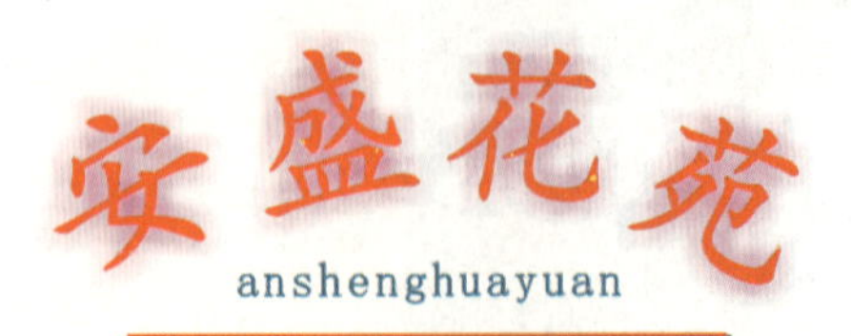

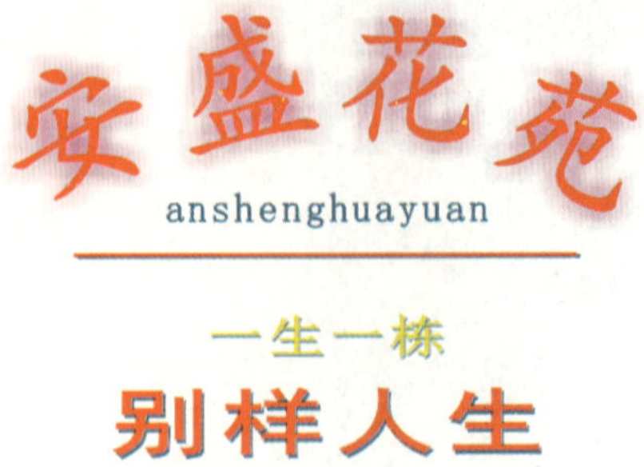

图 9-78　编辑文字

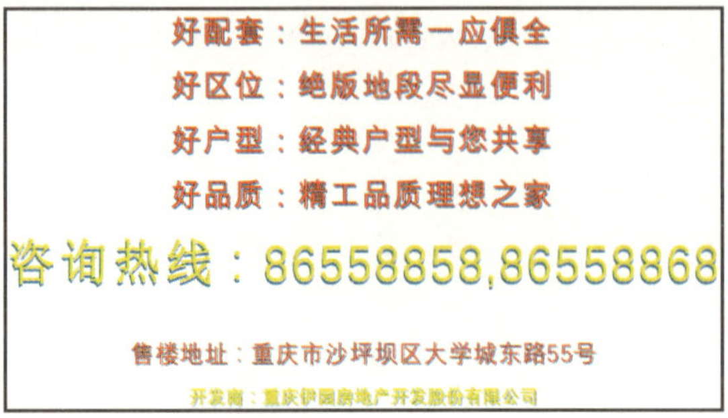
好配套：生活所需一应俱全
好区位：绝版地段尽显便利
好户型：经典户型与您共享
好品质：精工品质理想之家
咨询热线：86558858,86558868
售楼地址：重庆市沙坪坝区大学城东路55号
开发商：重庆伊园房地产开发股份有限公司

图 9-79　对齐效果

3. 导入图片

执行“文件”菜单中的“导入”命令，导入楼盘照片，并选择工具箱中的“阴影”工具，在属性栏中选择“预设列表”中的“小型辉光”，阴影颜色为（C：100，M：0，Y：0，K：60），如图 9-80 所示。最后，将以上所有的文字与图形排列在页面中，至此，本报纸广告的设计就完成了，如图 9-81 所示。

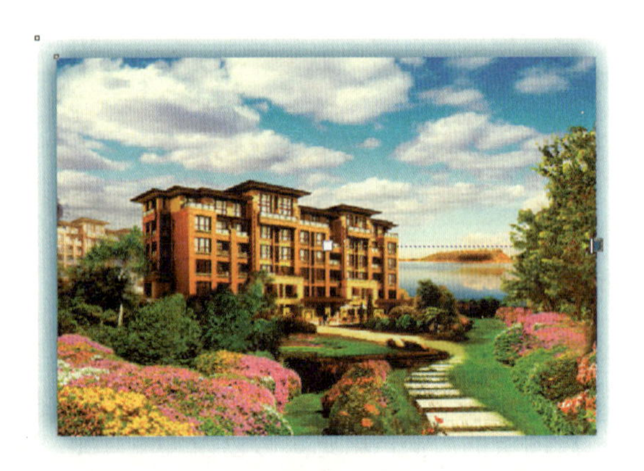

图 9-80　导入图片

安盛花苑
一生一栋
别样人生
咨询热线：86558858,86558868

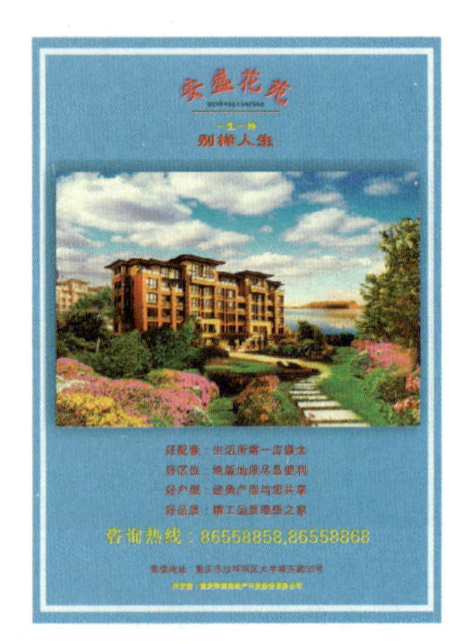

图 9-81　最终效果

总结与回顾

本节通过“伊园地产报纸广告设计”实例，复习了贝塞尔工具、“文字填入路径”命令的使用、交互式阴影工具的使用等，这些都是常用的命令，读者在学习的过程中，一定要熟练掌握。